过渡金属催化碳–碳单键活化与重组

彭进松　陈春霞　著

科学出版社

北　京

内 容 简 介

本书详细介绍了过渡金属催化碳–碳单键选择性活化与重组的基本原理、化学新反应以及在有机合成中的重要应用与最新进展。全书共分六章，第1章主要介绍碳–碳单键催化活化基础理论，对过渡金属催化活化断裂的基本方式作了系统的介绍，为理解各类催化反应机理及化学新反应奠定理论基础；第2~6章分别详细介绍了过渡金属络合物催化各类型碳–碳单键断裂的有机化学反应过程与机理，穿插介绍了过渡金属催化碳–碳单键断裂反应在天然产物与生物活性分子合成中的应用。

本书以加强基础、拓宽专业和学科交叉为宗旨进行撰写，可作为高等学校或科研院所有机合成化学专业教师、研究生、本科生以及科研工作者的参考用书。

图书在版编目(CIP)数据

过渡金属催化碳–碳单键活化与重组 / 彭进松，陈春霞著. — 北京：科学出版社, 2017.12
ISBN 978-7-03-055405-5

Ⅰ. ①过… Ⅱ. ①彭… ②陈… Ⅲ. ①过渡元素催化剂–碳–活化 ②过渡元素催化剂–碳–重组 Ⅳ. ①O643.3

中国版本图书馆CIP数据核字(2017)第279846号

责任编辑：刘 冉 高 徽 / 责任校对：韩 杨
责任印制：张 伟 / 封面设计：北京图阅盛世

科学出版社出版
北京东黄城根北街16号
邮政编码：100717
http://www.sciencep.com
北京中石油彩色印刷有限责任公司 印刷
科学出版社发行 各地新华书店经销
*
2017年12月第 一 版 开本：720 × 1000 1/16
2018年 8 月第二次印刷 印张：15
字数：300 000

定价：98.00 元

(如有印装质量问题，我社负责调换)

前　言

碳–碳键是构成有机化合物的最基本化学键，碳–碳键具有较高的键能，因此，这类化学键的基本特点是稳定坚固且极性很小，在没有官能团活化的情况下通常很难发生化学反应。碳–碳键的活化与重组是近几年来非常热门的研究领域，同时这个领域也非常富有挑战性。本专著旨在阐述金属有机化学中高选择性惰性碳–碳单键活化与断裂的基本原理与在有机合成中的应用，介绍了一些催化合成的新方法。这些新方法在完成惰性化学键活化和重组的同时，也注重使用更加温和的反应条件及提高反应的原子经济性，为可持续发展战略提供了强有力的技术支持。全书共分六章，第 1 章主要是基础理论和基本化学反应部分，对过渡金属催化碳–碳单键选择性活化断裂的方式作了系统的介绍，为理解各类催化化学反应机理奠定理论基础；第 2~6 章分别介绍了过渡金属络合物催化的各类型碳–碳单键断裂的有机反应过程与机理，穿插介绍了过渡金属催化碳–碳单键断裂反应在天然产物与生物活性分子合成中的应用。本书采用总分结构的方式进行撰写。第 1 章采用总写的方式，概述该研究领域的现状；第 2~6 章详细描述最近的研究成果。本书以加强基础、拓宽专业和学科交叉为宗旨进行撰写，可作为高等学校或科研院所有机合成化学专业教师、研究生、本科生以及科研工作者的参考用书。

惰性碳–碳键活化断裂反应领域，同其他研究领域一样，在人类长期实践过程中经历了起源、发展、成熟等阶段。过渡金属催化碳–碳单键活化与重组的原理与应用是科研工作者经过长期不断的探索而逐步形成的科学规律。在本书的编写过程中，著者参考了许多相关的文献资料，对给予本书写作以启迪、参考的有关文献资料的作者表示由衷的感谢，对辛勤耕耘在该领域的学者专家表示由衷的钦佩与谢意。没有众多科学家和学者的艰辛劳动，就没有本书存在的基础。特别是参考的学术论文和网络文章在此未能一一注明，敬请相关作者理解和谅解。特别感谢负责本书出版工作的科学出版社刘冉编辑的热情帮助，正是在她的理解和支持下，本书才得以与读者见面。由衷感谢中央高校基本科研业务费专项资金（2572015EB02）的支持。

本书涉及过渡金属催化碳–碳单键活化的广泛专业知识，由于著者的专业知识与水平有限，书中难免出现错误与不当之处，欢迎读者批评指正。

著　者

2017 年 9 月

前　言

目　录

第1章　过渡金属催化碳–碳单键活化断裂的基本方式

1.1　引　　言

碳–碳键是组成有机分子最基本和最普遍的共价键，该类共价键的断裂化学反应广泛存在于各类生命活动及化学工业生产中，如糖分子的新陈代谢途径和石化工业中原油的炼制过程。另外，石油能源危机和自然环境的污染压力也迫切需要当今社会发现和发展行之有效的活化断裂惰性碳–碳键的方法，以实现石化工业产品的改造利用与解决生活中有机污染物的高效降解问题[1]。

相对于各类高度发展的碳–碳键形成反应，高选择性的惰性碳–碳键的催化活化断裂方式发展缓慢[2-7]，该领域的研究工作充满了机遇与挑战。同为惰性共价键，碳–碳键催化活化断裂的发展速度极大落后于碳–氢键选择性官能化研究领域[8-16]。惰性碳–碳键催化活化与重组发展速度相对滞后可归因于如下两个方面：①对于更为普遍存在的碳–氢键，过渡金属在接近碳–碳键时受到的空间排斥作用更大，碳–碳键在活化断裂时显得更为惰性；②碳原子间形成共价键的方向性决定了它们与过渡金属轨道相互作用形成碳–金属键在动力学及热力学上都是不利的过程。

过渡金属催化碳–碳键活化断裂根据作用机制的不同，可以分为如图1-1所示的三种主要方式。方式一为过渡金属对碳–碳键的直接氧化加成反应，这种对碳–碳键活化断裂的方式是还原消除反应形成碳–碳键的逆反应过程。通常情况下稳定的碳–碳键的键能约为376.7 kJ/mol，碳–金属键的键能大约为125.6 kJ/mol，因此，通过氧化加成实现惰性碳–碳键断裂是热力学不利的化学过程[17]，这是由断裂和生成的共价键的键能决定的。方式二主要活化断裂途径为β-碳消除反应，该反应过程与金属有机化学中常见的β-氢消除反应类似。通常情况下，稳定C=X（X为氮或氧原子）共价键的形成是该类消除反应能够发生的内在驱动力。通过六元环过渡态实现的逆烯丙基化反应过程是实现碳–碳键断裂的第三种主要方式，该途径与方式二类似，通过β-碳消除反应得到了烯丙基金属络合物物种。

方式一：氧化加成

$$C^1\text{—}\!\!\wr\!\!\text{—}C^2 \xrightarrow[\text{氧化加成}]{M^n} C^1\text{—}M^{n+2}\text{—}C^2$$

方式二：β-碳消除

$$M^n\text{—}X\text{—}C^1(\text{—}C^2) \xrightarrow{\beta\text{-碳消除}} M^n\text{—}C^2 + X{=}C^1$$

方式三：逆烯丙基化

$$M^n\text{—}X\text{—}C^1\text{—}C^2\text{—}CH{=}CH_2 \xrightarrow{\text{逆烯丙基化}} M^n\text{—}CH_2CH{=}C^2 + X{=}C^1$$

图 1-1　过渡金属催化碳–碳键活化断裂的主要方式

除上述三种活化断裂方式外，羰基迁移消除、脱羧、逆氧化环化及 1,2-迁移重排等反应过程也是实现碳–碳键断裂的有效途径，本章将从机理层面对过渡金属催化碳–碳键断裂的反应方式进行归纳总结。

1.2　氧化加成活化碳–碳键

氧化加成是金属有机化学中非常重要的一类基元反应，指的是发生在金属上的加成反应并且提高了其氧化态[式(1.1)]。通过对 X–Y 共价键的氧化加成，在金属中心上引入 X 和 Y 两个配体，它的逆反应是还原消除。还原消除反应是从 X–M–Y 络合物中释放得到 X–Y，这类反应通常出现在金属催化反应产物生成的步骤中。反应到底是按照氧化加成还是还原消除的反应方向进行取决于 X–Y 键键能及 M–X 与 M–Y 键的键能之和。在氧化加成反应中，X–Y 键断裂形成 M–X 和 M–Y 键，在如式(1.1)所示的通式中，金属中心的氧化态、电子数及配位数同时增加 2 个单位，术语中的“氧化”和“还原”正是来自于这种形式氧化态的改变。氧化加成反应也可以是改变一个电子的如式(1.2)所示的双核氧化加成反应，反应中两个金属的氧化态、电子数及配位数同时增加 1 个单位。根据金属的 d^n 电子构型和其在元素周期表中的位置列出了常见过渡金属的氧化加成反应类型，如表 1-1 所示[18]。

$$M + X\text{—}Y \underset{\text{还原消除}}{\overset{\text{氧化加成}}{\rightleftharpoons}} X\text{—}M\text{—}Y \tag{1.1}$$

$$2M + X\text{—}Y \underset{\text{还原消除}}{\overset{\text{氧化加成}}{\rightleftharpoons}} M\text{—}X + M\text{—}Y \text{ 或 } X\text{—}M\text{—}M\text{—}Y \tag{1.2}$$

表 1-1　氧化加成反应的一般类型

d^n 构型变化	络合物空间结构变化	例子	族	备注
$d^{10} \rightarrow d^8$	线型 $\xrightarrow{X-Y}$ 平面四边形 四面体 $\xrightarrow[-2L]{X-Y}$ 平面四边形	Au(I)→(III) Pt, Pd(0)→(II)	11 10	
$d^8 \rightarrow d^6$	平面四边形 $\xrightarrow{X-Y}$ 八面体 三角双锥 $\xrightarrow[-L]{X-Y}$ 八面体	M(II)→(IV) Rh, Ir(I)→(III) M(0)→(II) M(I)→(III) M(0)→(II)	10 9 8 9 8	M=Pd,Pt 普遍 少
$d^7 \rightarrow d^6$	双立方锥形 $\xrightarrow{X-Y}$ 双八面体 双八面体 $\xrightarrow[-L]{X-Y}$ 双八面体	2Co(II)→(III) 2Co(II)→(III)	8 8	双核 双核
$d^6 \rightarrow d^4$	八面体 $\xrightarrow{X-Y}$ 七配位络合物	Re(I)→(III) M(0)→(II) V(–I)→(I)	7 6 5	
$d^4 \rightarrow d^3$	双立方锥形 $\xrightarrow{X-Y}$ 双八面体 双八面体 $\xrightarrow[-L]{X-Y}$ 双八面体	2Cr(II)→(III) 2Cr(II)→(III)	6 6	双核 双核
$d^4 \rightarrow d^2$	八面体 $\xrightarrow{X-Y}$ 八配位络合物	Mo,W(II)→(IV)	6	
$d^2 \rightarrow d^0$	各种形式	M(III)→(V) M(II)→(IV)	5 4	

无论反应机理如何，对于氧化加成反应都有一对电子从金属净转移到 X–Y 键的 σ^*轨道，同时 X–Y 键的 σ 电子转移到金属上。该过程使得 X–Y 键断裂并形成 M–X 和 M–Y 键。氧化加成有多种不同的反应机理，下面将逐一加以简单说明。

1. 协同加成

经历一个三中心协同取代反应过程，X–Y 键首先与金属作用形成 σ 配合物 **1**，然后由于金属向 X–Y 键的 σ^*轨道通过较强的电子反馈作用致使 X–Y 键发生断裂而发生氧化加成反应生成产物 **2**。非极性共价键如 H–H、C–H、Si–H 或 C–C 键倾向于经历这样的中间体来发生氧化加成反应[式(1.3)]。通过协同机理发生的氧化加成反应通常要求金属中心存在空轨道，该类型反应动力学一般为二级，且活化熵值为负(约为−20 eu①)。溶剂的极性对反应影响较小，但供电子配体在一定程度上可以促进反应的发生。各种 C–H 键或 Si–H 键可以氧化加成到金属上，C–H 键的氢原子端首先指向并接近金属，然后 C–H 键旋转从侧面接近金属中心发生 C–H 键断裂[19]。在不同类型的 C–H 键中，芳烃 C–H 键因其加成产物具有高的热

① eu，熵单位(entropy unit)，1 eu=4.2 J/(K · mol)

稳定性而易于发生此类型的氧化加成反应。

$$L_nM + X—Y \xrightarrow{\text{第一步}} L_nM\text{--}\underset{Y}{\overset{X}{|}} \xrightarrow{\text{第二步}} X—\overset{L_n}{M}—Y \quad (1.3)$$

16e M(0)　　1 18e M(0)　　2 18e M(II)

2. S_N2 反应历程

对于极性 X–Y 共价键，反应按类似于有机化学中的 S_N2 反应历程进行，L_nM 中的金属电子对直接进攻带正电荷的原子而发生 X–Y 键异裂，例如，卤代烷和饱和或不饱和的过渡金属络合物即可发生此类型的氧化加成反应[式(1.4)]。动力学研究结果表明是二级反应，极性溶剂能促进该反应，活化熵值为负(−50~−40 eu)，如果中心碳原子存在手性，在这个过程中碳原子的构型发生了翻转。Stille 利用钯催化剂[$Pd(PPh_3)_4$]和芳基卤代烃进行氧化加成反应，得到了 100%构型翻转的加成产物[式(1.5)]。

$$L_nM: + R^1R^2R^3C—X \longrightarrow [L_nM\text{---}C(R^1R^2R^3)\text{---}X]^{\ddagger} \longrightarrow [L_nMCR^1R^2R^3]^+X^- \longrightarrow X—\overset{L_n}{M}—CR^1R^2R^3 \quad (1.4)$$

$$Cl—C(H)(D)(Ph) \xrightarrow{Pd(PPh_3)_4} (H)(D)(Ph)C—Pd(PPh_3)_2—Cl \xrightarrow[\text{3. MeOH; 4. LiAlH}_4]{\text{1. CO; 2. Br}_2} (H)(D)(Ph)C—CH_2OH \quad (1.5)$$

3. 自由基机理

自由基过程有两种亚反应类型，即链反应和非链反应。一些烷基卤代烃 R–X 与 $Pt(PPh_3)_4$ 的加成反应按照图 1-2 所示的非链反应机理进行。R–X 通过卤素上的孤对电子与 $Pt(PPh_3)_4$ 配位，金属中心向 R–X 键的 σ^* 轨道转移一个电子生成 $\cdot PtXL_2$ 和 R· 自由基，这两种自由基发生快速结合即得到氧化加成产物。与 S_N2 反应历程相似，金属的碱性越强，金属上的电子转移越容易发生，按照自由基机理进行就越容易，不同卤代烃的反应活性顺序是 R–I > R–Br > R–Cl。烷基自由基 R· 越稳定则越容易生成，该自由基反应的速率也就越快，因此 R 基团的反应活性次序为 3°> 2°> 1°> Me。

$$PtL_3 \xrightarrow{\text{快}} PtL_2$$

$$PtL_2 + R{-}X \xrightarrow{\text{慢}} \cdot PtXL_2 + R\cdot$$

$$\cdot PtXL_2 + R\cdot \xrightarrow{\text{快}} RPtXL_2$$

R = Me, Et; X = I
R = Bn; X= Br

图 1-2　过渡金属催化氧化加成非链自由基反应机理

自由基机理的第二亚反应类型是链式自由基反应，由 Hill 和 Puddephatt 描述的基于自由基机理的氧化加成如图 1-3 所示，这是一个典型的自由基链式过程。引发剂(·Init)加成到金属上产生一个金属自由基物种，其从有机反应物中攫取一个卤原子，从而产生碳自由基活性中间体，这两个步骤代表链引发步骤。一旦碳自由基形成，它加成到另一个金属上产生一个新的金属自由基，得到的金属自由基随后从卤代烃中获得卤原子得到氧化加成产物并产生另一个碳自由基继续发生反应，这两个步骤代表链增长步骤。链终止步骤涉及两个碳自由基的结合。

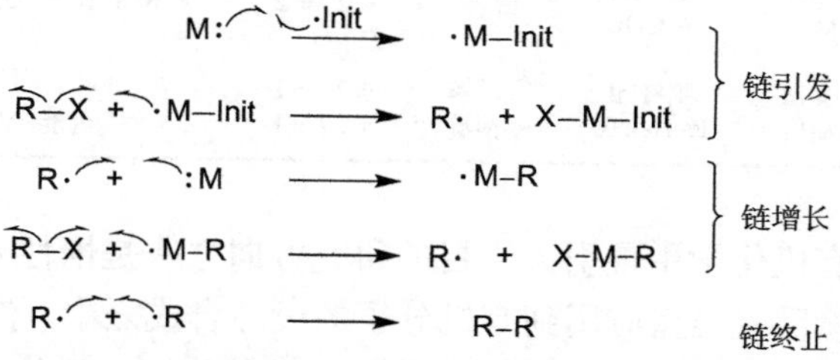

$$M: + \cdot Init \longrightarrow \cdot M{-}Init$$
$$R{-}X + \cdot M{-}Init \longrightarrow R\cdot + X{-}M{-}Init$$
（链引发）

$$R\cdot + :M \longrightarrow \cdot M{-}R$$
$$R{-}X + \cdot M{-}R \longrightarrow R\cdot + X{-}M{-}R$$
（链增长）

$$R\cdot + \cdot R \longrightarrow R{-}R$$
（链终止）

图 1-3　过渡金属催化氧化加成链式自由基反应机理

表明机理的两个例子如式(1.6)和式(1.7)所示，式(1.6)中生成了构型保持和翻转的两种产物，这个反应速率非常慢，通过往体系中加入自由基引发剂(过氧苯甲酰)则能明显加快反应速率，而加入自由基捕获剂时反应速率变慢。进一步表明一些氧化加成机理中涉及自由基的证据如式(1.7)给出的例子，在该反应中，环丙基甲基自由基探针常被用于检测可能出现的自由基中间体。事实上，该反应发生了环丙基的开环，产生了约 30%的高烯丙基金属络合产物。

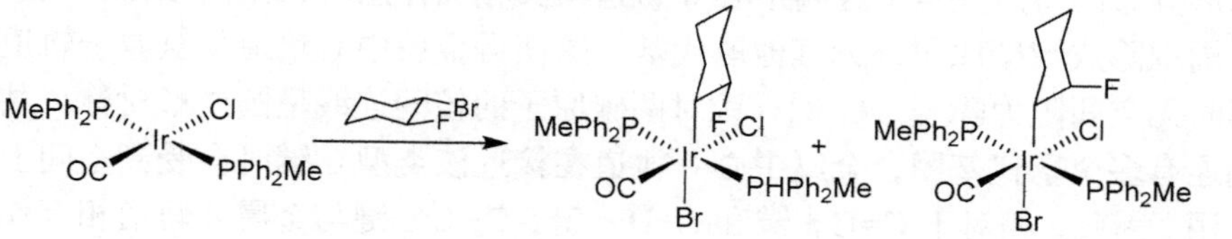

$$\text{Ir(CO)Cl(PPh}_2\text{Me)}_2 \xrightarrow{\text{F-cyclohexyl-Br}} \text{Ir(CO)(Br)(Cl)(cyclohexyl-F)(PPh}_2\text{Me)}_2 + \text{Ir(CO)(Br)(Cl)(cyclohexyl-F)(PPh}_2\text{Me)}_2 \quad (1.6)$$

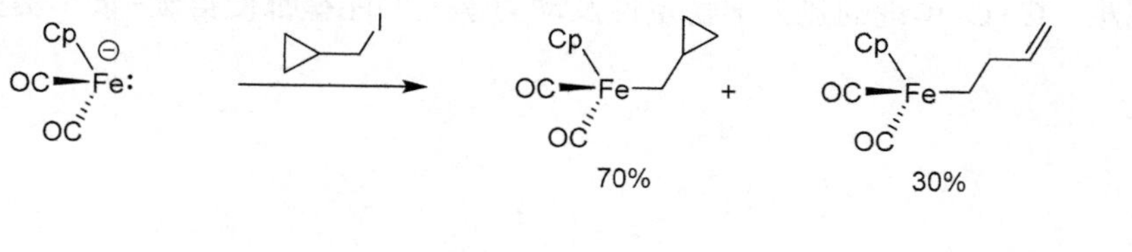

$$\text{Cp(OC)}_2\text{Fe:}^{\ominus} \xrightarrow{\text{cyclopropylmethyl iodide}} \text{Cp(OC)}_2\text{Fe-CH}_2\text{-cyclopropyl (70\%)} + \text{Cp(OC)}_2\text{Fe-CH}_2\text{CH}_2\text{CH=CH}_2 \text{ (30\%)} \quad (1.7)$$

对于非极性共价键为协同的单步反应，非极性共价键与金属中心络合，在单一的过渡态中都涉及与金属形成键以及有机结构中断裂键。对于 R 基团容易发生亲核进攻的极性键，氧化加成通常是通过 S_N2 机理进行的。由于含有孤对电子的 d 轨道，金属具有亲核性。对于 R 基团不容易发生亲核进攻的极性键，自由基机理占主导地位。链增长通过金属自由基攫取有机反应物上的离去基团形成碳自由基，而碳自由基随后再加成到另一个金属上而发生。将金属中心和 R 基团的立体化学、动力学、配体依赖性结合起来就可以解释氧化加成的上述三种机理，表 1-2 概括了各反应机理的典型特征[18]。

表 1-2　氧化加成反应的机理特征

机理类型	过渡金属 M 种类	共价键类型 X–Y	构型	氧化态/电子数改变情况	备注
协同机理	d^8，ML_4	H–H，Si–H C–H，C–C	不变	+2 / +2	X 和 Y 在产物中是顺式关系
亲核机理	d^8，ML_4 d^{10}，ML_4	R–Hal R–COCl	翻转	+2 / +2	X 和 Y 在 d^6 的产物中通常是反式关系
自由基机理	第一系 M	R–Hal	外消旋	+2 / +2	可以是链反应
双核体系	$L_nM–ML_n$	R–Hal, X_2	外消旋	+1 / +1	可能产生自由基中间体

当今，金属有机化学中最引人注目的研究方向之一是惰性 C–H 和 C–C 键的活化断裂，并将该反应类型应用到有机分子的设计合成之中。然而，标准的 C–C 键的氧化加成是非常少见的。一方面，极性碳–卤共价键对低价金属的氧化加成反应在热力学上有利，而惰性碳–碳键的氧化加成过程是热力学不利的反应过程；另一方面，通过氧化加成途径断裂惰性碳–碳键在动力学上困难的原因是由 C–C σ 键的成键方向性决定的。图 1-4 分别给出了过渡金属轨道与 C=C 双键、C–H 和 C–C σ 键轨道相互作用方式。烯烃 π 轨道与金属轨道相互交叠时无明显张力及空间排斥作用。C–H σ 轨道对两原子的核间连线具有圆柱形对称性，碳氢原子交叠成键的方向性与金属原子 d 轨道在空间的排布方向不具匹配性。但氢原子的 1s 轨道呈球形分布的特点决定了金属中心 d 轨道与其相互作用时无扭曲张力；此外，氢原子周围除成键碳原子外无其他取代基，这使得金属中心轨道与氢原子轨道相互作用时无空间阻力障碍。C–C σ 键对两碳原子的核间连线呈圆柱形对称，共价键两端连有多个取代基团，金属中心 d 轨道在接近该类型 σ 键时会受到空间上的排斥作用。因此，相对于 C=C π 键和 C–H σ 键，C–C σ 键与金属 d 轨道相互作用更为困难，C–C 单键的热力学稳定性及动力学上的能垒都使得碳–碳单键更加惰性。

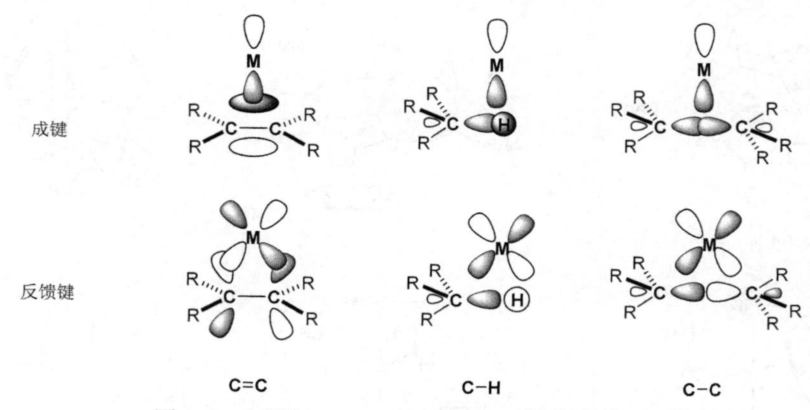

图 1-4　金属与 C=C、C−H 和 C−C 轨道相互作用

元结效应(agostic interaction)这个词来源于希腊词语，意思是“粘到自身”。一般指的是配体上的 C−H σ 键与金属复合物的相互作用，这种相互作用近似于一种氧化加成或还原消除反应的过渡态，也可以近似地用于描述成烷烃或硅烷与金属形成的 σ-复合物。

目前，金属中心与共价键之间的元结效应常被认为导致了共价键的活化断裂，其过程类似于碳–氢键的氧化加成。人们对碳–碳键发生氧化加成的认识仍远滞后于对碳–氢键活化断裂的理解[式(1.8)]，能观察到碳–碳键与金属之间元结效应的例子并不多见。图 1-5 列举出的 5 个化合物 **3~7** 结构经 X 射线衍射表征，证明存在这种相互作用，需指明的是化合物 **8** 不存在元结效应[20-29]。化合物 **3** 中既含活化断裂的碳–碳共价键也含碳–碳 σ 配位键，其已作为标志性分子用于研究碳–碳键氧化加成活化断裂的反应历程。X 射线衍射结果显示，碳–碳 σ 配位键键长从 1.51 Å 分别增加到 1.60 Å(铑金属)和 1.65 Å(铱金属)，在化合物 **6** 和 **7** 中也观察到了类似的结果(图 1-6)。化合物 **6** 和 **7** 互为等电子体，分子中存在不等性的元结作用，sp^2 杂化碳原子更加接近金属中心。化合物 **6** 中存在元结作用的两个碳原子与铑金属中心的距离分别为 2.35 Å 和 2.82 Å；化合物 **7** 中的两个不等性碳原子与铂金属中心的距离分别为 2.18 Å 和 2.96 Å。化合物 **6** 和 **7** 中存在元结效应的碳–碳键键长从 1.50 Å 分别增加到 1.54 Å 和 1.55 Å。元结效应对化合物 **6** 中碳–碳共价键键长的影响可以用 η^1-络合物和 η^2-络合物之间形成的共振效应加以合理解释(图 1-6)。

$$M^n \;\; \overset{C^1}{\underset{C^2}{\wr}} \rightleftharpoons M\overset{C^1}{\underset{C^2}{\lessdot}} \longleftrightarrow M \leftarrow \overset{C^1}{\underset{C^2}{|}} \rightleftharpoons C^1 \diagup M^{n+2} \diagdown C^2 \tag{1.8}$$

元结效应

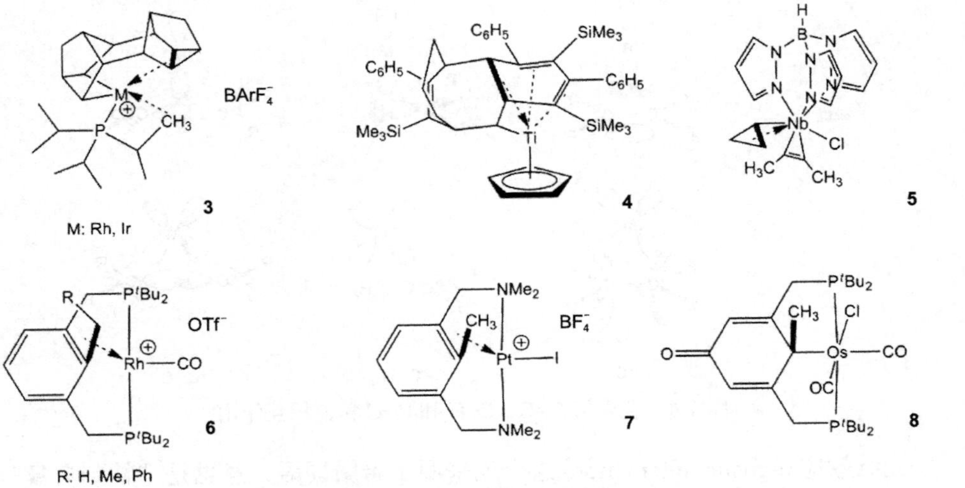

图 1-5　碳–碳键与金属之间的元结效应

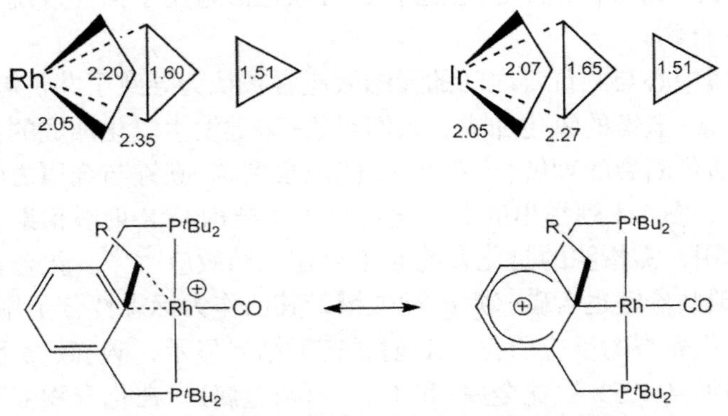

图 1-6　元结效应对作用共价键键长的影响及解释

综上所述，尽管存在着不利于化学反应发生的诸多内因，有机合成化学家通过合理的设计已开发出多种活化策略来有效实现 C−C σ 键氧化加成反应的发生。已报道的活化策略主要集中在活泼反应底物的使用及高活性中间体的产生两方面[30-32]，具有高张力的三元和四元环底物、通过螯合辅助作用导向及芳构化驱动下的碳–碳键断裂等过程相继得到了研究，本节将分述如下。

1.2.1　环张力驱动的碳–碳键氧化加成

自 1883 年合成得到三元和四元碳环化合物后，人们发现小环化合物容易发生开环反应，而五元、六元环系则是稳定的。从能量角度而言，环丙烷的张力能达到 29.0 kcal[①]/mol，与环丁烷的张力能(26.3 kcal/mol)相当，但随着环的增大，其环张力能发生骤降。例如，环戊烷的张力能为 6.2 kcal/mol，而环己烷的张力能仅为 1.3 kcal/mol。图 1-7 给出了带有不同取代基团或几何结构的环烷烃的张力能[33]，从这些数据上不难看出三元、四元小环化合物的碳–碳共价键在热力学上具有一定的不稳定性，很容易发生键的断裂而发生开环反应。

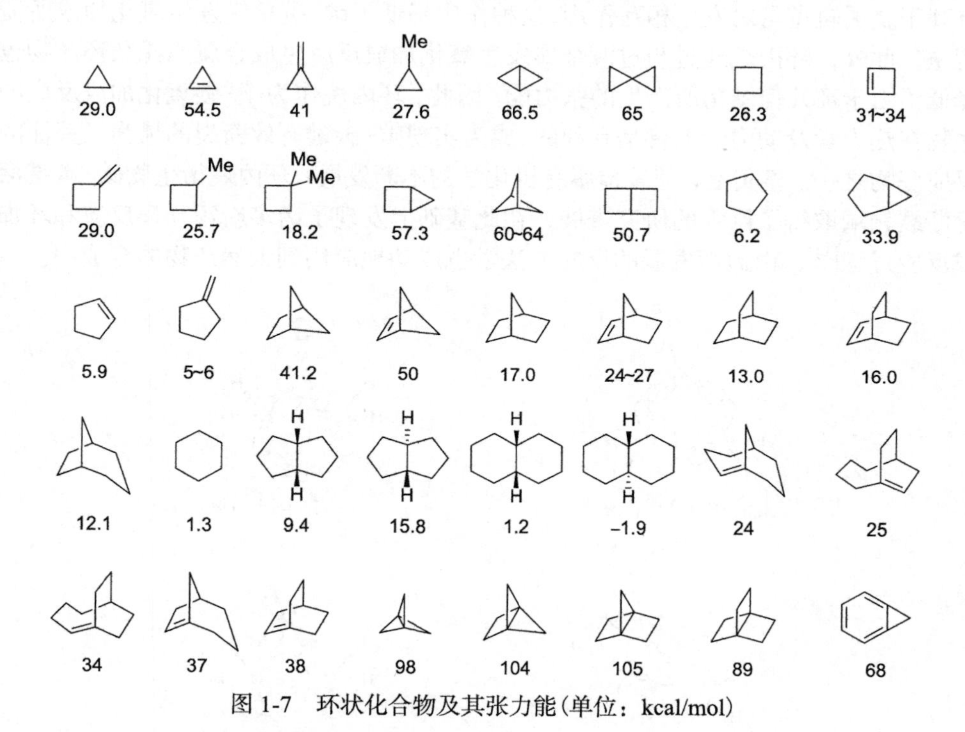

图 1-7　环状化合物及其张力能(单位：kcal/mol)

需要指出的是，通常人们认为张力大的分子是不稳定的、活泼的，需要低温或其他特殊条件才能表征，在大多数情况下也确实如此。但具有超常的张力不能保证分子就是高反应活性的，这种分子需要有一个动力学上可能的途径才能缓解张力。它们不稳定，但可以持久存在，或者说这类分子是热力学不稳定但动力学稳定的。例如，四面体烷的张力为 140 kcal/mol，通过许多研究团队数十年的努力，Maier 成功地合成了这种化合物的四叔丁基衍生物，令人吃惊的是这种化合物在室温下是完全稳定的。1964 年 Eaton 合成的立方烷是另一个张力很大但寿命很长的化合物。

① 1 cal=4.186 J

1. 三元环碳–碳键活化

从结构上来看，环丙烷中的价键大略地保持了原来轨道间的角度，达到一定程度重叠而形成一个弯曲的“香蕉”键，环丙烷的碳–碳单键(151.0 pm)比一般碳–碳单键的键长(154.0 pm)要短，如图 1-8 所示。弯曲“香蕉”键在一定程度上有利于金属轨道与之发生相互作用,这种作用降低了碳–碳单键发生氧化加成所需能垒。此外，环丙烷通过与过渡金属发生氧化加成反应生成金属四元杂环产物也降低了由于环几何结构所产生的张力能。因此，环丙烷作为碳–碳氧化加成反应的底物在热力学及动力学上皆是有利的,成为实现碳–碳键有效断裂的最为人关注的反应底物之一。事实上，随着金属有机化学的不断发展，环丙烷衍生物碳–碳键活化断裂领域取得了巨大的研究进展，在此基础上发现了诸多新颖开环反应和环加成反应过程[34]，由此而发展的反应方法学也成功地应用到天然产物的合成中。

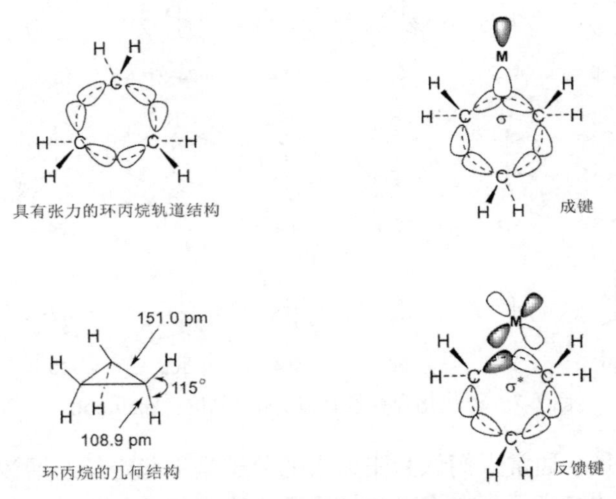

图 1-8　过渡金属与环丙烷 C–C 单键相互作用

通常情况下，环丙烷底物 **9** 受张力驱动与过渡金属发生碳–碳 σ 键氧化加成反应得到金属环丁烷物种 **10**(图 1-9)，该中间体 **10** 能参与不同化学反应途径而构建结构多样性的分子结构，其详细内容将在第 2 章中加以讨论。此外，当环丙烷骨架结构上连有不饱和基团时，这些不饱和基团可以作为导向基团，使得过渡金属对碳–碳 σ 键的切断更为便利。此种情况下，环丙基酮或亚胺 **11**、亚烷基环丙烷 **12**、乙烯基环丙烷 **13** 和环丙烯 **14** 已经发展成为广泛使用的反应底物。这些不饱和基团除了作为定位导向基团外，其自身也能参与到后续的化学转变之中，极大地扩大了合成方法的适用范围。

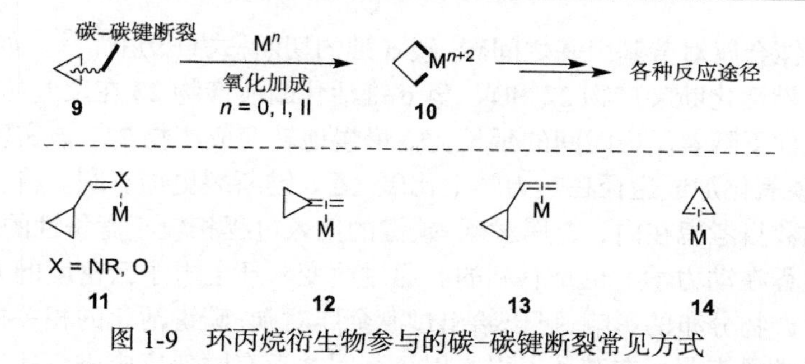

图 1-9　环丙烷衍生物参与的碳–碳键断裂常见方式

2. 四元环碳–碳键活化

环丁烷的张力能达到 26.3 kcal/mol，与环丙烷的张力能 29.0 kcal/mol 相当，因此，环丁烷衍生物在过渡金属催化碳–碳 σ 键活化断裂领域占有一席之地。总体而言，环丁烷底物 **15** 受张力驱动与过渡金属发生碳–碳 σ 键氧化加成反应得到金属环戊烷物种 **16**(图 1-10)，该中间体 **16** 能参与不同化学反应途径而构建结构多样性的分子结构。除具有高张力能的联苯烯 **17** 用作反应底物外[34]，带有羰基官能团的四元环衍生物，环丁烯二酮或苯并环丁烯二酮 **18**、环丁烯酮或苯并环丁烯酮 **19** 及环丁酮 **20** 是常见的底物类型，它们参与的化学反应及在有机合成中的应用将在第 3 章中加以讨论。

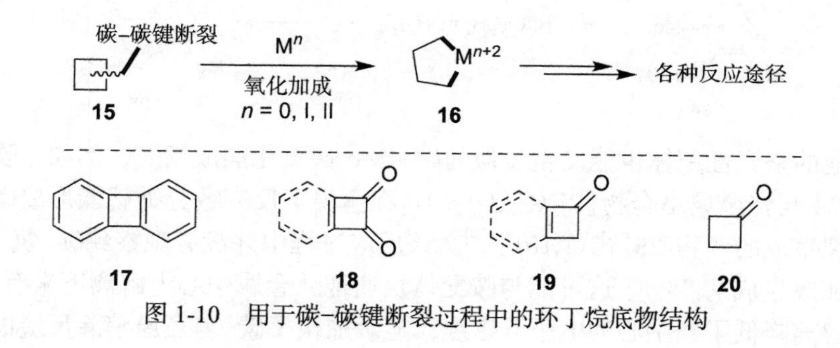

图 1-10　用于碳–碳键断裂过程中的环丁烷底物结构

1.2.2　导向碳–碳键氧化加成

导向碳–碳键活化策略是指利用反应中形成的环金属络合物作为驱动力，实现碳–碳键选择性断裂及官能化，这种方法普遍存在于过渡金属催化的化学反应中。路易斯碱性基团极易与金属发生配位作用，在这种配位作用的导向下，金属活性中心与特定的碳–碳键接近从而达到活化的目的，配位导向下进行的过渡金属对碳–碳键的插入反应在热力学及动力学上都相对有利。例如，在室温条件下，铑金属络合物$[Rh(C_2H_4)_2Cl]_2$与大空间位阻螯合性双膦配体 **21** 即可发生反应，位置选择性地实现铑金属对芳基甲基之间碳–碳 σ 键的切断[式(1.9)][35-37]。如式(1.9)所示，碳–碳 σ 键活化断裂产物 **22** 和碳–氢 σ 键活化断裂产物 **23** 在反应初同时生成，但在室温条件下随着反应时间的延长，**23** 慢慢地转变成产物 **22**，该实验结果充分表明，碳–碳氧化加成途径在热力学上比碳–氢 σ 键断裂更加有利。将各自参与活化的共价键数目考虑在内，金属对碳–碳键的插入过程相较于竞争性的碳–氢 σ 键活化断裂过程在动力学上也是有利的。通过改变苯环上电子云密度的方式来观测这种改变对产物分布的影响，可以给出过渡金属对碳–碳键活化的相关机制方面的信息。研究结果表明，在苯环上引入甲氧基团并没有改变反应进行的速率及产物的分布状况，表明碳–碳键氧化加成反应是通过三中心非极性过渡态进行的，其方式类似于碳–氢 σ 键的活化机制。

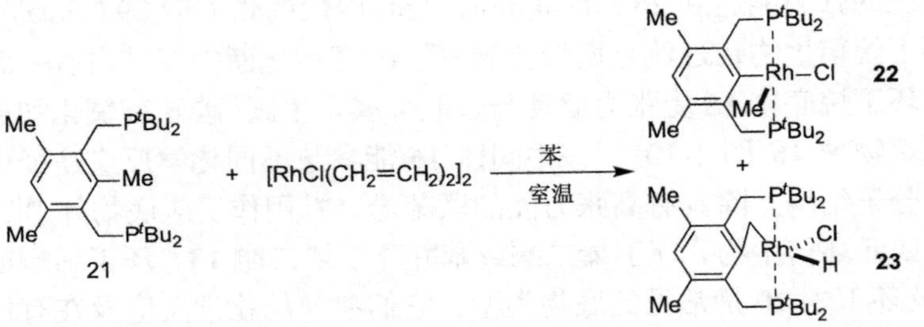

(1.9)

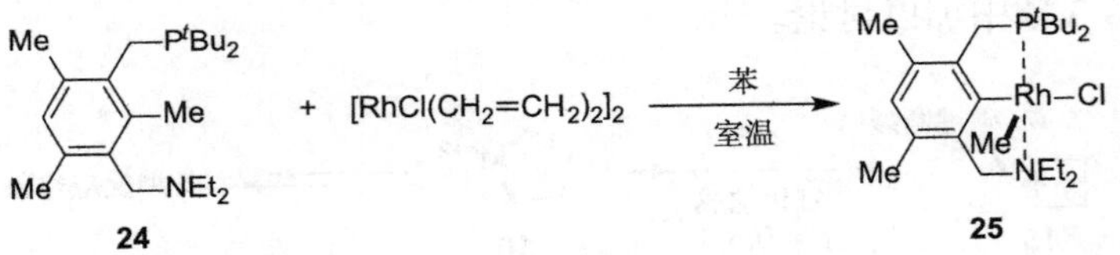

(1.10)

其他的螯合性配体也能发生类似的碳–碳 σ 键氧化加成反应，例如，膦–胺双齿配体 **24** 与铑金属络合物$[Rh(C_2H_4)_2Cl]_2$在室温下反应数分钟就能形成碳–碳键活化断裂生成的产物 **25**[式(1.10)][38]。该反应过程中并没有观察到碳–氢 σ 键发生氧化加成生成的产物，这可能与胺配体快速地从金属中心上解离下来有关。胺配体的解离降低了铑中心的电子云密度，显著加快了碳–氢还原消除反应的速率。

密度泛函理论(DFT)计算结果表明化合物 **26** 与铑金属络合物$[Rh(coe)_2(acetone)_2]^+[BF_4]^-$在丙酮溶液中于室温下金属中心与 C–C–H 存在 η^3-元结作用，η^3-络合物是其随后发生氧化加成反应的中间体[式(1.11)][39]。在 η^3-络合物中，C–C 和 C–H 键作为配体都向铑金属的 d 轨道提供电子，处于反式位的烯烃配体从金属中心接受电子，配体之间的这种反位效应增强了 C–C 和 C–H 键向金属中心的供电子性，从而达到了活化惰性 C–C 和 C–H 键的效果。类似地，碳–碳键氧化加成反应是主要途径。

(1.11)

1.2.3　芳构化驱动的碳–碳键氧化加成

芳构化反应由于在产物分子中引入稳定的芳烃结构而成为热力学上有利的一类化学反应过程，因此，芳构化驱动下的过渡金属参与的氧化加成反应已经成为实现惰性碳–碳键活化断裂的一种有效方式。基于这种策略而发展起来的反应过程通常涉及前芳香性底物的使用，环戊二烯[40]和氢化芳烃衍生物[41]是常被使用的两类反应原料。

例如，η^4-环戊二烯配位的钼金属络合物 **29** 在氟硼酸铊作用下发生环戊二烯与乙基间碳–碳 σ 键对中心金属的氧化加成反应，生成 η^5-茂和乙基同为配体的钼金属复合物 **30**［式(1.12)］[42-44]。使用镍[45]、铁[46]、锰[47]、铼[48]和铱[49]金属络合物也能发生类似的碳–碳 σ 键氧化加成反应过程[45-49]。以铱金属络合物为反应底物，Crabtree 等[49]研究了该类型氧化加成反应的立体化学［式(1.13)］。当内型 η^4-甲基环戊二烯配位的一价铱金属络合物 **31** 加热到 150℃时，环戊二烯与甲基间碳–碳 σ 键选择性地发生活化断裂，甲基迁移到金属中心生成加成产物 **32**，η^4-环戊二烯芳构化为 η^5-型配体与三价铱金属络合［式(1.13)］。然而，在相同条件下，其外型甲基异构体底物得到的却是复杂的混合产物。在 150℃下，1,1–二乙基-η^4-环戊二烯反应物 **33** 发生异构化反应，生成 1,2-二乙基和 1,3-二乙基-η^5-茂配位的氧化加成产物 **34** 和 **35**［式(1.14)］[49]。异构化混合产物的生成表明，碳–碳 σ 键氧化加成及还原消除具有可逆性，即通过可逆的碳–碳 σ 键氧化加成/乙基还原消除/碳–氢 σ 键氧化加成过程，乙基在发生还原消除反应时存在区域选择性，生成混合产物 **34** 和 **35**。

H Et PPhMe2 Mo Cl **29** TlBF4 [Mo PPhMe2 Et]+ [BF4]− **30**　(1.12)

[Et Me Ir[P(p-FC6H4)3]2]+ [PF6]− **31** 150 °C [Et Me Ir[P(p-FC6H4)3]2]+ [PF6]− **32**　(1.13)

[Et Et Ir[P(p-FC6H4)3]2]+ [PF6]− **33** 150 °C [Et Et H Ir[P(p-FC6H4)3]2]+ [PF6]− **34** + [Et Et H Ir[P(p-FC6H4)3]2]+ [PF6]− **35**　(1.14)

钛环戊二烯络合物 **36** 在四氢呋喃(THF)溶液中加热回流可生成 **37**，在氧气存在下，**37** 极易发生乙基与季碳 σ 键断裂过程继而构建含有苯环芳香结构的三环产物 **38**[50]，这是芳构化驱动下惰性碳–碳 σ 键活化断裂的又一例子[式(1.15)]。

C2H5 Ti C2H5 **36** THF 回流 C2H5 Ti C2H5 **37** O2 正己烷 [C2H5 H Ti C2H5] C2H5 C2H5 **38**　(1.15)

Chaudret 等利用芳构化策略[51]，通过过渡金属催化剂 Cp^*Ru^+实现了氢化苯底物 **39** 中甲基与季碳 σ 键的断裂，后经过 *β*-氢消除反应过程得到了一系列具有苯环芳烃结构的甾体化合物 **40**[式(1.16)]。

Me C_9H_{17} Me HO **39** Cp^*Ru^+ $Cp^* = C_5Me_5$ $-CH_4$ Me C_9H_{17} HO **40**　(1.16)

1.2.4　腈底物参与的碳–碳键氧化加成

氰基是一种由碳和氮原子以三键结合在一起的非常重要的官能团，具有好的热力学稳定性，其键能约 133 kcal/mol，在许多化学反应过程中，该基团能得以保留。腈具有类卤代烃的化学性质，氰基具有一定的离去能力。此外，氰基官能团可以与金属通过端向或侧向配位模式结合在一起，这两种络合方式在动力学上都有利于过渡金属接近 C–CN 键，并对其进行氧化加成实现共价键的断裂，生成的氰基金属化合物在通常情况下具有相当的热稳定性。因此，各种含有 C–CN 键的有机化合物与过渡金属化合物能发生氧化加成反应，特别是零价 d^{10} 过渡金属，如镍、钯和铂等[52-58]。过渡金属参与的 C–CN 键活化断裂可以追溯到 20 世纪 70 年代初期，零价铂金属络合物与四氰基乙烯的氧化加成反应是首个报道的例子[52]。随后，C–CN 键活化范围逐渐扩展至芳基腈、烯丙基腈和烷基腈等底物上，它们参与的化学反应及在有机合成中的应用将在第 5 章中加以讨论。

1.2.5　其他类型碳–碳键氧化加成

1. 五元环的碳–碳键活化断裂

受反应物结构的影响，具有一定张力的环戊烷结构片段在过渡金属的作用下也能发生碳–碳键氧化加成反应。例如，C_{60} 衍生物 **41** 中的张力环戊烷结构能与一茂二羰基合钴金属络合物发生开环加成反应生成 **42**[式(1.17)][59]；类似地，碗型富勒烯结构单元底物 **43** 中的环戊烷片段能与零价铂发生氧化加成反应得到含铂六元环产物 **44**[式(1.18)][60]。

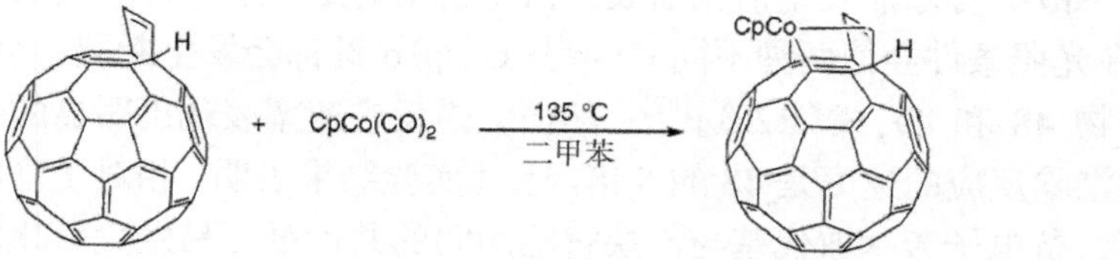

41 + $CpCo(CO)_2$ —(135 °C, 二甲苯)→ 42　(1.17)

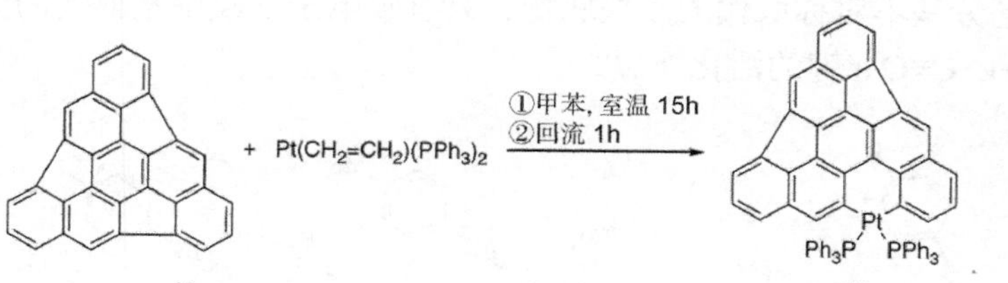

43 + $Pt(CH_2{=}CH_2)(PPh_3)_2$ —(①甲苯, 室温 15h; ②回流 1h)→ 44　(1.18)

2. C–C≡C 单键活化断裂

如 1.2.4 节所述，C–CN 键与过渡金属能发生氧化加成反应而使碳–碳键断裂，研究表明 C–C≡C（sp^2-sp 或 sp-sp 碳–碳 σ 键）也能发生类似的氧化加成反应。一系列双齿配体(P, N 或 P, P)络合的二苯乙炔合铂金属化合物 **45** 在加热条件下并不发生化学反应，但在紫外光(> 300 nm)的照射下使得 sp^2–sp 碳–碳 σ 键发生断裂得到氧化加成产物 **46**[式(1.19)][61]。进一步研究表明，产物 **46** 在 100~125℃下能可逆地发生还原消除反应重新得到 η^2-二苯乙炔配位的零价铂 **45**。事实上，**45** 和 **46** 之间相互转变的可逆反应是同时发生的，芳基铂与炔基铂键能之和小于 $C(sp^2)-C(sp)$ 键能与 η^2-二苯乙炔同铂金属配位键键能之和，碳–碳 σ 键氧化加成的断裂反应是热力学不利的过程。

R2 P Pt C≡C Ph Ph E R'2 **45** —hν→ R2 P Pt C≡C–Ph Ph E R'2 **46**

E = N, R = ^{i}Pr, R' = Me
E = P, R = R' = ^{i}Pr
E = P, R = R' = Cy

ΔG‡ ; ΔG⁰ > 3 kcal/mol ; P2Pt–(aryl)C≡C(aryl) ; P2Pt(aryl)(C≡C–aryl)

(1.19)

通过改变炔烃配体的结构，以期增强生成的碳–铂共价键的键能，使氧化加成变成一个放热的化学反应过程。但对各种取代类型炔烃配体的研究表明，在加热条件下即使生成的碳–铂共价键键能很大，C–C≡C σ 键的断裂过程不会自动发生，正向反应的能垒随炔烃配体的结构不同有所变化，从 47.3 kcal/mol (全氟代二苯乙炔底物)到 31.3 kcal/mol (3,5-二甲基苯基乙炔底物)不等[62]，但只有在光照条件下，$C(sp^2)-C(sp)$ σ 键才能发生活化断裂。值得指出的是，不对称取代的二芳基乙炔底物 **47** 在光照条件会使两种不同 $C(sp^2)-C(sp)$ σ 键都会发生断裂，得到 1 : 1 混合加成产物 **48** 和 **49**[式(1.20)][62]；然而，逆反应速率表现出明显的差别性，**49** 发生还原消除反应的速率是 **48** 的 5 倍。上述实验结果表明，相对于富电子芳基取代基而言，贫电子芳基取代基与乙炔官能团间的共价键更易发生氧化加成反应。此外，对于烷基芳基不对称取代的乙炔底物，只有吸电子三氟甲基取代的芳基乙炔才能发生 $C_{芳基}$–C≡C σ 键的活化断裂[63]。

^{t}Bu2 P Pt E ^{t}Bu2 (4-F-C6H4)C≡C(C6H4-4-Me) **47** ⇌ (hν; 80~300 °C) **48** (Pt–C≡C–C6H4-Me, Pt–C6H4-F) + **49** (Pt–C≡C–C6H4-F, Pt–C6H4-Me)

(1.20)

C_{sp}–C≡C 单键在低价态二茂钛或锆的作用下能发生氧化加成断裂反应。例如，二炔底物 **50** 与二茂金属络合物 **51** 在四氢呋喃溶液中能顺利地发生 C_{sp}–C_{sp} σ 键氧化加成反应生成炔基二茂金属二聚体产物 **52**，断裂下来的炔基作为桥连配体通过 σ 键和 π 键的方式分别与两个金属中心连接在一起[式(1.21)][64-68]。

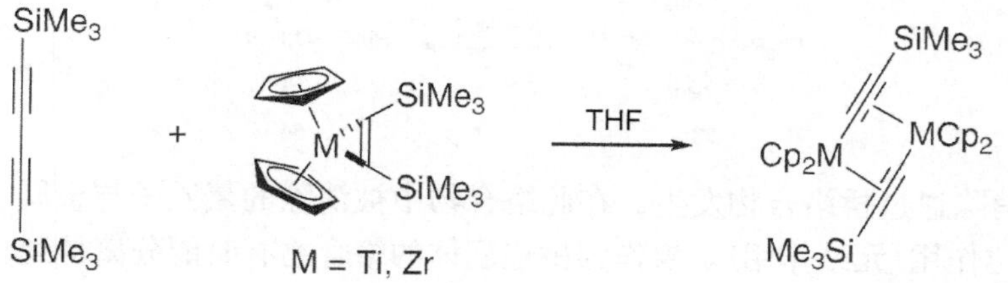

SiMe3 ... SiMe3 + Cp2M(SiMe3C≡CSiMe3) —THF→ Cp2M/MCp2 (SiMe3, Me3Si)　(1.21)

M = Ti, Zr

50　**51**　**52**

1.3　α-碳或β-碳消除反应

1.3.1　消除反应

金属有机化合物的 α-或 β-原子或基团消除反应是实现非活性化学键选择性切断的有效方法之一，这些非活性化学键包括碳–氢键、碳–碳键和碳–杂原子键。与还原消除反应不同，此类消除反应发生在金属中心，但并不改变金属的氧化态。在这些反应中，一个原子或基团从配体迁移到金属同时产生一个不饱和体系，常见有 α-消除和 β-消除两种形式[式(1.22)]。β-消除是指链状或环状金属有机化合物中处于金属的 β-碳上的原子或基团被消除并生成碳–碳双键的过程[式(1.22)]。当 X 为氢原子时，为 β-氢消除，发生了切断碳–氢键的反应；当 X 为碳原子时，为 β-碳消除，发生了切断碳–碳键的反应；当 X 为杂原子时，为 β-杂原子消除，发生了切断碳–杂原子键的反应。

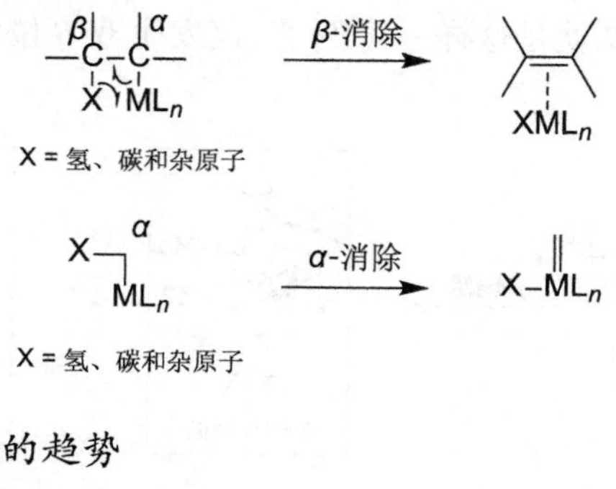

β-消除: X–C(β)–C(α)–ML$_n$ → alkene···XML$_n$

X = 氢、碳和杂原子

α-消除: X–C(α)–ML$_n$ → X–M(=)L$_n$　(1.22)

X = 氢、碳和杂原子

1. α-消除和 β-消除的趋势

迄今为止，最常见的 β-消除反应是 β-氢消除。总体而言，β-氢消除反应是大量放热的，弱的碳–金属键和碳–氢键被转化成两个更强的共价键，即碳–氢键和碳–碳 π 键，并伴有 π 键和金属的络合作用。因此，一旦有机金属化合物的 β 位存在氢原子及金属中心存在空的配位点，β-氢消除反应就能发生，式(1.23)就是其中的一个例子。

$$Ph_3P-Co(PPh_3)_2-CH_2CH_3\ (\mathbf{53}) \xrightarrow{\beta\text{-氢消除}} (Ph_3P)_3Co(H)(\eta^2\text{-}CH_2{=}CH_2)\ (\mathbf{54}) \tag{1.23}$$

β-氢消除通过桥络合物发生，在此络合物中被消除的氢原子与金属之间存在较弱的配位作用(元结作用)。氢作为桥连配体的络合物有时能分离得到，图 1-11 中双膦配位的氯化乙基钛 **55** 的结构数据显示，钛和 β 位氢原子间的距离仅为 2.29 Å，乙基上的 Ti–C–C 键角只有 86°。

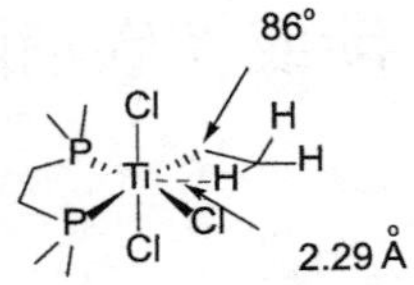

图 1-11 β-氢与金属中心的元结作用

β-烃基消除比 β-氢消除少见得多，这是由于很难使烃基与金属形成分子内的元结相互作用，而这种作用是消除反应发生的前提。此外，碳–金属键和碳–碳键被转化成另一个碳–金属键和与金属中心存在配位作用的碳–碳 π 键，反应有时是吸热的。尽管如此，β-烃基消除也能发生，式(1.24)列出了二茂异丁基镥络合物 **56** 发生 β-消除反应的例子，在这里甲基和氢的消除是一对竞争反应过程，分别得到产物 **57** 和 **58**。当有机金属化合物的 β 位氢原子不能扭曲达到与金属中心形成元结作用的正确取向时，此时 β-烃基消除就成为唯一的反应途径。式(1.25)中二茂配位的含钛五元环 **59** 就是这样一个例子，仅发生双 β 位烷基的消除反应得到产物 **60**。

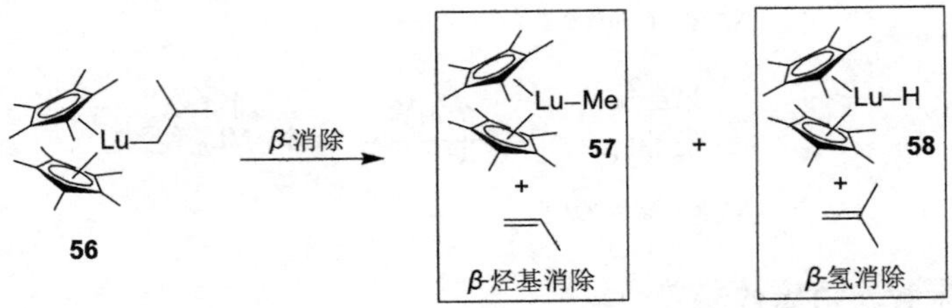

$$Cp^*_2Lu-CH_2CH(CH_3)_2\ (\mathbf{56}) \xrightarrow{\beta\text{-消除}} [Cp^*_2Lu-Me\ (\mathbf{57}) + CH_2{=}CHCH_3]_{\beta\text{-烃基消除}} + [Cp^*_2Lu-H\ (\mathbf{58}) + CH_2{=}C(CH_3)_2]_{\beta\text{-氢消除}} \tag{1.24}$$

$$\mathrm{Cp_2Ti(CH_2)_4}\ (\mathbf{59}) \xrightarrow{\beta\text{-消除}} \mathrm{Cp_2Ti(CH_2{=}CH_2)}\ (\mathbf{60}) + \mathrm{CH_2{=}CH_2} \tag{1.25}$$

2. β-消除反应动力学

β-消除过程为金属中心增加了一个烯烃配体，这意味着发生 β-消除前，对于达到 18 电子的络合物必须失去一个配体，而失配体的过程通常成为 β-消除的决速步骤。例如，对于式(1.26)中的铂络合物 **61**，其 β-氢消除反应动力学呈现一级。通过加入膦配体的方式可以阻止此反应的发生，这一结果表明膦配体从金属中心的解离过程先于 β-氢消除和还原消除。当使用 β 位氘代的底物时，β-消除反应的同位素效应在 2~4 范围内变动。

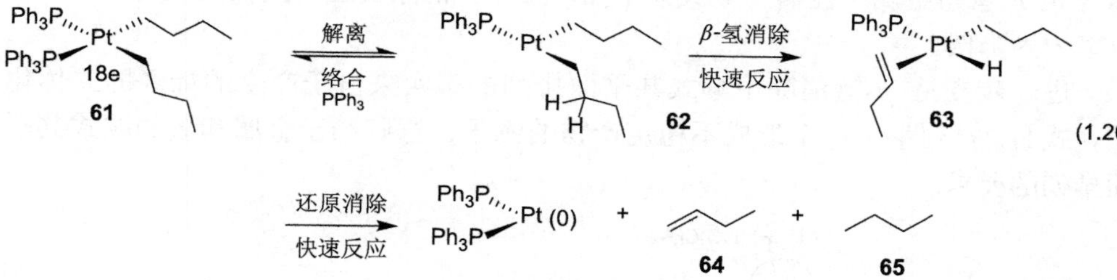

$$\mathrm{(Ph_3P)_2Pt(}n\text{-Bu)_2}\ (\mathbf{61},\ 18\mathrm{e}) \underset{\text{络合 } \mathrm{PPh_3}}{\overset{\text{解离}}{\rightleftharpoons}} \mathrm{(Ph_3P)Pt(}n\text{-Bu)_2}\ (\mathbf{62}) \xrightarrow[\text{快速反应}]{\beta\text{-氢消除}} \mathrm{(Ph_3P)Pt(}n\text{-Bu)(H)(CH_2{=}CHCH_2CH_3)}\ (\mathbf{63}) \tag{1.26}$$

$$\xrightarrow[\text{快速反应}]{\text{还原消除}} \mathrm{(Ph_3P)_2Pt(0)} + \mathrm{CH_2{=}CHCH_2CH_3}\ (\mathbf{64}) + \mathrm{CH_3CH_2CH_2CH_3}\ (\mathbf{65})$$

β-碳上没有氢的烷基络合物通常比含有 β-氢的金属络合物在热力学上更为稳定，此外，由于 β-氢消除需要一个空的配位点，通常配位饱和或有螯合配体的络合物在热力学上更加稳定。因此，为了避免金属催化反应中因 β-氢消除而引起的副反应，任何阻止配位数增加的电子或空间位阻效应都能有效阻止 β-氢消除的发生。

3. β-消除的立体化学

β-消除反应有立体电子上的要求，就像有机化学中的 E2 反应一样。β-消除反应需要被消除的原子或基团与金属中心应为顺式共平面排列。如图 1-12 的纽曼(Newman)投影式所示，β-氢消除反应中氢必须与金属在同一平面上，烷烃上的其他基团必须调整以形成 π 键，即通过一个完全协同机理的四中心过渡态以实现 β-消除反应。

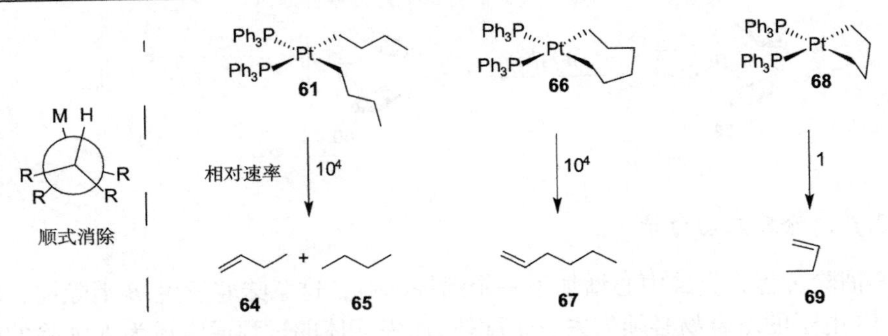

图 1-12 β-氢消除的立体化学

铂金属有机化合物 **61**、**66** 和 **68** 发生 β-氢消除反应的相对速率的结果支持了这种立体化学上的要求。含铂环庚烷 **66** 的 β-氢消除速率与二丁基铂络合物 **61** 一致，但是含铂环戊烷 **68** 的消除速率仅为其 $1/10^4$。原因在于，受几何结构的影响，**68** 中的 β-氢与金属不能满足顺式共平面的要求，消除反应受到很大阻碍，故相对速率大为降低。

进一步支持 β-氢消除中顺式共平面排列的事实来自于产生的烯烃的立体化学。式(1.27)列举了一个形成不稳定产物的例子，这归结于金属和氢的顺式共平面排列的要求。

H Rh(CO)Cl2L2 / Ph / Ph / Me / H **70** —β-氢消除→ Ph / Me / Ph **71** (1.27)

1.3.2 β-碳消除反应

与 β-氢消除反应相比，实现碳–碳键选择性切断的 β-碳消除报道较少。在这个途径中，利用 σ-烷基金属化合物在一定条件下 β-碳和 γ-碳之间的碳–碳键断裂生成相应的金属烃基化合物和烯烃[式(1.28)]。

M (α, β, γ) R —β-碳消除→ R (γ) —M- - ‖ (α, β) (1.28)

β-碳消除反应常用来解释 Ziegler-Natta 烯烃聚合过程的机理，成为聚合反应过程中一个重要的链转移步骤(图 1-13)[69, 70]。Bergman 等[71]在 1995 年首次观察到了钌金属络合物 **72** 可逆的 β-甲基消除/迁移插入反应，生成金属有机化合物 η^3-**74**[式(1.29)]。

β-碳消除参与的化学反应及在有机合成中的应用将在第 4 章中加以讨论。

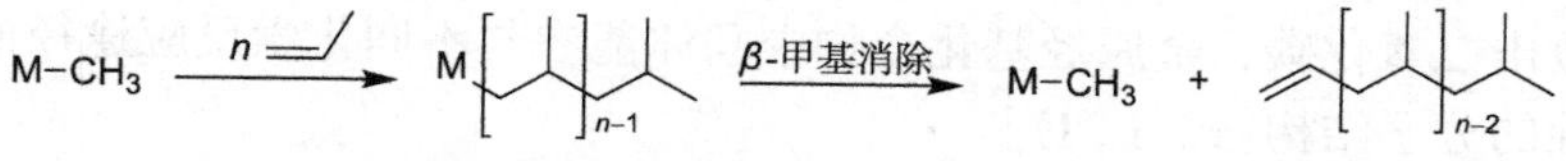

$$M-CH_3 \xrightarrow{n\ =\!/} M[\ldots]_{n-1} \xrightarrow{\beta\text{-甲基消除}} M-CH_3 + [\ldots]_{n-2}$$

图 1-13　Ziegler-Natta 烯烃聚合过程中的 β-碳消除反应

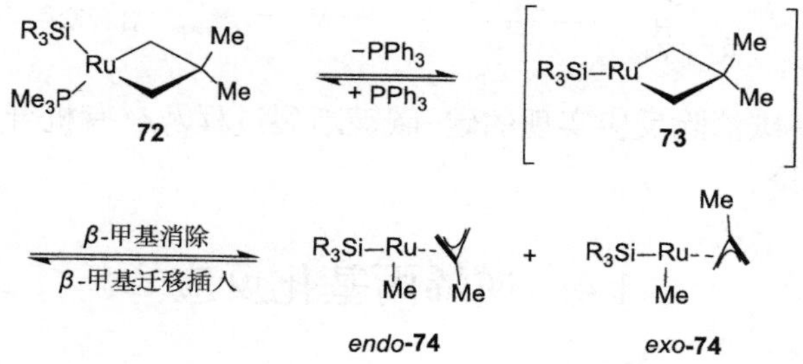

$$\mathbf{72} \underset{+\,PPh_3}{\overset{-PPh_3}{\rightleftharpoons}} [\mathbf{73}] \underset{\beta\text{-甲基迁移插入}}{\overset{\beta\text{-甲基消除}}{\rightleftharpoons}} endo\text{-}\mathbf{74} + exo\text{-}\mathbf{74} \tag{1.29}$$

1.3.3　α-碳消除反应：脱羰基反应

脱羰基反应(decarbonylation)在过渡金属配位化合物均相催化的研究中占有重要的地位。脱羰基反应是羰基插入反应的逆反应[式(1.30)]，也可以称为羰基挤出反应(carbonyl-extrusion reaction)。

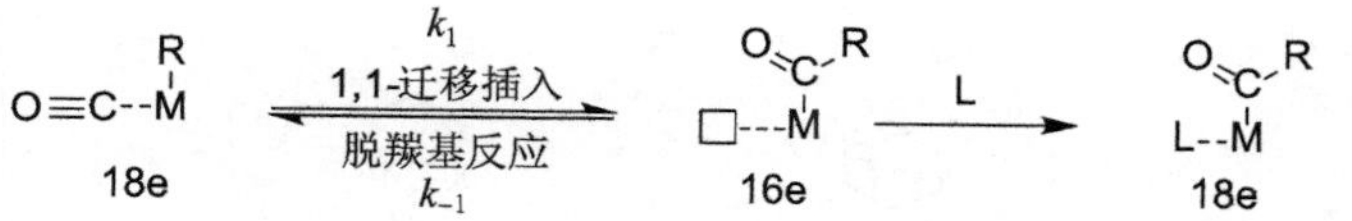

$$\underset{18e}{O\equiv C\text{--}M(R)} \underset{\text{脱羰基反应},\ k_{-1}}{\overset{k_1,\ 1,1\text{-迁移插入}}{\rightleftharpoons}} \underset{16e}{\square\text{---}M(C(O)R)} \xrightarrow{L} \underset{18e}{L\text{--}M(C(O)R)} \tag{1.30}$$

一氧化碳表现出强烈的插入金属烷基键形成金属酰基化物的趋势，其向烷基、芳基或氢的迁移通常是由配体促进的。插入反应过程使金属上出现一个空配位点，这一空位能被其他配体占据，从而形成插入产物[式(1.30)]。相反，消除反应过程中需要有一个空位，对于 18e 配合物而言则需要解离一个配体后才能发生脱羰基化反应。插入过程需要烃基配体和一氧化碳顺式排列，而消除过程中也会产生顺式构型的配体与金属配位。

1.3.4　脱羧反应

脱羧反应(decarboxylation)是指羧酸分子中失去羧基放出二氧化碳的反应。一般情况下，羧酸中的羧基较为稳定，不易发生脱羧反应，常用来进行一些非催化方面的官能团转化反应，近年来，通过过渡金属催化的方法来实现各种与羧基有关的化学反应开始大量涌现。在过渡金属催化下，羧酸及其衍生物通过脱羧这一过程参与的各种反应已经成为一个热点研究领域，极大丰富了有关羧酸及其衍生物的反应种类，为有机分子的合成提供了新的方法。在这个途径中，羧酸金属盐在一定条件下通过 β-羧基碳和 γ-碳之间的碳–碳键断裂生成相应的金属烃基化合物并释放出二氧化碳，金属烃基化合物中间体能参与不同化学反应途径而构建结构多样性的分子结构[式(1.31)]。

$$\mathrm{M{-}O{-}C(=O){-}R}\ (\alpha,\ \beta,\ \gamma)\ \xrightarrow[-CO_2]{\beta\text{-消除}}\ \mathrm{R{-}M}\ \longrightarrow\ \text{各种途径} \tag{1.31}$$

基于 α 或 β-碳消除反应实现的碳–碳键断裂过程及在有机合成中的应用将在第 5 章中加以讨论。

1.4 逆烯丙基化反应

烯丙基金属化合物与羰基的加成反应在某些情况下是可逆的，其逆反应过程被称为“逆烯丙基化”反应。因此，对于具有高烯丙醇结构的有机化合物，碳–碳单键可以按照类似于 β-碳消除反应的方式发生断裂，但与 β-碳消除过程不同，此类型的断裂通常是通过六元环过渡态机理进行的(图 1-14)[72]。通过椅式反应构型过渡态，β-碳和 γ-碳之间的碳–碳 σ 键发生断裂，同时烯烃末端碳原子与金属之间形成碳–金属共价键。

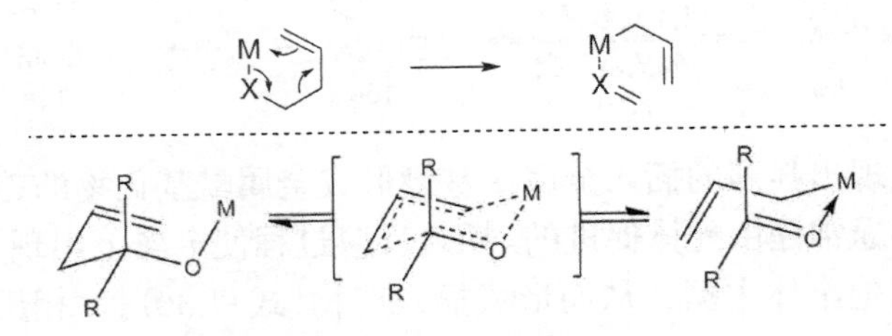

图 1-14 逆烯丙基化反应机理

如图 1-15 所示，逆烯丙基化反应与 β-碳消除在机理上有本质上的区别：①逆烯丙基化是通过无张力的六元环过渡态而发生的碳–碳单键的断裂反应，而 β-碳消除反应则是通过高张力的四元环过渡态而发生的碳–碳单键的断裂。总的来说，逆烯丙基化反应比 β-碳消除更易进行。②β-碳消除反应中 γ 位碳原子转移到金属上生成烯丙基金属化合物；逆烯丙基化反应中 ε 位碳原子转移到金属上并在 γ-碳和 δ-碳之间形成 π 键得到相应的烯丙基金属络合物。因此，当烯丙基以 η^1 型配体与金属中心结合时，这两种过程给出的产物是不同的。然而，这两种不同的 η^1-烯丙基金属有机化合物可以通过同一种 η^3-金属络合物而彼此相互转化并达到动态平衡。③当高位烯丙醇底物 1 位碳原子存在手性时，立体化学上的差异性表现在逆烯丙基化反应过程能将 1 位碳原子上的手性传递到 4 位碳原子上。

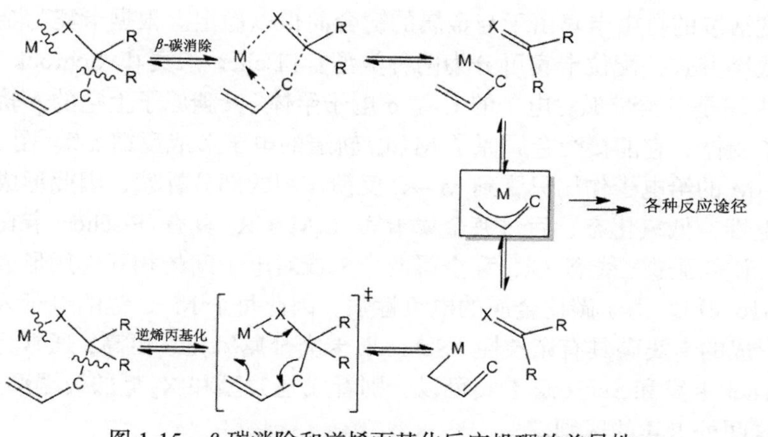

图 1-15　β-碳消除和逆烯丙基化反应机理的差异性

逆烯丙基化参与的化学反应及在有机合成中的应用将在第 6 章中加以讨论。

1.5　金属卡宾参与的 1,2-迁移反应

游离状态的卡宾有两种自旋状态：单线态和三线态。它们是自旋异构体，具有不同的 R–C–R 键角，单线态卡宾的电子相互配对形成 sp^2 孤对电子，而三线态卡宾的两个电子则填充在两个 p 轨道上，每个轨道占据一个电子[图 1-16(a)]。游离态卡宾很少稳定存在，它们是一个不稳定的中间体，能与多种物质迅速反应，甚至与烷烃化合物也能进行反应。

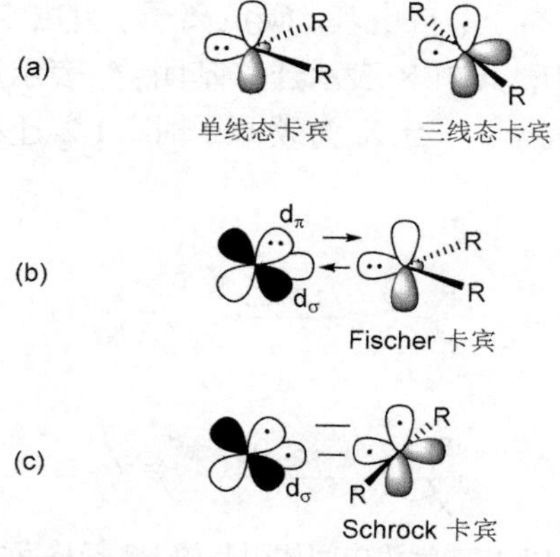

图 1-16　游离态卡宾及卡宾金属络合物结构

卡宾和金属之间能通过强的成键作用而形成金属卡宾络合物，金属卡宾可以看作是与金属络合的一类二价碳的活泼配体。在这种络合物中，游离状态下寿命

短暂极度活泼的自由卡宾由于与金属的键合而得以稳定。根据卡宾与金属原子间不同的成键方式，配位卡宾可分为两种类型：Fischer 卡宾和 Schrock 卡宾[73]。Fischer 卡宾是一类带孤对电子的 L-型 σ 电子给体，其碳原子上空的 p 轨道也是一个弱电子受体，它能接受金属原子 M(d_π)轨道的电子形成反馈 π 键[图 1-16(b)]。由于 C→M 的给电子作用只受到 M→C 反馈作用的部分补偿，因此形成的卡宾碳具有亲电性，低氧化态、后过渡金属卡宾 $L_nM=CR_2$ 具有 Fischer 卡宾的特点。Schrock 卡宾通过三线态 CR_2 和金属两个未成对电子间的相互作用形成两个共价键[图 1-16(c)]。由于碳比金属的电负性强，因此每个 M–C 键的电子云都偏向碳原子，形成的卡宾碳具有亲核性，Schrock 卡宾金属氧化态更高，通常为前过渡金属。Fischer 卡宾和 Schrock 卡宾可以分别看成是 L 型和 X_2 型的极端形式，表 1-3 总结了这两种卡宾的区别。

表 1-3 Fischer 和 Schrock 卡宾 $L_nM=CR_2$

特点	Fischer 卡宾	Schrock 卡宾
卡宾碳的性质	亲电	亲核
典型的 R 基	π 电子给体	烷基、氢
典型的金属	Mo(0)、Fe(0)	Ta(V)、W(VI)
典型的配体	好的 π 电子受体(如 CO)	Cl、Cp、烷基
电子数(共价键形式)	2e (L)	2e (X_2)
电子数(离子键形式)	2e	4e
CR_2 加成到 L_nM 时氧化态的改变	0	+2

1,2-迁移反应是碳正离子、自由基、碳负离子、自由卡宾和金属卡宾共同具有的一类重排反应(图 1-17)，其中 X 表示迁移基团，* 表示原子自身的带电性质(碳正离子、自由基和碳负离子)，当 X 为碳原子时，1,2-迁移反应过程就涉及碳–碳键断裂。

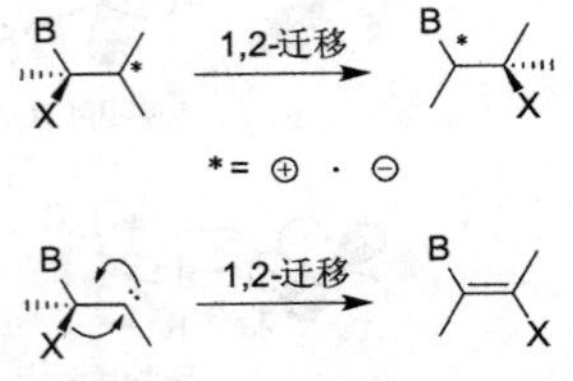

B X * 1,2-迁移 B * X

*= ⊕ · ⊖

B X 1,2-迁移 B X

图 1-17 活泼中间体引起的 1,2-迁移反应

人们对经由碳正离子、自由基、碳负离子和自由卡宾的 1,2-迁移反应的研究较为系统，对金属卡宾参与的 1,2-迁移反应的认识尚在不断深入之中。以往的研

究表明，1,2-氢迁移在大多数情况下占有绝对优势。通过对金属卡宾 1,2-迁移反应的系统研究发现：当 β 位上取代基没有拉电子作用或具有给电子作用时，1,2-氢迁移反应占主导地位；当 β 位上取代基为拉电子基团时，芳基、烯基或炔基将优先于氢发生 1,2-迁移反应。

1.6　还原去偶联反应

过渡金属上的两个 π 键合的配体发生反应，在两个配体之间生成一个新的 σ 键，并且有两个键和金属相连成环，此类化学反应过程称为氧化环化偶联反应。这是一类氧化加成反应，中心金属的氧化态增加 2。例如，炔烃配体通过氧化环化偶联反应生成金属杂环戊二烯络合物[式(1.32)]。

(1.32)

还原去偶联反应是氧化偶联反应的逆反应，在该反应过程中金属杂环化合物通过碳–碳键的断裂转化为开环结构的两个不饱和分子配位的低价态金属络合物[式(1.33)]。这是一类还原消除反应，中心金属的氧化态减少 2。

M^n —还原去偶联→ M^{n-2}　(1.33)

1.7　本 章 小 结

过渡金属在均相条件下对碳–碳键的活化反应是当代金属有机化学的研究热点之一。碳–碳键的键能与碳氢键能相差不多，但由于立体阻碍等原因，过渡金属对碳–氢键的活化相对容易得多。为了促进碳–碳键的活化反应，必须采取某些措施使碳–碳键的活化在热力学或动力学上优于碳–氢键的活化。目前，实现这一目的的方法主要是采用一些特殊的底物。这些底物在碳–碳键的活化过程中，由于产生了张力消除、产物芳香化或底物中的某些特殊结构使空间阻碍得以消除等反应驱动力，碳–碳的活化最终优先于碳–氢键的活化。本书将以反应驱动力为主线，分章介绍该研究领域的进展及在有机合成中的应用。

参 考 文 献

[1] Bandyopadhyay A, Basak G C. Studies on photocatalytic degradation of polystyrene. Journal of Materials Science & Technology, 2007, 23: 307–314.

[2] Bishop K C. Transition metal catalyzed rearrangements of small ring organic molecules. Chemical Reviews, 1976, 76: 461–486.

[3] Watson P L, Parshall G R. Organolanthanides in catalysis. Accounts of Chemical Research, 1985, 18: 51–56.

[4] Crabtree R H. The organometallic chemistry of alkanes. Chemical Reviews, 1985, 85: 245–269.

[5] Jennings P W, Johnson L L. Metallacyclobutane complexes of the group eight transition metals: Synthesis, characterizations, and chemistry. Chemical Reviews, 1994, 94: 2241–2290.

[6] Crabtree R H. Organometallic complexes and activation // Patai S, Rappoport Z. Chemistry of Alkanes and Cycloalkanes. New York: Wiley, 1994: 653.

[7] Rybtchinski B, Milstein D. Metal insertion into C–C bonds in solution. Angewandte Chemie International Edition, 1999, 38: 870–883.

[8] Shilov A E, Shul'pin G B. Activation of C–H bonds by metal complexes. Chemical Reviews, 1997, 97: 2879–2932.

[9] Dyker G. Transition metal catalyzed coupling reactions under C–H activation. Angewandte Chemie International Edition, 1999, 38: 1698–1712.

[10] Ritleng V, Sirlin C, Pfeffer M. Ru-, Rh-, and Pd-catalyzed C–C bond formation involving C–H activation and addition on unsaturated substrates: Reactions and mechanistic aspects. Chemical Reviews, 2002, 102: 1731–1770.

[11] Godula K, Sames D. C–H bond functionalization in complex organic synthesis. Science, 2006, 312: 67–72.

[12] Giri R, Shi B F, Engle K M, et al. Transition metal-catalyzed C–H activation reactions: diastereoselectivity and enantioselectivity. Chemical Society Reviews, 2009, 38: 3242–3272.

[13] Jazzar R, Hitce J, Renaudat A, et al. Functionalization of organic molecules by transition-metal-catalyzed C(sp^3)-H activation. Chemistry–A European Journal, 2010, 16: 2654–2672.

[14] Wencel-Delord J, Droge T, Liu F, et al. Towards mild metal-catalyzed C–H bond activation. Chemical Society Reviews, 2011, 40: 4740–4761.

[15] Chen D Y K, Youn S W. C–H activation: a complementary tool in the total synthesis of complex natural products. Chemistry–A European Journal, 2012, 18: 9452–9474.

[16] Wencel-Delord J, Colobert F. Asymmetric C(sp^2)–H activation. Chemistry—A European Journal, 2013, 19: 14010–14017.

[17] Halpern J. Determination and significance of transition metal-alkyl bond dissociation energies. Accounts of Chemical Research, 1982, 15: 238–244.

[18] Crabtree R H. The Organometallic Chemistry of the Transition Metals. 5th Edition. New York: Wiley, 2009.

[19] Cundari T R. Calculation of a methane carbon-hydrogen oxidative addition trajectory: Comparison to experiment and methane activation by high-valent complexes. Journal of the American Chemical Society, 1994, 116: 340–347.

[20] Chaplin A B, Green J C, Weller A S. C−C activation in the solid state in an organometallic σ-complex. Journal of the American Chemical Society, 2011, 133: 13162−13168.

[21] Brayshaw S K, Green J C, Kociok-Köhn G, et al. A rhodium complex with one Rh···C−C and one Rh···H−C agostic bond. Angewandte Chemie International Edition, 2006, 45: 452−456.

[22] Tomaszewski R, Hyla-Kryspin I, Mayne C L, et al. Shorter nonbonded than bonded contacts or nonclassical metal-to-saturated carbon atom interactions? Journal of the American Chemical Society, 1998, 120: 2959−2960.

[23] Jaffart J, Cole M L, Tienne M, et al. C−H and C−C agostic interactions in cycloalkyl tris(pyrazolyl)boratoniobium complexes. Dalton Transactions, 2003: 4057−4064.

[24] Vigalok A, Rybtchinski B, Shimon L J, et al. Metal-stabilized methylene arenium and σ-arenium compounds: synthesis, structure, reactivity, charge distribution, and interconversion. Organometallics, 1999, 18: 895−905.

[25] Gandelman M, Shimon L J W, Milstein B D. C−C versus C−H activation and versus agostic C−C interaction controlled by electron density at the metal center. Chemistry−A European Journal, 2003, 9: 4295−4300.

[26] Grove D M, van Koten G, Louwen J N, et al. *Trans*-2,6-bis [(dimethylamino)methyl]phenyl-*N*,*N'*,C complexes of palladium(II) and platinum(II). Crystal structure of $[PtI[MeC_6H_3(CH_2NMe_2)_2\text{-o,o'}]]BF_4$: A cyclohexadienyl carbonium ion with a sigma-bonded metal substituent. Journal of the American Chemical Society, 1982, 104: 6609−6616.

[27] Scheins S, Messerschmidt M, Gembicky M, et al. Charge density analysis of the (C−C)→Ti agostic interactions in a titanacyclobutane complex. Journal of the American Chemical Society, 2009, 131: 6154−6160.

[28] Madison B L, Summer B T, Keen S, et al. Mechanistic study of competitive sp^3-sp^3 and sp^2-sp^3 carbon−carbon reductive elimination from a platinum (IV) center and the isolation of a C−C agostic complex. Journal of the American Chemical Society, 2007, 129: 9538−9539.

[29] Gauvin R M, Rozenberg H, Shimon L J W, et al. Osmium-mediated C−H and C−C bond cleavage of a phenolic substrate: *p*-Quinone methide and methylene arenium pincer complexes. Chemistry−A European Journal, 2007, 13: 1382−1393.

[30] Murakami M, Ito Y. Cleavage of carbon-carbon single bonds by transition metals. // Murai S, Ed. Topics in Organometallic Chemistry, Berlin: Springer, 1999, 3: 97−129.

[31] Connon S J, Blechert S. Recent advances in alkene metathesis. // Bruneau C, Dixneuf P H. Ed., Topics in Organometallic Chemistry, Berlin: Springer, 2004, 11: 93−124.

[32] Jun C H. Transition metal-catalyzed carbon-carbon bond activation. Chemical Society Reviews, 2004, 33: 610−618.

[33] Khoury P R, Goddard J D, Tam W. Ring strain energies: Substituted rings, norbornanes, norbornenes and norbornadienes. Tetrahedron, 2004, 60: 8103−8112.

[34] Gao Y, Fu X F, Yu Z X. Transition metal-catalyzed cycloadditions of cyclopropanes for the synthesis of carbocycles: C−C activation in cyclopropanes. // Dong G. C−C Bond Activation, Berlin: Springer: 2014, 346: 195−232.

[35] Liou S Y, Gozin M, Milstein D. Directly observed oxidative addition of a strong carbon-carbon bond to a soluble metal complex. Journal of the American Chemical Society, 1995, 117: 9774−9775.

[36] Gozin M, Weisman A, Ben-David Y, et al. Activation of a carbon−carbon bond in solution by transition-metal-insertion. Nature, 1993, 364: 699−701.

[37] Gozin M, Aizenberg M, Liou S Y, et al. Transfer of methylene groups promoted by metal complexation. Nature, 1994, 370: 42−44.

[38] Gandelman M, Vigalok A, Shimon L N W, et al. A PCN ligand system. exclusive C−C activation with rhodium(I) and C−H activation with platinum (II). Organometallics, 1997, 16: 3981−3986.

[39] Montag M, Efremenko I, Diskin-Posner Y, et al. Exclusive C−C oxidative addition in a rhodium thiophosphoryl pincer complex and computational evidence for an η^3-C−C−H agostic intermediate. Organometallics, 2012, 31: 505−512.

[40] Crabtree R H, Dion R P. Selective alkane C−C bond cleavage *via* prior dehydrogenation by a transition metal complex. Journal of the Chemical Society, Chemical Communications 1984, 1260−1261.

[41] Halcrow M A, Urbanos F, Chaudret B. Aromatization of the B-ring of 5,7-dienyl steroids by the electrophilic ruthenium fragment "[Cp*Ru]$^+$". Organometallics, 1993, 12: 955−957.

[42] Kang J W, Moseley K, Maitlis P M. Pentamethylcyclopentadienylrhodium and -iridium halides. I. Synthesis and properties. Journal of the American Chemical Society, 1969, 91: 5970−5977.

[43] King R B, Efraty A. Pentamethylcyclopentadienyl derivatives of transition metals. II. Synthesis of pentamethylcyclopentadienyl metal carbonyls from 5-acetyl-1,2,3,4,5-pentamethylcyclopentadiene. Journal of the American Chemical Society, 1972, 94: 3773−3779.

[44] Benfield F W, Green M L H. Alkyl, alkynyl, and olefin complexes of bis(π-cyclopentadienyl)-molybdenum or -tungsten: A reversible metal-to-ring transfer of an ethyl group. Journal of the Chemical Society, Dalton Transactions, 1974, 1324−1331.

[45] Eilbracht P. Die Bildung überbrückter σ-alkyl-σ-cyclopentadienyl- metallkomplexe aus Spirocyclopentadienen. Alkylwanderung vom Liganden zum Metall. Chemische Berichte, 1976, 109: 1429−1435.

[46] Eilbracht P. Umsetzung von Spiro[2.4]hepta-4,6-dien mit Tetracarbonylnickel. - Ein einfacher Zugang zum 1,1′-überbrückten Nickelocen-System. Chemische Berichte, 1976, 109: 3136−3141.

[47] Hemond R C, Hughes R P, Locker H B. Stable, four-coordinate, σ-vinyl platinum(II) complexes. Organometallics, 1986, 5: 2392−2395.

[48] Jones W D, Maguire J A. Preparation, dynamic behavior, and C−H and C−C cleavage reactions of (η^4-C_5H_6) Re $(PPh_3)_2H_3$. Structures of (η^4-C_5H_6)Re$(PPh_3)_2H_3$, CpRe$(PPh_3)_2H_2$, and CpRe$(PPh_3)H_4$. Organometallics, 1987, 6: 1301−1311.

[49] Crabtree R H, Dion R P, Gibboni D J, et al. Carbon-carbon bond cleavage in hydrocarbons by iridium complexes. Journal of the American Chemical Society, 1986, 108: 7222−7227.

[50] Takahashi T, Kuzuba Y, Kong F, et al. Formation of indene derivatives from bis (cyclopentadienyl) titanacyclopentadienes with alkyl group migration via carbon−carbon bond cleavage. Journal of the American Chemical Society, 2005, 127: 17188−17189.

[51] Halcrow M A, Urbanos F, Chaudret B. Aromatization of the B-ring of 5,7-dienyl steroids by the electrophilic ruthenium fragment "[Cp*Ru]$^+$". Organometallics, 1993, 12: 955−957.

[52] Burmeister J L, Edwards L M. Carbon-carbon bond cleavage *via* oxidative addition: reaction of tetrakis (triphenylphosphine) platinum(0) with 1,1,1-tricyanoethane. Journal of the Chemical Society A, 1971, 1663−1666.

[53] Gerlach D H, Kane A R, Parshall G W, et al. Reactivity of trialkylphosphine complexes of platinum(0). Journal of the American Chemical Society, 1971, 93: 3543–3544.

[54] Baddley W H, Panattoni C, Bandoli G, et al. Metal complexes of cyanocarbons. X. Photochemical isomerization of a dicyanoacetylene complex of platinum and the structure of cyano- (cyanoacetylido) bis(triphenylphosphine)platinum(II). Journal of the American Chemical Society, 1971, 93: 5590–5591.

[55] Parshall G W. σ-Aryl compounds of nickel, palladium, and platinum. Synthesis and bonding studies. Journal of the American Chemical Society, 1974, 96: 2360–2366.

[56] Favero G, Morvillo A, Turco A. Oxidative addition of alkanenitriles to nickel(0) complexes via π-intermediates. Journal of Organometallic Chemistry, 1983, 241: 251–257.

[57] Brunkan N M, Brestensky D M, Jones W D. Kinetics, thermodynamics, and effect of BPh_3 on competitive C–C and C–H bond activation reactions in the interconversion of allyl cyanide by [Ni(dippe)]. Journal of the American Chemical Society, 2004, 126: 3627–3641.

[58] Atesin T A, Li T, Kachaize S, et al. Experimental and theoretical examination of C–CN and C–H bond activations of acetonitrile using zerovalent nickel. Journal of the American Chemical Society, 2007, 129: 7562–7569.

[59] Arce M J, Viado A L, An Y Z, et al. triple scission of a six-membered ring on the surface of C_{60} *via* consecutive pericyclic reactions and oxidative cobalt insertion. Journal of the American Chemical Society, 1996, 118: 3775–3776.

[60] Shaltout R M, Sygula R, Sygula A, et al. The first crystallographically characterized transition metal buckybowl compound: $C_{30}H_{12}$ carbon–carbon bond Activation by $Pt(PPh_3)_2$. Journal of the American Chemical Society, 1998, 120: 835–836.

[61] Müller C, Lachicotte R J, Jones W D. Carbon–carbon bond activation in Pt(0)–diphenylacetylene complexes bearing chelating P,N- and P,P-ligands. Journal of the American Chemical Society, 2001, 123: 9718–9719.

[62] Gunay A, Jones W D. Cleavage of carbon–carbon bonds of diphenylacetylene and its derivatives *via* photolysis of pt complexes: Tuning the C–C bond formation energy toward selective C–C bond activation. Journal of the American Chemical Society, 2007, 129: 8729–8735.

[63] Gunay A, Müller C, Lachicotte R J, et al. Reactivity differences of pt^0 phosphine complexes in C–C bond activation of asymmetric acetylenes. Organometallics, 2009, 28: 6524–6530.

[64] Rosenthal U, Gorls H. Die bildung von $[Cp_2Ti(CCSiMe_3)]_2$ aus titanocen und 1,4-bis (trimethylsilyl)-1,3-butadiin. Journal of Organometallic Chemistry, 1992, 439: C36–C41.

[65] Rosenthal U, Ohff A, Baumann W, et al. Reaction of disubstituted 1,3-butadiynes R1C. tplbond. CC. tplbond. CR2 with zirconocene complexes: Cleavage of the central C-C single bond to form symmetrically and unsymmetrically doubly acetylide-bridged metallocene complexes. Organometallics, 1994, 13: 2903–2906.

[66] Rosenthal U, Pulst S, Arndt P, et al. Heterobimetallic σ,π-acetylide-bridged complexes from disubstituted 1,3-butadiynes. Organometallics, 1995, 14: 2961–2968.

[67] Pellny P M, Peulecke N, Burlakov V V, et al. Twofold C–C single bond activation and cleavage in the reaction of octatetraynes with titanocene and zirconocene complexes. Angewandte Chemie International Edition, 1997, 36: 2615–2617.

[68] Rosenthal U, Arndt P, Baumann W, et al. Titanocene and zirconocene σ-alkynyl complexes in C–C single bond coupling and cleavage reactions. Journal of Organometallic Chemistry, 2003, 670: 84–96.

[69] Resconi L, Piemontesi F, Franciscono G, et al. Olefin polymerization at bis (pentamethylcyclopentadienyl) zirconium and -hafnium centers: Chain-transfer mechanisms. Journal of the American Chemical Society, 1992, 114: 1025–1032.

[70] Yang X, Jia L, Marks T J. Carbon-carbon activation at electrophilic d^0/f^n centers. Facile, regioselective β-alkyl shift-based ring-opening polymerization reactions of methylenecyclobutane. Journal of the American Chemical Society, 1993, 115: 3392–3393

[71] McNeill K, Andersen R A, Bergman R G. Interconversion of a 3,3-dimethylruthenacyclobutane and a methyl(2-methallyl)ruthenium complex: The first direct observation of reversible .beta.-methyl elimination/ migratory insertion. Journal of the American Chemical Society, 1995, 117: 3625–3626.

[72] Yorimitsu H, Oshima K. Metal-mediated retro-allylation of homoallyl alcohols for highly selective organic synthesis. Bulletin of the Chemical Society of Japan, 2009, 82: 778–792.

[73] Schrock R R. High oxidation state multiple metal-carbon bonds. Chemical Reviews, 2002, 102: 145–180.

第 2 章　三元环底物参与的碳–碳单键断裂反应

受环张力的影响，三元环化合物中的碳–碳共价键很容易断裂而发生开环反应。过渡金属化合物对环丙烷中碳–碳键氧化加成反应在热力学及动力学上皆是有利的，因此，环丙烷衍生物成为过渡金属催化实现碳–碳键有效断裂的最为重要的反应底物之一。

通常情况下，环丙烷底物 **1** 受张力驱动与过渡金属发生碳–碳 σ 键氧化加成反应得到金属环丁烷物种 **2**，该中间体 **2** 能参与不同化学反应途径而构建结构多样性的分子结构(图 2-1)。过渡金属催化环丙烷衍生物碳–碳键活化断裂取得了巨大的研究进展，在此基础上发现了诸多新颖开环反应和环加成反应过程，由此而发展的反应方法学也成功地应用到天然产物的合成之中。

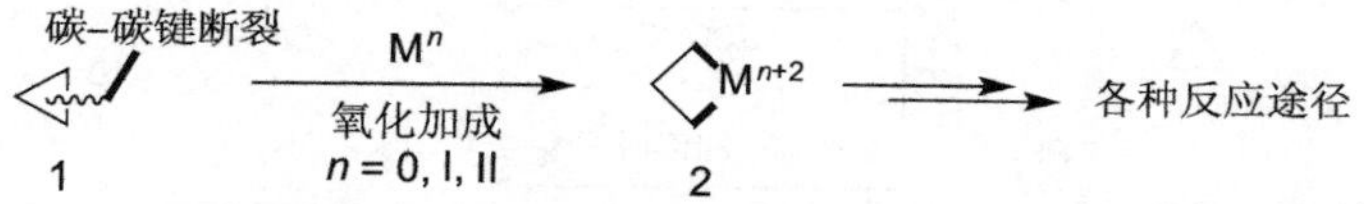

图 2-1　环丙烷衍生物参与的碳–碳键断裂反应及在合成中的应用

2.1　氧化加成区域选择性

过渡金属络合物对环丙烷碳–碳键氧化加成反应生成金属环丁烷中间体的首例报道，可追溯至 20 世纪 50 年代中期。1955 年，Tipper 等[1]使用化学当量的氯铂酸(H_2PtCl_6)与环丙烷 **3** 反应分离得到了含铂环丁烷产物 **4**，其结构为 Chatt 等所证实[2]。由于含铂环丁烷络合物 **4** 极易发生 β–氢消除反应生成烯丙基铂金属化合物 **5**，使得其在有机合成上的应用受到了极大的限制(图 2-2)。

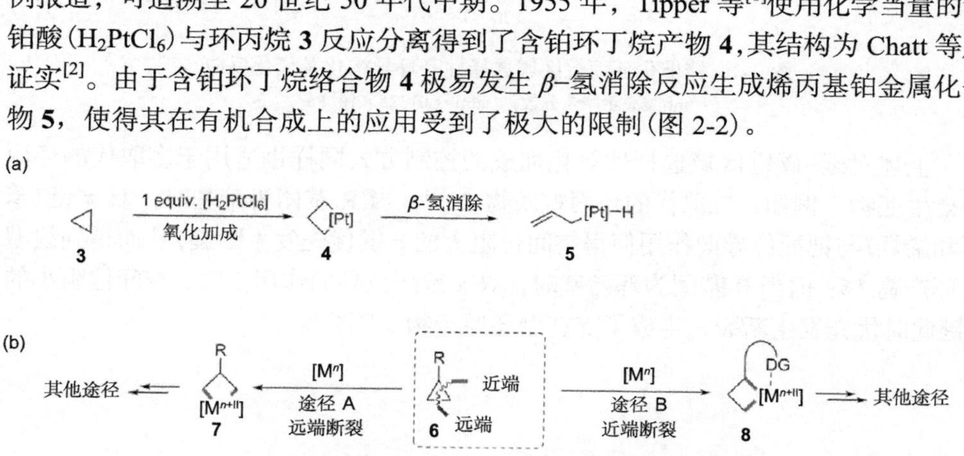

图 2-2　取代环丙烷碳–碳键氧化加成断裂的区域选择性

对于取代环丙烷底物，由于此时碳–碳键不再完全相同，过渡金属对其进行氧化加成时就存在区域选择性。例如，对于单取代的环丙烷底物 **6** 而言，碳–碳键通过氧化加成反应发生断裂就存在两种位置选择性。总的来说，空间位阻小的离取代基较远的碳–碳键比邻近取代基团的碳–碳键更易发生化学反应(图 2-2 途径 A)。空间位阻较大的邻近取代基团的碳–碳键要选择性地发生断裂反应生成金属环丁烷产物 **8**，通常需要通过能与过渡金属发生配位导向作用的取代基团才能得以实现[3](图 2-2 途径 B)。

例如，二苯基膦取代的环丙基甲醇衍生物 **9**，在铑催化条件下发生开环异构化及氢化反应中[3]，受膦取代基团配位导向作用的影响，C^1–C^2 共价键选择性地发生断裂分别得到线型开环产物 **10** 和 **11**；而环丙基甲醇硅醚或羧酸酯衍生物 **12** 在相同的反应条件下，空间位阻更小的 C^2–C^3 共价键选择性地发生断裂得到支链型开环产物 **13** 和 **14**(图 2-3)。

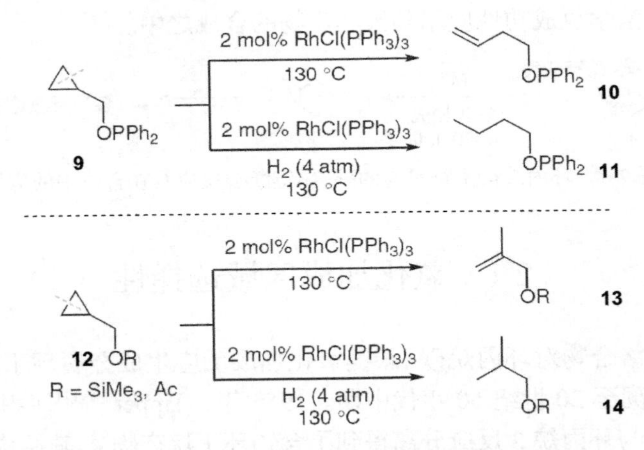

图 2-3　铑催化环丙烷区域选择性开环异构化及氢化反应

mol%表示摩尔分数；1 atm=1.01325 × 10^2 Pa

上述对碳–碳键区域选择性氧化加成的控制方式同样也适用于多取代的环丙烷衍生底物。例如，二取代的环丙烷底物 **15**[4]，当 R 基团为苯基时，双 π 键(苯环和烯烃)与钯配位导向作用使得空间位阻大的 *a* 键优先发生断裂，从而得到线型开环产物 **16**；但当 R 基团为环己基时，双 π 键配位导向作用消失，空间位阻小的 *b* 键此时优先发生断裂，生成了支链型还原产物 **17**(图 2-4)。

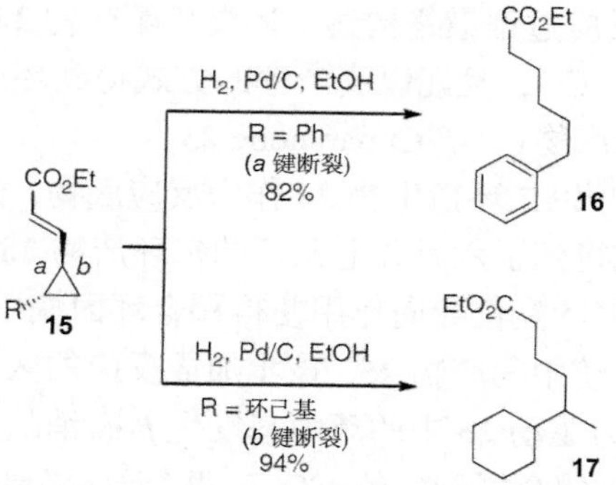

图 2-4　二取代环丙烷区域选择性还原开环反应

对于含有多个环丙烷结构片段的底物分子，通过上述过渡金属对碳–碳键选择性氧化加成的控制方式，甚至可以高度区域选择性地实现串联开环过程而达到构建复杂分子结构的目的。例如，以螺[2.2]戊烷衍生物 **18** 为反应底物，Murakami 等[5]通过铑催化的方式高度区域选择性地对两个环丙烷结构实现了串联开环，得到了环戊烯酮衍生物 **22**（图 2-5）。首先铑金属对 C^4–C^5 共价键选择性地进行氧化加成反应得到铑环丁烷中间体 **19**，该步加成反应的区域选择性是通过空间位阻效应加以控制的；随后与铑金属配位的 CO 对碳–铑键进行迁移插入反应得到酰基铑金属络合物 **20**。中间体 **20** 中存在一个螺碳原子（季碳中心），且该螺碳刚好位于铑金属的 β 位，张力驱动的 β-碳消除反应得到了六元环酰基铑金属络合物 **21**，在 β-碳消除反应这一步中，C^2–C^3 共价键选择性地进行了断裂，该消除反应的区域选择性仍旧是通过空间位阻效应加以控制实现的。最后，环己酰基铑中间体 **21** 通过

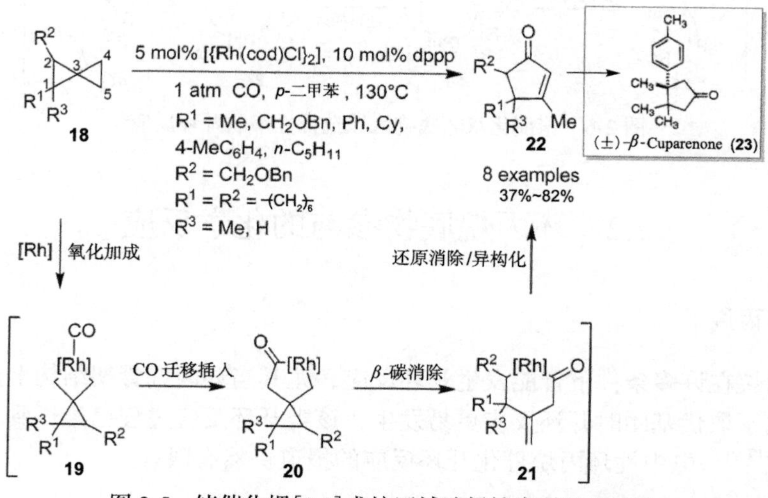

图 2-5　铑催化螺[2.2]戊烷区域选择性串联开环反应

还原消除/异构化串联反应过程最终构建了环戊烯酮产物 **22**。该反应也可以使用多聚甲醛作为羰基源替代 CO，且能以高产率的方式得到环戊烯酮产物，该反应过程能被应用于合成天然产物(±)-*β*-Cuparenone **23**。

类似地，Chung 等[6]以二环衍生物 **24** 作为反应底物，通过铑催化高度区域选择性串联开环反应方式得到了六元并七元环的扩环产物 **28**(图 2-6)。底物分子 **24** 中的烯烃 π 键与铑金属的配位导向作用使得稠合环丙烷中的碳–碳键优先发生氧化加成反应得到铑环丁烷中间产物 **25**，该步加成反应的区域选择性是由烯烃导向基团加以控制的；环张力驱动 **25** 中的环丙基发生 *β*-碳消除反应得到了含铑七元杂环中间产物 **26**；随后与铑金属配位的 CO 对两个碳–铑键分别进行迁移插入反应得到八元环酰基铑金属络合物 **27** 或 **27′**，通过还原消除反应，**27** 或 **27′**最终能转变成同一种扩环产物 **28**。随底物结构中取代基团的不同，该类型[3+3+1]羰基环加成反应能获得中等以上的产率，最高可达到 98%，表明底物结构中的两个环丙基片段在发生串联开环时具有高度的次序选择性与区域选择性。

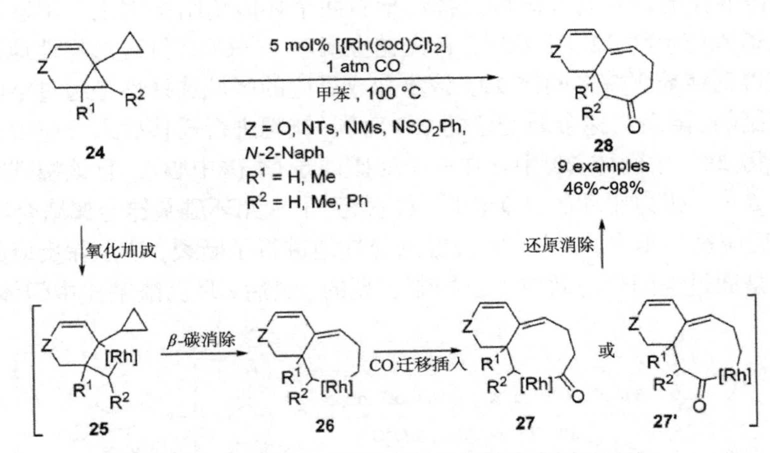

图 2-6 铑催化双环底物区域选择性串联开环反应

2.2 环丙烷底物参与的化学反应

2.2.1 环丙烷

环丙烷在许多条件下皆能发生开环反应，尤其当环丙烷骨架结构上连有吸电子或供电子取代基团时开环反应更易发生，该类开环反应过程已经得到了广泛深入的研究[7-9]，电中性环丙烷催化开环反应的报道仍然有限。

1. 氢化开环反应

环丙烷催化氢化反应的首例报道出现在 1907 年[10]，目前，氢化开环反应已经成功地应用于四异丙基甲烷 **29**[11]和诸多天然产物，如(+)-Sulcatine G(**30**)[12]的合成。在无导向基团存在条件下，过渡金属催化环丙烷氢化开环时，选择空间位阻小的碳–碳键断裂开环(图 2-7)。

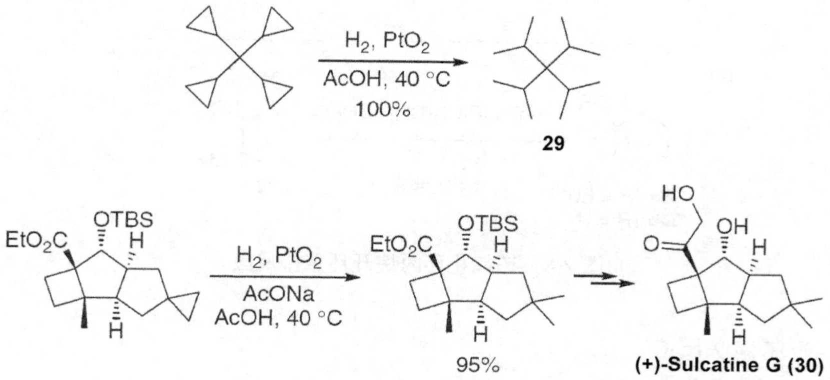

H_2, PtO_2
AcOH, 40 °C
100%
29

EtO$_2$C OTBS H
H_2, PtO_2
AcONa
AcOH, 40 °C
95%
(+)-Sulcatine G (30)

图 2-7　环丙烷催化氢化反应在复杂分子合成中的应用

2. 加成/β-氢消除反应

过渡金属对环丙烷中的碳–碳键进行氧化加成生成金属环丁烷中间体后，如果存在 β-氢原子，此时能发生 β-氢消除反应得到烯丙基金属络合物，再经过还原消除反应形成碳–氢键得到相应产物[图 2-2(a)及图 2-5]。

3. 开环重排反应

在铂催化剂 [$PtCl_2(CH_2=CH_2)$]$_2$ 存在条件下，含有硅醚官能团的环丙烷底物 **31** 在室温条件下就能发生开环重排反应[13]，生成烯丙醇硅醚产物 **34**，产率高达 96%[图 2-8(a)]。氘同位素标记实验表明，开环重排反应是通过铂对三元环碳–碳 σ 键氧化加成形成含铂四元杂环中间体 **32** 引发的。铂络合物 **32** 中的氧上孤对电子引起碳–铂共价键异裂开环，生成氧鎓离子中间体 **33**，随后发生 1,2-氢迁移重排得到最终产物烯丙醇硅醚 **34**。与硅醚底物不同，在相同催化剂存在条件下，乙基醚底物 **35a** 和醇底物 **35b** 在室温条件下开环重排生成的产物为 α-甲基酮 **36**[14]，产率 82%~85% [图 2-8(b)]。

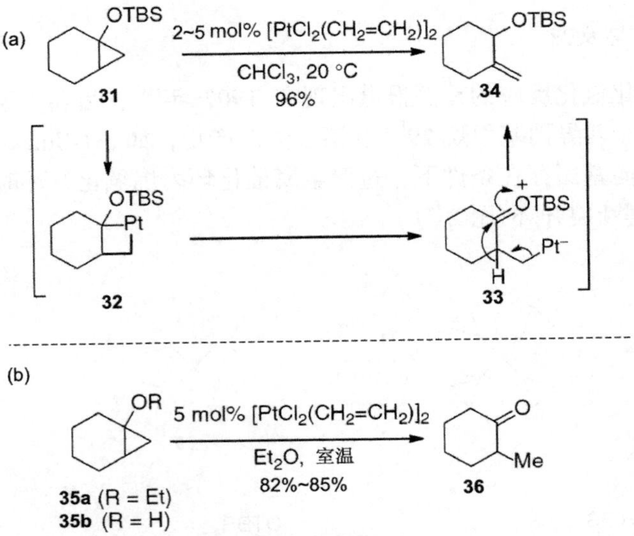

图 2-8 铂催化环丙烷开环重排反应

4. 开环偶联反应

在过渡金属催化作用下，环丙烷可与各种类型的亲核物种发生开环偶联。例如，1,2-环丙化的糖衍生物 **37** 在[$PtCl_2(CH_2{=}CH_2)$]$_2$ 催化剂存在下，于室温条件下就能与亲核试剂苯甲醇发生开环反应生成 2 位带有侧链的糖苷产物 **38**[15]，产率高达 95%[图 2-9(a)]。除铂金属外，其他过渡金属也能促进醇对环丙烷结构的开环过程。环丙基甲醇底物 **39**，在钼或铼金属催化剂存在条件下，首先发生开环异构化反应生成高烯丙醇中间产物 **42**，再通过分子内烯烃醚化反应得到四氢呋喃产物 **40**[16]，产率分别为 82%和 98%[图 2-9(b)]。然而，当使用水合硫酸氧钒为催化剂时，**39** 中的环丙烷结构也能发生开环，但反应只能停留在异构化生成高烯丙醇产物 **42** 阶段[17]，产率高达 92%，但在钒催化剂存在条件下，**42** 并不能进一步发生环化反应生成四氢呋喃产物 **40** [图 2-9(c)]。硫酸氧钒催化 **39** 开环异构化过程为，首先硫酸氧钒与醇反应生成环丙基甲醇氧化钒 **41**，随后通过[3,3]-σ 键迁移重排得到高烯丙醇产物 **42**。在钯催化剂存在条件下，芳香环上带有亲核性杂原子取代基团的芳基环丙烷底物 **43** 能发生分子内开环反应[18]，生成内酯产物 **44** 或内酰胺产物 **45** [图 2-9(d)]。

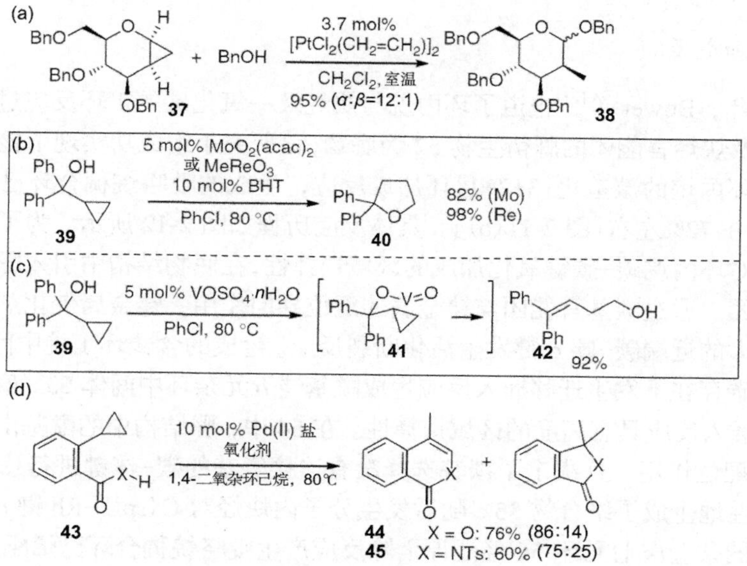

图 2-9　过渡金属催化环丙烷与亲核试剂的偶联反应

以含有环丙烷结构的芳基溴代烃 **46** 为底物，在研究钯催化分子内环丙烷 C(sp^3)–H 键芳基化反应过程中，却发现 **46** 发生了环丙烷开环偶联过程，生成了含氧六元杂环产物 **47**[19]［图 2-10(a)］。类似地，含有环丙基氨基的 Ugi 加成物 **48** 可经过微波促进的钯催化分子内环丙烷开环芳基化过程，生成的含氮杂环化合物 **49** 的产率可达到 65%[20]［图 2-10(b)］。

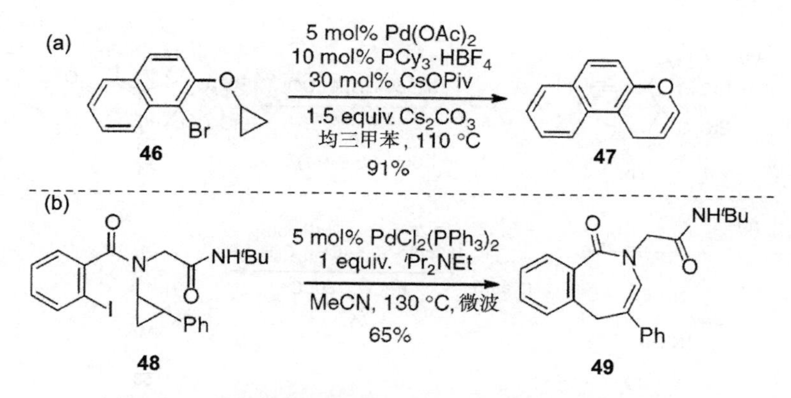

图 2-10　钯催化分子内芳基卤代烃与环丙烷开环偶联反应

5. 环加成反应

2013 年，Bower 等[21]报道了环丙烷与炔烃及一氧化碳的扩环反应过程。以连有环丙基及炔烃官能团的脲衍生物 **52** 为底物，该研究小组成功实现了铑催化分子内炔烃对环丙烷的羰基化[3+2+1]环加成反应，生成的吡咯烷稠合环己烯酮产物 **53** 的收率在 72%左右[图 2-11(b)]，具体反应历程如图 2-12 所示。为了控制铑金属催化剂对环丙烷碳–碳键氧化加成的区域选择性，在底物结构中引入脲官能团作为导向基团。通过羰基官能团与铑金属的配位导向作用，铑金属催化剂优先与空间位阻更大的近端碳–碳 σ 键发生活化断裂反应。生成的含铑环丁烷中间产物 **54**，在一氧化碳存在下发生迁移插入反应生成酰基铑五元杂环中间体 **55**。值得一提的是，该步插入反应具有高度的区域选择性。在 **54** 中，脲结构中的酰基由于与铑金属间存在配位作用，这决定了羰基选择没有连接氨基的碳–铑键进行 *α*,*α*-迁移插入，专一性地生成了络合物 **55**。随后发生分子内炔烃对 C(sp^3)–Rh 键 *α*,*β*-迁移插入，生成的杂金属七元环 **56** 经还原消除反应产生吡咯烷稠合环己烯酮产物 **53**。当底物分子中不存在类似脲导向功能基团时，铑催化的分子内炔烃与环丙烷的环加成羰化反应过程也能顺利进行[22]，但通常需要较高的催化剂用量和体系压力。如底物 **50** 参与的[3+2+1]环加成反应获得了环戊烷稠合的环己烯酮产物 **51**[图 2-11(a)]。

上述反应过程可以将底物范围由炔烃扩展到烯烃[23]，如图 2-13 所示，带有烯烃官能团的环丙基取代的氨基酯底物 **57**，在铑催化剂作用下，通过氧化加成/CO 迁移插入/烯烃迁移插入/还原消除串联过程构建双环结构，产物 **58** 的收率为 39%~80%。

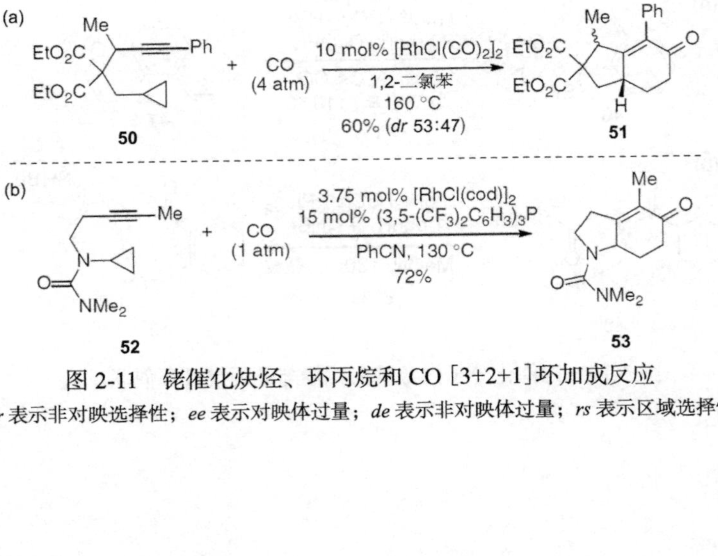

(a) 50 + CO (4 atm) → 51: 10 mol% $[RhCl(CO)_2]_2$, 1,2-二氯苯, 160 °C, 60% (*dr* 53:47)

(b) 52 + CO (1 atm) → 53: 3.75 mol% $[RhCl(cod)]_2$, 15 mol% $(3,5\text{-}(CF_3)_2C_6H_3)_3P$, PhCN, 130 °C, 72%

图 2-11 铑催化炔烃、环丙烷和 CO [3+2+1]环加成反应

dr 表示非对映选择性；*ee* 表示对映体过量；*de* 表示非对映体过量；*rs* 表示区域选择性

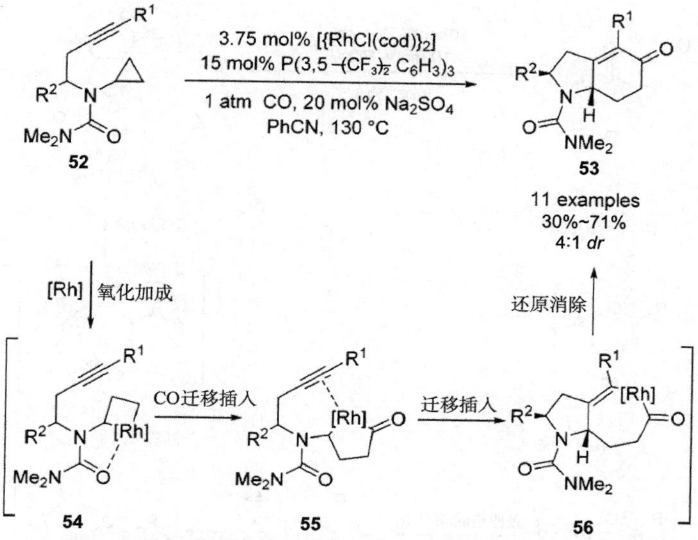

图 2-12　铑催化炔烃、环丙烷和 CO [3+2+1]环加成反应历程

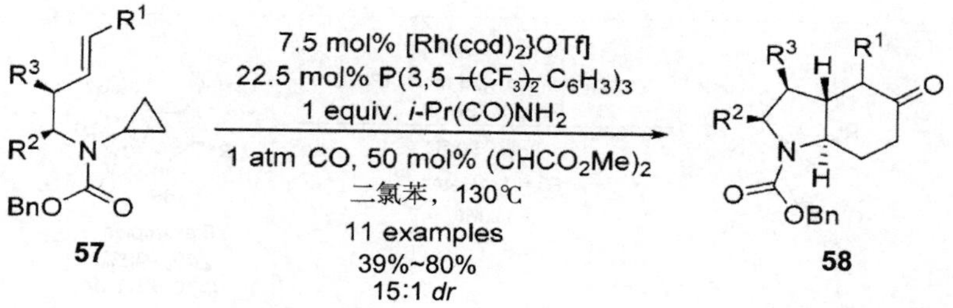

图 2-13　铑催化炔烯烃、环丙烷和 CO [3+2+1]环加成反应

2.2.2　环丙基酮

环丙基酮中的羰基官能团能与过渡金属发生配位作用，并且在这种配位导向作用下，过渡金属极容易与近端碳–碳 σ 键发生元结效应达到选择性活化断裂的目的，生成四元金属杂环中间体。因此，具有该类结构特点的有机分子是常见的碳–碳键活化断裂的底物类型，近年来，基于该类底物发展的合成方法学及策略得到了迅速的发展。

例如，Ogoshi[24, 25]和 Montgomery[26]两个研究小组分别独立地报道了镍催化环丙基酮 **59** 二聚反应，高产率地生成了二酰基化的环戊烷衍生物 **65**(图 2-14)。羰基配位导向作用下，零价镍首先对近端碳–碳 σ 键进行氧化加成/异构化反应，形成的含镍二氢吡喃中间产物 **60** 经 *β*-氢消除反应可转化成烯醇镍(II) 中间产物 **61**。

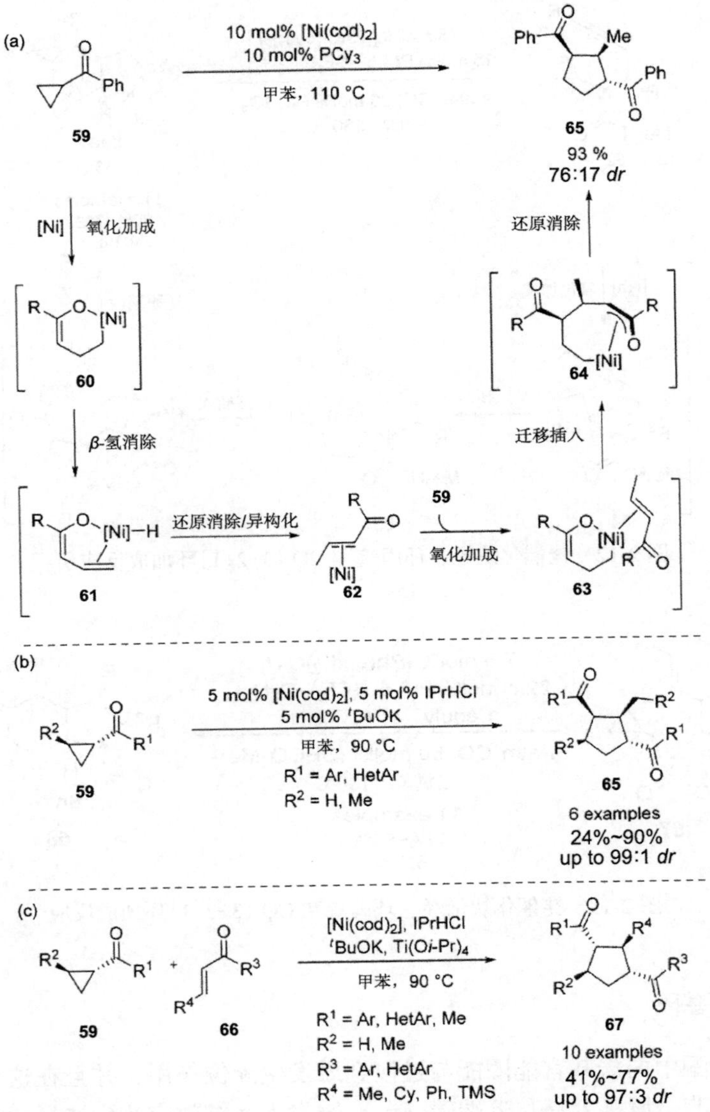

图 2-14　镍催化环丙基酮二聚反应及与 α,β-不饱和酮的环加成反应

61 通过还原消除反应生成氧–氢 σ 键，得到的烯醇中间产物经互变异构后转变成 α,β-不饱和酮结构并与镍配位生成络合物 **62**。环丙基酮再次对零价镍络合物 **62** 进行氧化加成反应，生成的 α,β-不饱和酮配位的二氢吡喃中间体 **63** 能发生分子内烯烃对碳–镍键进行迁移插入反应，得到二价镍络合物 **64**。最后，通过生成碳–碳 σ 键的还原消除反应，**64** 转变成二聚产物 **65**，产率高达 93%，非对映异构体产物的 *dr* 比例为 76 : 17［图 2-14(a)］。当环丙烷上带有其他取代基团时，反应速率大

大降低，并且得到的四取代环戊烷产物的收率降低，仅有 24%[图 2-14(b)]。为了克服该合成方法的上述局限性，通过使用环丙基酮 **59** 与 *α*,*β*-不饱和酮 **66** 进行交叉环化偶联反应而发展起来的改进策略[26]，极大地拓宽了底物的范围并使得有效构建复杂有机分子结构成为可能[图 2-14(c)]。

Narasaka 等[22]实现了铑催化分子内炔烃与环丙烷[3+2+1]环加成羰化反应过程，在此工作基础上，Ogoshi 等[27]进一步将该方法扩展到镍催化分子间炔烃 **69** 与羰基官能化环丙烷 **68** 进行的[3+2]环加成反应上(图 2-15)。无路易斯酸有机铝 Me_2AlCl 共催化剂存在条件下，环丙基酮 **68** 和炔烃 **69** 分子间[3+2]环加成反应无法实现。Me_2AlCl 共催化剂除了能活化环丙基酮底物外，更重要的是，铝共催化剂能稳定镍与环丙烷碳–碳 σ 键发生氧化加成生成的四元环中间体，即通过羰基官能团与铝的配位作用使得铝上的氯配体能起到桥连配体的作用，与镍结合形成双金属络合物 **70**。炔烃表现出良好的适用范围，对称及非对称取代的内炔和端炔都能顺利进行此[3+2]环加成反应，生成羰基取代的环戊烯产物 **72**。各种单取代环丙基酮作为底物时，反应能给出良好的产率；但当使用更具挑战性的二取代环丙基酮底物(R^2 或 $R^3 \neq$ H)时，为了使反应有效进行，需要添加化学当量的共催化剂 Me_2AlCl。就反应历程而言，催化循环由 Ni(0)对环丙烷碳–碳 σ 键区域选择性氧化加成生成 **70** 引发，炔烃 **69** 对碳–镍键进行迁移插入生成环己烯镍中间产物 **71**。通过控制炔烃上 R^4 和 R^5 两取代基团在电子或空间位阻上的差别，可以实现高区域选择性的迁移插入过程后经还原消除反应生成环戊烯产物并再生 Ni(0)活性催化剂。

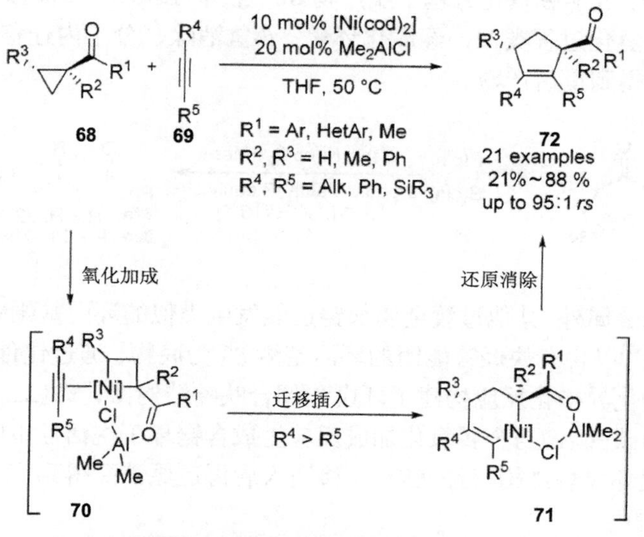

图 2-15　镍催化环丙基酮和炔烃的[3+2]环加成反应

在钯催化剂存在条件下，环丙基酮底物 **73** 与硅烷试剂 **74** 能发生硅氢化开环反应生成烯醇硅醚产物 **79**(图 2-16)。与 Ni(0)对环丙基酮碳–碳键活化断裂类似，在羰基配位作用导向下，零价钯首先对近端碳–碳 σ 键进行氧化加成并异构化形成含钯二氢吡喃中间产物 **75**。经 β-氢消除反应，**75** 转化成为烯醇钯(II)中间产物 **76**，分子内烯烃对钯–氢共价键的迁移插入形成含钯二氢呋喃杂环 **77**。硅烷 **74** 中的 Si–H 键对 Pd(II)物种进行转金属化反应得到烷基钯化合物 **78**，最后，经还原消除过程形成碳–氢共价键并得到产物 **79**[28]。值得一提的是，铑催化此类反应过程生成的是环丙烷与开环产物组成的混合物[29]。

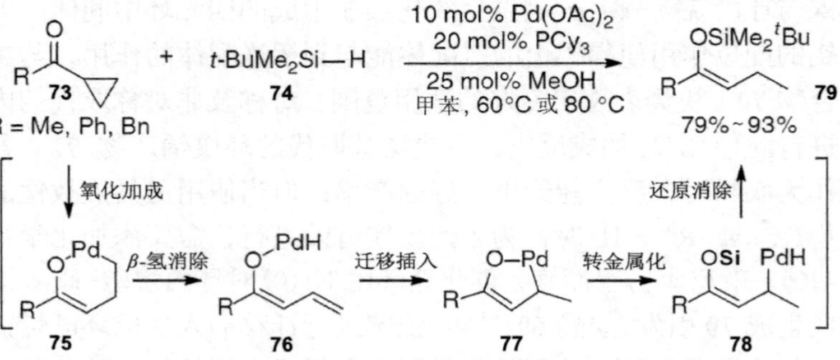

图 2-16 钯催化环丙基酮与硅烷试剂的开环偶联反应

除钯催化环丙基酮与硅试剂的开环反应外，硼试剂也可实现类似的开环反应过程[30]。例如，Ni(cod)$_2$-IMes 催化苯酰基环丙烷 **80** 与二硼频哪醇酯 **81** 可发生开环硼化反应，生成 *γ*-硼基化芳基丁酮产物 **82**，收率在 79%~92% [式(2.1)]。反应历程与上述硅氢化过程类似，经氧化环化、*β*-氢消除、分子内迁移插入、转金属化和还原消除得到最后产物。

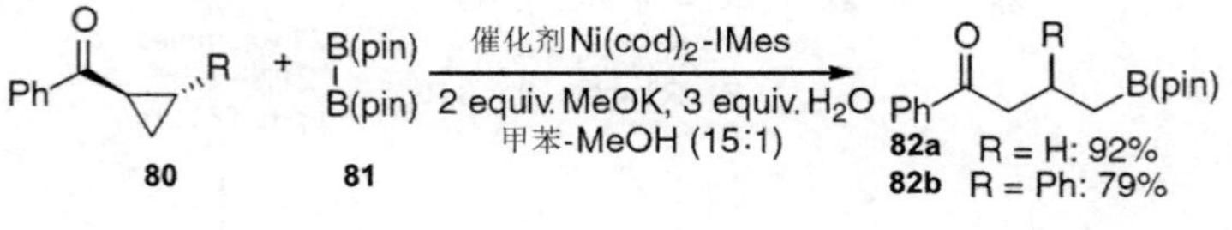

(2.1)

除镍和钯金属外，其他过渡金属如铑也能发生类似的环丙基酮碳–碳键活化断裂。Zhang 等[31]以含有炔烃官能团的环丙基酮 **83** 为底物，通过铑催化的方式实现了环丙烷羰基化异构化反应构建了环戊酮稠合呋喃结构 **84**[式(2.2)]。**83** 中羰基官能团导向的碳–碳键与金属氧化加成反应生成含铑环丁烷活性中间体，然后重排成呋喃并含铑环戊烷结构，经 CO 迁移插入后再还原消除得到产物 **84**，产率在 69%~94%范围内。

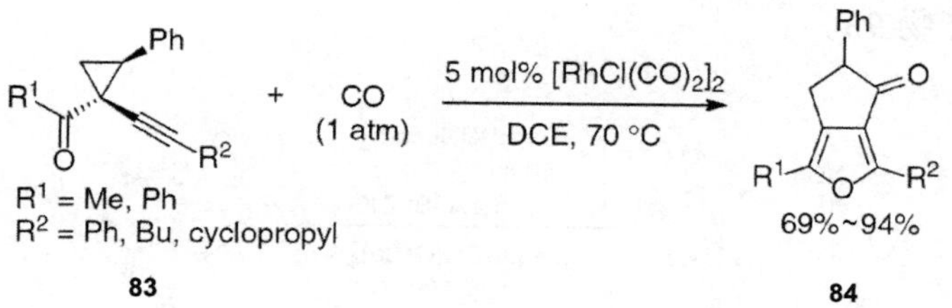

(2.2)

2.2.3　环丙基亚胺

如上节所述，环丙基酮通常作为三碳合成子应用到环状分子的构建之中，但是其亚胺衍生物却可作为五碳合成子用于杂环的合成。例如，环丙基乙酮的亚胺衍生物 **85** 在钌或钴催化剂作用下，发生[5+1]羰基化反应生成不饱和 δ-内酰胺产物 **86**[32, 33]，产率分别为 71%和 72%[图 2.17(a)]。氮原子配位导向下金属对环丙烷碳–碳键的氧化加成及异构化后生成金属六元烯胺中间体，在经一氧化碳迁移插入和还原消除后生成目标产物 **86**；炔烃对该中间体的迁移插入最终会生成[5+2]环加成产物 **89**[34] [图 2.17(b)]。

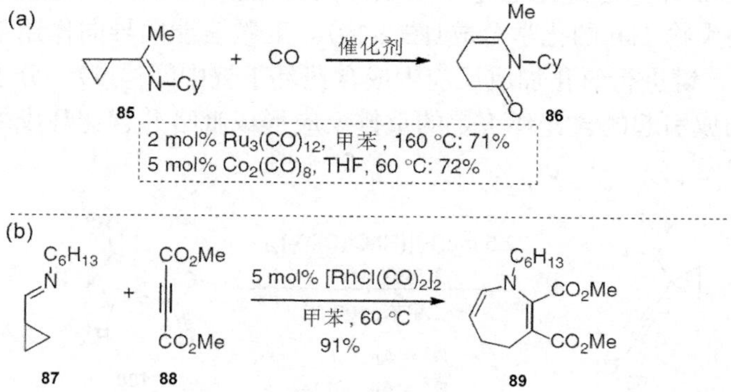

图 2-17　环丙基亚胺作为五碳合成子在杂环合成中的应用

环丙基亚胺除作为五碳合成子外，其过渡金属催化的[3+2]环加成反应过程也是常见的反应途径。例如，Montgomery 等[35]通过镍催化环丙基亚胺 **90** 与 α,β-不饱和酮 **91** 的环化反应，获得了二酰基化的环戊烷衍生物 **95**，两当量四叔丁氧基钛的添加增加了反应产率且缩短了反应时间(图 2-18)。

亚胺氮原子配位导向作用下，零价镍首先对近端碳–碳 σ 键进行氧化加成/异构化反应形成含镍环己烯胺中间产物 **92**。**92** 互变异构成含镍环丁烷金属化合物后与 α,β-不饱和酮 **91** 发生区域选择性的迁移插入反应，得到的六元杂金属环状物种 **93** 经还原消除反应生成中间产物 **94**，最后发生水解反应形成二酰

基化环戊烷产物 **95**。

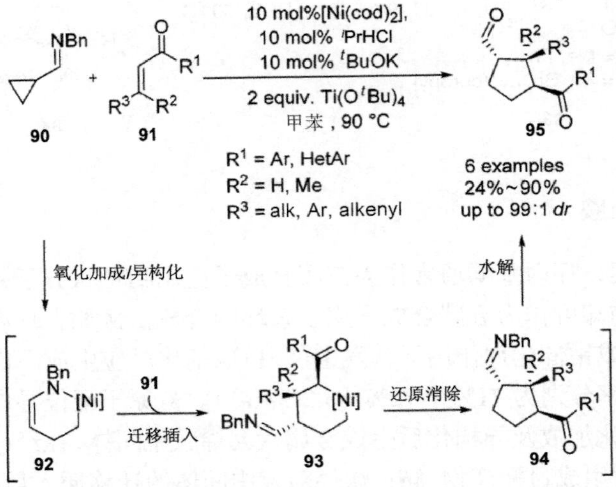

图 2-18　镍催化环丙基亚胺与 α,β-不饱和酮的环加成反应

Tang 和 Shi 等[36]通过铑催化 3-炔基环丙基亚胺 **96** 的羰基化反应过程，成功实现了吡咯衍生物 **100** 的化学合成(图 2-19)。亚胺官能团导向作用下，铑催化剂对近端碳–碳 σ 键进行氧化加成反应生成含铑环丁烷中间体 **97**。分子内亚胺对活化炔烃亲核加成引起的含铑环丁烷的重排反应形成吡咯并含铑环戊烷金属化合物

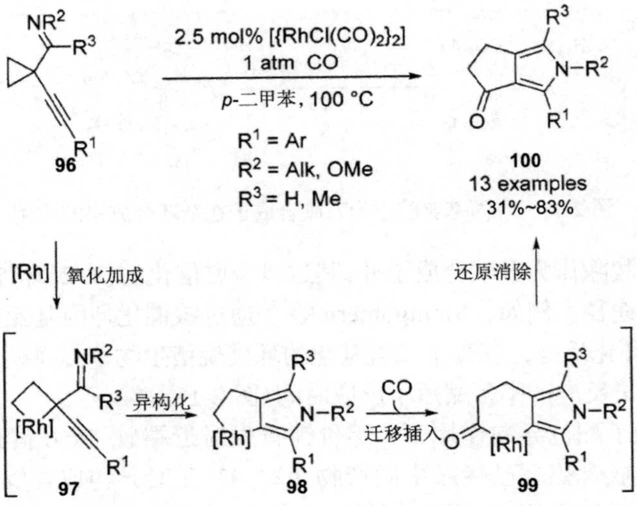

图 2-19　铑催化炔基环丙基亚胺羰基化反应

98，经一氧化碳迁移插入生成六元环酰基铑物种 **99**。最后，**99** 通过还原消除反应生成 C(sp^2)–C(sp^3)共价键，得到吡咯产物 **100**。醛和酮衍生的亚胺底物 **96** 皆能顺利发生该反应，获得中等及较高收率的目标产物。此外，该反应的底物范围还可扩展到更小张力的四元环亚胺底物，甚至是非环状炔基亚胺类底物。

2.2.4　乙烯基环丙烷

乙烯基环丙烷底物结构中具有不饱和碳–碳双键官能团，其 π 电子通过与过渡金属配位能起到定位导向作用，在断裂环丙烷碳–碳 σ 键时具有高度区域选择性。乙烯基环丙烷底物 **101** 中近端键与过渡金属经氧化加成发生断裂，生成 η^3-烯丙基型两性离子金属化合物 **102**。该中间体随后可与各种类型的亲核试剂发生烯丙基取代反应生成产物 **103**，也可参与到与亲偶极试剂的[3+2]环加成反应过程中生成产物 **104**(图 2-20)。

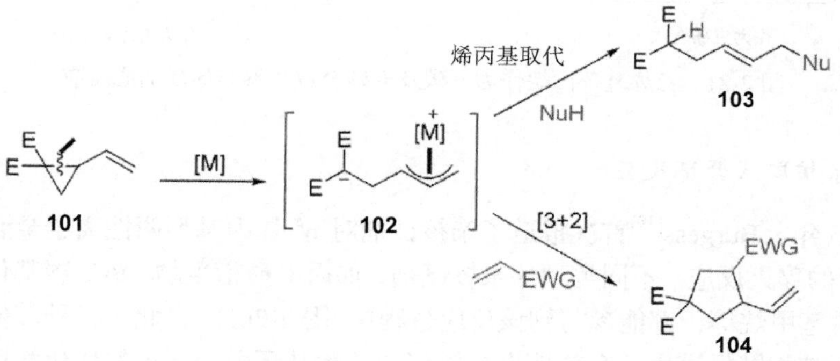

图 2-20　过渡金属催化乙烯基环丙烷亲核取代开环及环加成开环反应途径

根据乙烯基是否参与环加成反应过程，乙烯基环丙烷底物既可作为三碳合成子(未参与)也可作为五碳合成子(参与)在有机合成中加以使用。如图 2-21 所示，过渡金属对乙烯基环丙烷 **105** 中的碳–碳 σ 键活化开环后，与带有各种不饱和官能团的反应物能发生各种类型的环加成反应。作为三碳合成子[37]，乙烯基环丙烷底物主要发生[3+2]和[3+2+1]环加成反应，分别生成五元环产物 **112** 和六元环产物 **113**。作为五碳合成子[38]，乙烯基环丙烷底物主要发生[5+1]、[5+2]、[5+2+1]和[5+1+2+1]等环加成反应分别形成六元环 **107**、七元环 **108**、八元环 **109** 及稠合环 **110**。由此发展起来的环加成合成方法学将在下面详细介绍。

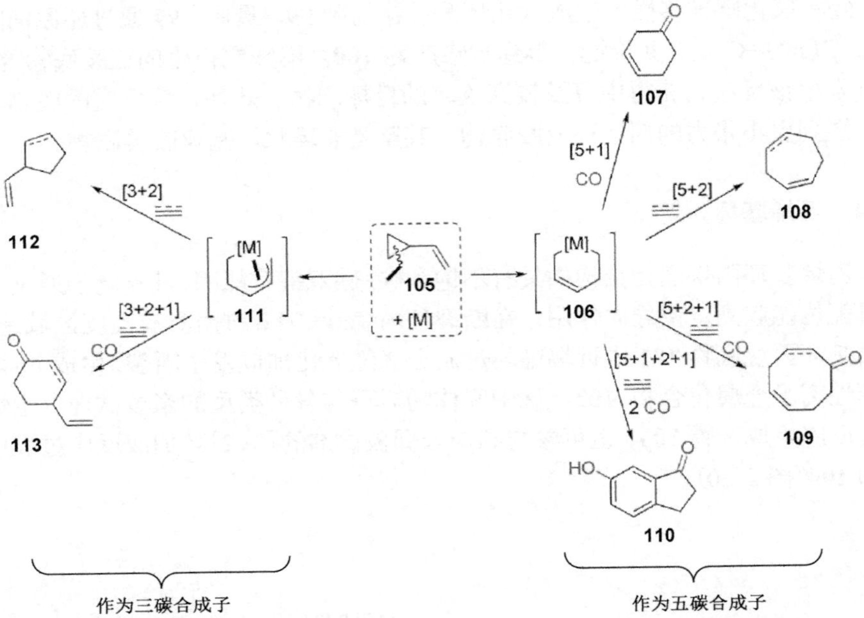

图 2-21　乙烯基环丙烷作为三碳及五碳合成子参与的环加成反应

1. 亲核取代开环反应

1985 年，Burgess[39]首次报道了亲核试剂对 η^3-烯丙基型两性离子金属化合物 **102** 进行的猝灭反应。不同类型的亲核试剂，如丙二酸衍生物、*β*-二羰基化合物和双苯磺酰基甲烷等，都能参与到该反应过程中(图 2-20)。自此，各种其他类型的亲核试剂被相继报道用于有效地进行类似的乙烯基环丙烷开环取代化学反应。例如，Szabó 等[40]通过钯催化乙烯基环丙烷 **114** 与二聚硼酸的开环反应过程制备了烯丙基硼酸中间体 **115**，随后与 KHF_2 反应转变成更加稳定的烯丙基三氟硼酸钾盐 **116**，产率在 82%以上[图 2-22(a)]。在此基础上，Yorimitsu 和 Oshima 等[41]进一步探索了金属催化乙烯基环丙烷开环硼化反应过程。使用二硼频哪醇酯 **81** 作为硼化试剂，乙烯基环丙烷 **114** 在镍催化剂存在条件下发生开环反应制备得到了烯丙基硼酸酯产物 **120**，产率在 44%~85%范围内[图 2-22(b)]。**114** 与 Ni(0)氧化加成反应生成 η^3-烯丙基型金属络合物 **117**，转金属化反应后得到的 *π*-烯丙基金属化合物 **118** 经还原消除反应生成烯醇硼酸酯 **119**，并再生 Ni(0)催化剂。最后，烯醇硼酸酯 **119** 经质子解，高立体选择性地获得中等以上产率的(*E*)-烯丙基硼酸酯 **120**。连有一个吸电子取代基团的顺式乙烯基环丙烷 **114**($E^1 = CO_2{}^tBu$, E^2 = H)反应产率很高，但其反式异构体(E^1 = H, $E^2 = CO_2{}^tBu$)只能获得 44%的产率。从反应历程图不难发现，反式异构体 **114** 中的烯烃与羰基官能团不能作为双齿配体同时与镍金属进行络合，这直接阻碍了接下来发生的氧化加成反应过程。

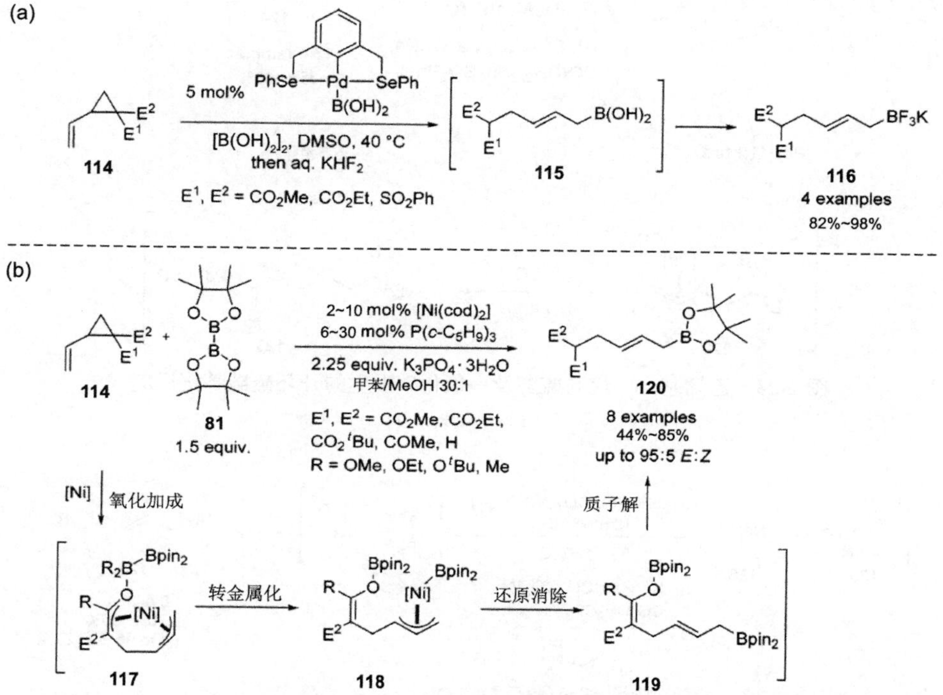

图 2-22　乙烯基环丙烷与二硼酸及二硼酸酯发生的硼基化开环反应

Alper 等[42]报道了乙烯基环丙烷 **114** 在硫醇和一氧化碳存在条件下钯催化的开环硫羰基化反应过程(图 2-23)。从机理上看，乙烯基环丙烷 **114** 与 Pd(0)发生氧化加成反应生成 η^3-烯丙基巯基钯(II)化合物 **122**，一氧化碳与金属配位后对酰基碳–钯键进行迁移插入反应，生成酰基巯基钯(II)中间体 **123**。最后，中间体 **123** 通过还原消除反应生成硫酯产物 **124**，并再生 Pd(0)催化剂。各种芳基、杂芳基和烷基硫醇都能顺利地发生此类开环反应，获得较高产率的 *β*,*γ*-不饱和的硫酯产物 **124**，在一定程度上，**124** 能异构化为共轭结构的不饱和硫酯产物。

除了钯和镍催化的亲核试剂对乙烯基环丙烷的开环反应，Plietker 等[43]以铁为催化剂，通过对 **125** 中环丙烷碳–碳 σ 键的活化断裂，生成 η^3-烯丙基型两性离子铁金属络合物 **127**。**127** 中的碳负离子作为碱剥夺亲核试剂中的质子后，受亲核试剂的猝灭即可生成开环产物 **128**(图 2-24)。各种类型的碳亲核试剂，如丙二腈、氰基苯甲酸酯、氰基环戊酮和苯基吖内酯等，都能实现该开环反应，产率为 70%~96%。此外，该开环反应具有较好的区域及立体选择性，主要生产线型产物且立体选择性最高可达 $E:Z=95:5$。

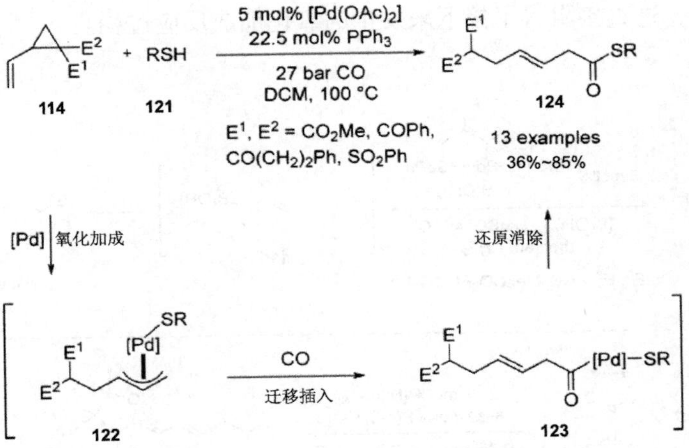

图 2-23 乙烯基环丙烷与硫醇及一氧化碳发生的开环硫羰基化反应

1 bar=10^5Pa

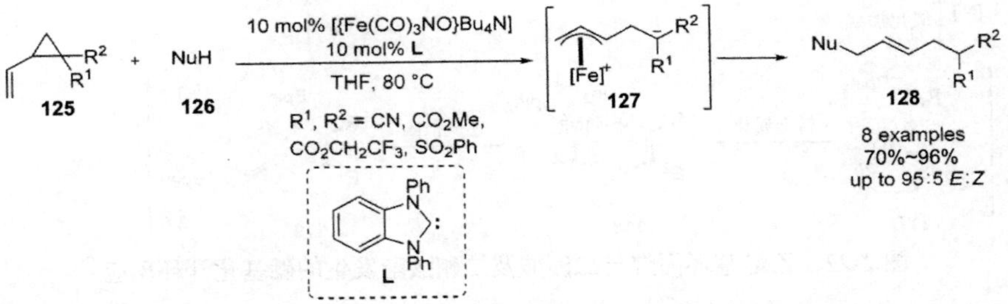

图 2-24 铁催化乙烯基环丙烷与其他亲核试剂发生的开环反应

2. 环加成开环反应

1) [3+n]环加成反应

乙烯基环丙烷中的烯烃 π 键与金属中心的配位导向作用，使得过渡金属对环丙烷近端的碳–碳 σ 键选择性活化断裂，如果导向的烯烃官能团不参与随后的对金属络合物中间体的猝灭反应，则乙烯基环丙烷在此合成反应中作为三碳合成子得到利用。1985 年，Tsuji 等[44]报道了首个乙烯基环丙烷作为三碳合成子组分应用到分子构建的例子。这些通过过渡金属催化的亲核型[3+2]环加成反应，通常需要使用带有一个或两个吸电子取代基团的乙烯基环丙烷底物 **101**。在底物结构中引入吸电子基团的目的是活化环丙烷分子，使得碳–碳键更易发生断裂。开环过程可能是通过分步离子型机理进行的：首先生成两性离子金属络合物 **102**，然后 **102** 中的碳负离子作为亲核试剂，通过分子间迈克尔(Michael)加成反应形成新的两性离子金属络合物 **129**，最后通过分子内亲核烯丙基化反应得到[3+2]环合产物[图 2-25(a)]。

对于乙烯基环丙烷底物 **130**，另外一种可能的反应路径为，通过不饱和官能团导向的区域选择性氧化加成反应，首先生成 η^3-烯丙基烷基金属化合物 **131**，然后分子内其他不饱和基团对烷基–金属键的迁移插入反应生成新的 η^3-烯丙基型金属化合物 **132**，最后通过区域选择性的还原消除反应生成[3+2]环合产物 **133**[图 2-25(b)]。

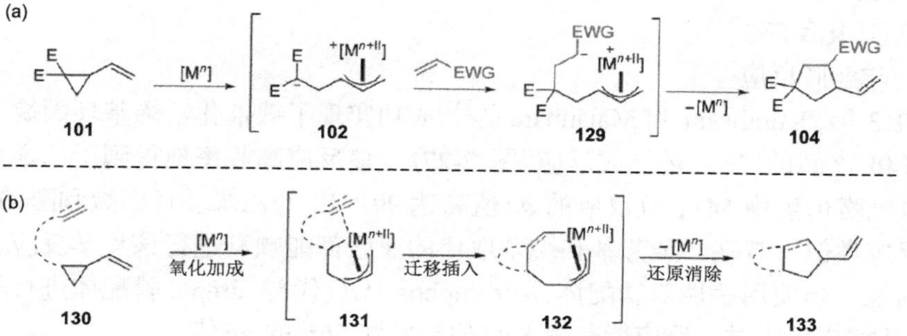

图 2-25　乙烯基环丙烷作为三碳合成子进行的分子间及分子内[3+2]环加成反应

A. [3+2]环加成

Tsuji 等开创性的研究工作表明，从乙烯基环丙烷得到的两性离子 π-烯丙基钯金属络合物中间体，能被丙烯酸酯和异氰酸酯等亲电试剂所捕获，分别生成环戊烷[44]和 γ-内酰胺[45]等产物。自此，其他类型的亲偶极试剂得到了广泛的研究。按照亲偶极试剂种类的不同，乙烯基环丙烷参与的[3+2]环加成概括如下。

a. 与醛反应

Johnson 等[46]报道了钯催化乙烯基环丙烷 **134** 与醛 **135** 进行的[3+2]环加成反应过程，得到了系列烯基取代的四氢呋喃衍生物 **138**(图 2-26)。反应通过烯烃导

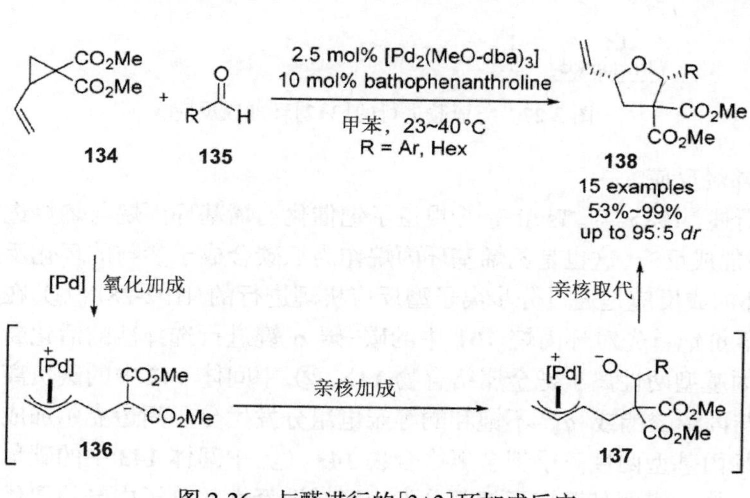

图 2-26　与醛进行的[3+2]环加成反应

向的钯对环丙烷中碳–碳 σ 键选择性氧化加成反应引发，生成的两性离子 π-烯丙基钯金属络合物 **136**，紧接着与醛发生亲核加成反应生成氧负离子 π-烯丙基阳离子钯络合物 **137**，最后通过分子内氧负离子亲核试剂对烯丙基阳离子钯的亲核取代反应，获得了终产物 **138**。贫电子醛底物参与的反应产率较高，在 53%~99%范围内，且反应 *dr* 值最高可达 95∶5；富电子醛底物由于其亲电性降低，不能进行该[3+2]环化反应。

b. 与亚胺反应

2013 年，Kurahashi 和 Matsubara 等[47]成功实现了镍催化乙烯基环丙烷 **139** 与亚胺 **140** 之间的[3+2]环加成反应(图 2-27)。该反应高收率地得到了乙烯基取代的四氢吡咯衍生物 **141**，且反应的 *dr* 值高达 99∶1。与乙烯基环丙烷和醛的[3+2]环化反应类似，芳基、杂芳基和烷基取代的亚胺都能顺利进行该化学反应。值得一提的是，当使用手性双膦配体 *i*-Pr-duphos (**L1**) 代替 dmpe 膦配体进行不对称[3+2]环加成反应时，反应能获得 83%的产率和 56%的 *ee* 值。

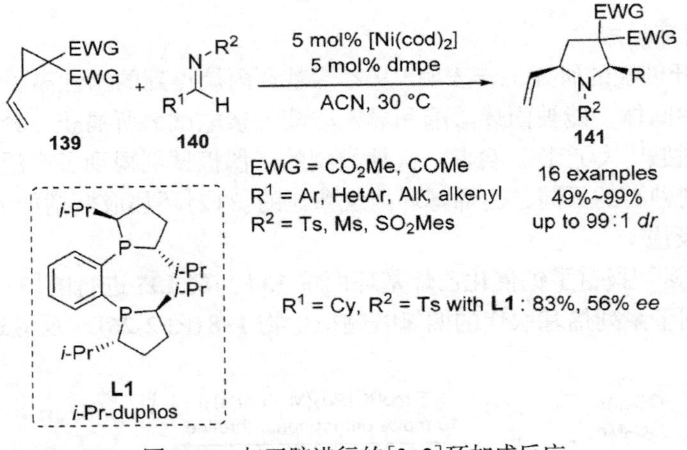

图 2-27 与亚胺进行的[3+2]环加成反应

c. 与烯烃反应

如前所述，1985 年，Tsuji 等[44]报道了钯催化乙烯基环丙烷与烯烃进行的分子间[3+2]环加成反应，这也是乙烯基环丙烷作为三碳合成子参与的环化反应的首个例子。该环加成反应是通过分步离子型反应机理进行的(图 2-28)：① 在烯烃配位导向下，零价钯首先对环丙烷 **101** 中的碳–碳 σ 键进行选择性的活化断裂反应，生成 π-烯丙基型两性离子钯金属络合物 **142**。② 中间体 **142** 中的碳负离子作为亲核试剂，与丙烯酸酯或 *α,β*-不饱和酮等亲电组分发生分子间迈克尔加成反应，形成新的 π-烯丙基型两性离子钯金属络合物 **143**。③ 中间体 **143** 中的碳负离子作为亲核试剂，与 π-烯丙基阳离子钯部分发生区域选择性的分子内亲核取代反应，生成乙烯基取代的[3+2]环化产物 **104** 并再生 Pd(0)活性催化剂物种。该反应使用的前体催化剂为 $Pd_2(dba)_3 \cdot CHCl_3$，配体为 dppe 或 P(*n*-Bu)$_3$，反应产率在 66%~89%。

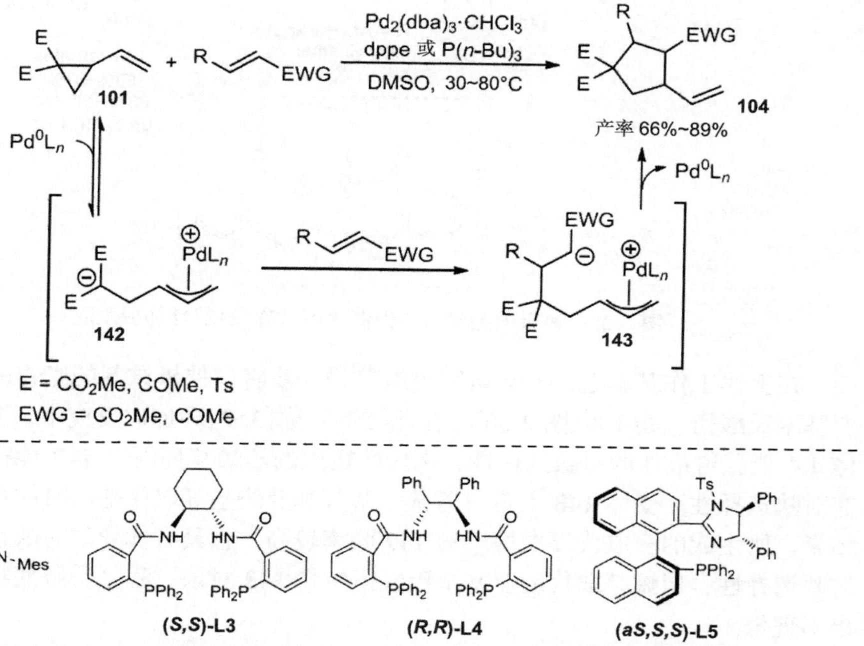

图 2-28 钯催化乙烯基环丙烷与烯烃分子间不对称[3+2]环加成反应

自发现 Tsuji [3+2]环加成反应以来，该领域大量的研究工作集中在其不对称催化反应的实现上。例如，以氮杂内酯 **145** 和米氏酸衍生烯烃 **148** 为亲偶极试剂，使用 **L3** 和 **L4** 为手性配体(图 2-28)，Trost 等[48, 49]发展了高非对映选择性和对映选择性的钯催化动态动力学不对称[3+2]环加成反应。

2011 年，Trost 研究小组[48]报道了首例乙烯基环丙烷参与的不对称[3+2] 环加成反应(图 2-29)。以氮杂内酯 **145** 为亲偶极试剂，其钯催化反应过程获得了官能化手性氨基酸衍生物产物 **146**，并在产物结构中构建了三个连续的手性中心。使用 Trost 手性配体 **L3**，环加成产物 **146** 具有良好到优异的对映选择性和非对映选择性，反应 *ee* 值范围为 63%~98%，*dr* 值最高可达到 19 : 1。相较于其他乙烯基环丙烷底物而言，三氟代乙醇衍生得到的丙二酸二乙酯型环丙烷 **144** 能获得更高的产率及立体选择性，并且各种烷亚基取代的氮杂内酯 **145** 都能获得理想的结果。

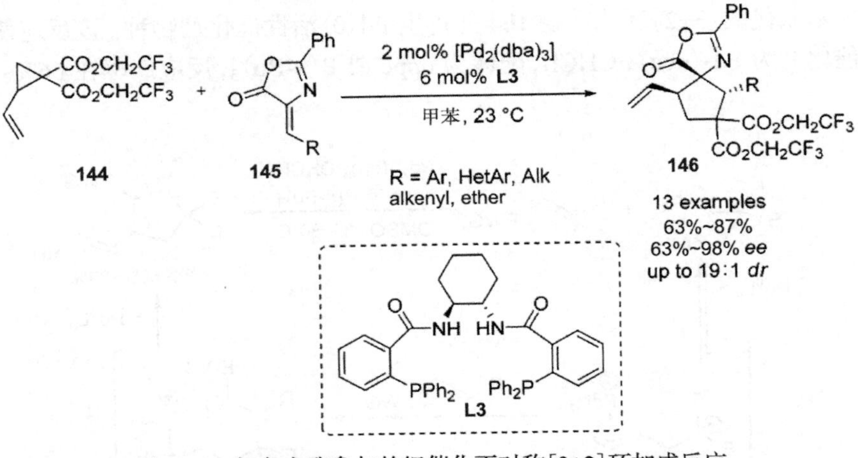

2 mol% [$Pd_2(dba)_3$]
6 mol% **L3**
甲苯, 23 °C

144　**145**　**146**

R = Ar, HetAr, Alk
alkenyl, ether

13 examples
63%~87%
63%~98% *ee*
up to 19∶1 *dr*

L3

图 2-29　氮杂内酯参与的钯催化不对称[3+2]环加成反应

在上述工作基础上，Trost 研究小组[49]进一步将亲偶极试剂的底物范围扩展到亚基米氏酸衍生物 **148**(图 2-30)。在此类不对称[3+2]环加成反应中，手性双膦配体 **L4** 能获得最佳的对映选择性，米氏酸衍生的乙烯基环丙烷 **147** 能得到最高的非对映选择性。受体 **148** 上带有芳基、杂芳基及炔基等取代基团时能获得满意的结果，所生成的多取代环戊烷产物 **149** 收率较高，且具有优异的对映选择性和非对映选择性；但烷基取代的亚基米氏酸衍生物 **148** 对该过程是受限底物，反应结果不理想。

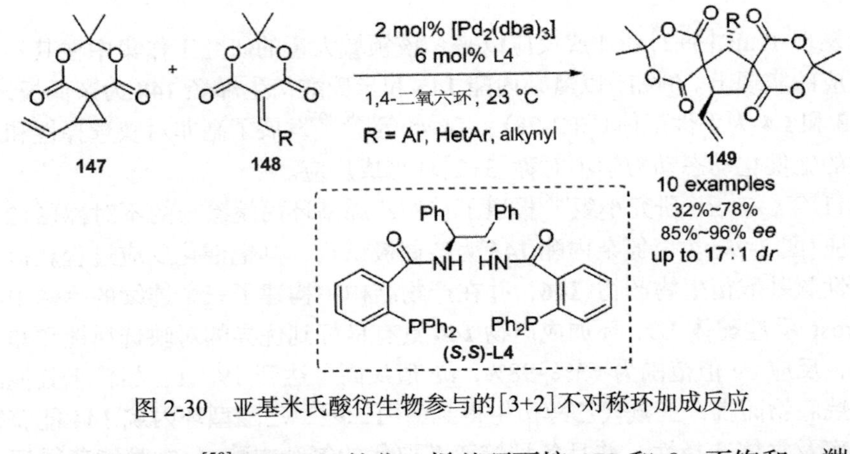

2 mol% [$Pd_2(dba)_3$]
6 mol% L4
1,4-二氧六环, 23 °C
R = Ar, HetAr, alkynyl

147　**148**　**149**

10 examples
32%~78%
85%~96% *ee*
up to 17∶1 *dr*

(*S*,*S*)-L4

图 2-30　亚基米氏酸衍生物参与的[3+2]不对称环加成反应

2012 年，Shi 等[50]实现了钯催化乙烯基环丙烷 **150** 和 β,γ-不饱和-α-羰基酸酯 **151** 的不对称[3+2]环加成反应(图 2-31)。在手性氮膦配体 **L5** 存在下，该环化反应得到的多官能化的环戊烷衍生物 **152** 产率范围为 52%~96%，非对映选择性 *dr* 值最高可达到 20∶1 以上，对映选择性 *ee* 值的范围为 82%~96%。芳基、杂芳基

和烷基取代的 β,γ-不饱和-α-羰基酸酯底物都能顺利地参与此化学反应过程，乙烯基环丙烷 **150** 底物的适用范围也很广泛。

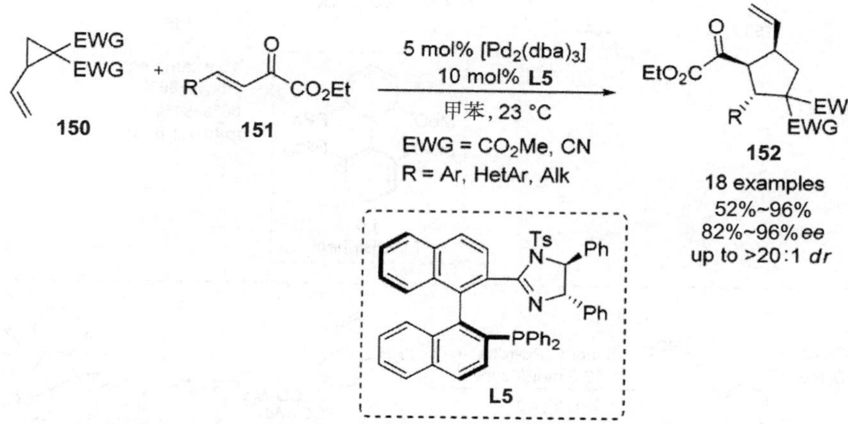

图 2-31　β,γ-不饱和-α-羰基酸酯参与的[3+2]不对称环加成反应

最近，He 等[51]报道了钯催化丙二腈衍生的乙烯基环丙烷 **153** 和 α,β-不饱和硝基化合物 **154** 的不对称[3+2]环加成反应（图 2-32）。在轴手性双膦配体 MeOBiphep **L6** 存在下，芳基、杂芳基和烷基取代的 α,β-不饱和硝基化合物都能顺利地进行该化学反应过程，生成的硝基取代环戊烷产物 **155** 结构中具有连续的三个手性中心，反应的产率高且具有良好的对映选择性。然而，该[3+2]环加成反应的非对映选择性 *dr* 值并不高，两个异构体在混合物中的比例为 1∶1.6 左右，能通过柱色谱加以分离。将底物范围扩展至丙二酸二甲酯取代的乙烯基环丙烷时，反应的对映选择性极大降低，*ee* 值仅为 27%。Stoltz 研究小组[52]将此钯催化反应过程应用到生物碱天然产物(+)-Scandine **159** 环戊烷骨架的构建中。丙二酸二甲酯衍生的乙烯基环丙烷底物 **156** 与 α,β-不饱和芳香硝基化合物 **157** 进行反应，其环化产物 **158** 收率为 60%，两个异构体的 *dr* 值为 2∶1（图 2-32）。

钯催化的 Tsuji [3+2]环加成反应常适用于在乙烯基环丙烷环上连有活化官能团的底物，对于非官能化的乙烯基环丙烷底物参与的环化反应则很难进行。为了扩大底物的适用范围，Yu 等[53]在 2008 年首次实现了铑催化的烯烃与非活化乙烯基环丙烷结构之间进行的分子内[3+2]环加成反应过程[图 2-33(a)]。以反式-1,2-二取代的环丙基二烯烃 **160** 为底物，该反应为高非对映选择性地获得顺式环戊烷稠合的二环体系 **164** 提供了一条有效的合成策略。有趣的是，当使用顺式-1,2-二取代的环丙基二烯烃 **160** 作为底物时，反应会按照[5+2]环加成途径进行。如[图 2-33(a)]所示，在烯烃与铑金属的配位导向作用下，乙烯基环丙烷与 Rh(I)发生

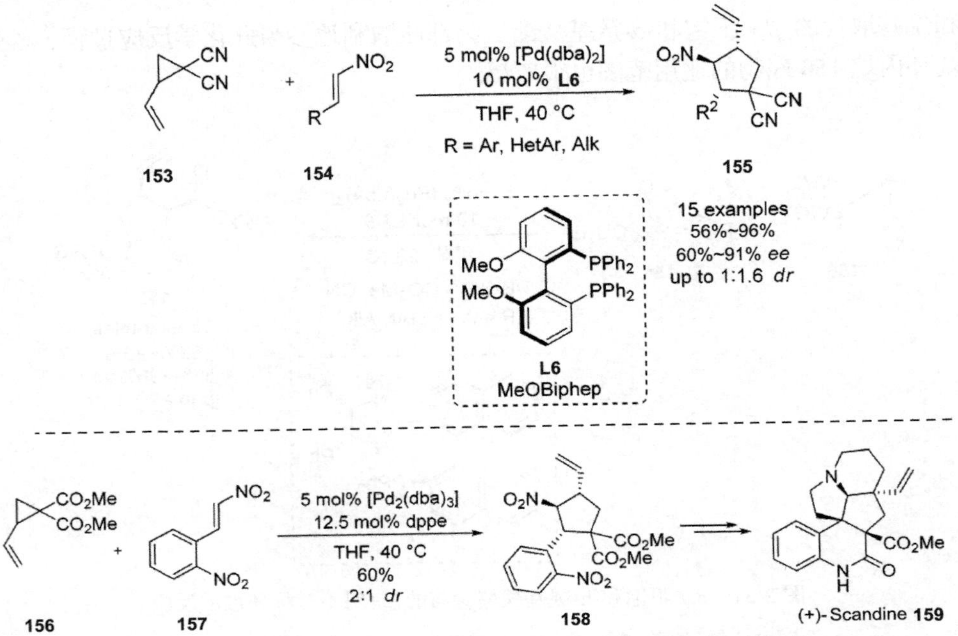

CN
CN
153
+
NO2
R
154
5 mol% [Pd(dba)$_2$]
10 mol% **L6**
THF, 40 °C
R = Ar, HetAr, Alk
O_2N
R^2
CN
CN
155
15 examples
56%~96%
60%~91% *ee*
up to 1:1.6 *dr*
MeO
MeO
PPh_2
PPh_2
L6
MeOBiphep

CO_2Me
CO_2Me
156
+
NO_2
NO_2
157
5 mol% [Pd$_2$(dba)$_3$]
12.5 mol% dppe
THF, 40 °C
60%
2:1 *dr*
O_2N
CO_2Me
CO_2Me
NO_2
158
N
CO_2Me
N
H
O
(+)-Scandine **159**

图 2-32　*α*,*β*-不饱和硝基化合物参与的[3+2]不对称环加成反应

氧化加成反应生成 π-烯丙基铑(III)络合物 **161**，分子内烯烃对烯丙基碳–铑键或烷基碳–铑键的迁移插入反应分别生成中间体 **162** 或 **163**，最后经碳–碳 σ 键形成的还原消除反应过程生成双环产物 **164**。对顺、反结构差异的底物 **160** 而言，还原消除反应过程中形成碳–碳键的差异决定了反应环加成反应的不同方式。在此工作基础上，Yu 等[54]进一步实现了铑催化 *α*-二取代端烯底物 **165** 类似[3+2]环加成反应过程[图 2-33(b)]，为有效构建双环[4.3.0]壬烷和双环[5.3.0]癸烷结构 **169** 提供了一条新的途径。在阳离子铑金属催化剂[{Rh(dppp)}SbF_6]存在下，丙二烯取代的乙烯基环丙烷底物 **170** 通过氧化加成/迁移插入/还原消除过程，得到混合环加成产物 **171**，环外双键和环内双键异构体产物的比例为 1∶3.6[55][图 2-33(c)]。

d. 与炔烃反应

在铑催化烯烃或丙二烯与乙烯基环丙烷发生分子内[3+2]环加成反应的基础上，Yu 等[55]以阳离子[{Rh(dppp)}SbF_6]为前体催化剂，通过分子内炔烃对乙烯基环丙烷的[3+2]环化反应成功构建了含有环戊烯结构单元的双环体系(图 2-34)。类似地，炔烃配位导向下，Rh(I)对 **172** 中环丙烷近端碳–碳 σ 键进行氧化加成生成 π-烯丙基型铑(III)金属化合物 **173**，炔烃对碳–铑键分子内迁移插入反应生成烯烃配位的含铑环己烯中间体 **174**。**174** 经还原消除反应后，生成桥头上为季碳中心的 5,5-顺式稠合的双环结构 **175**(图 2-34)。

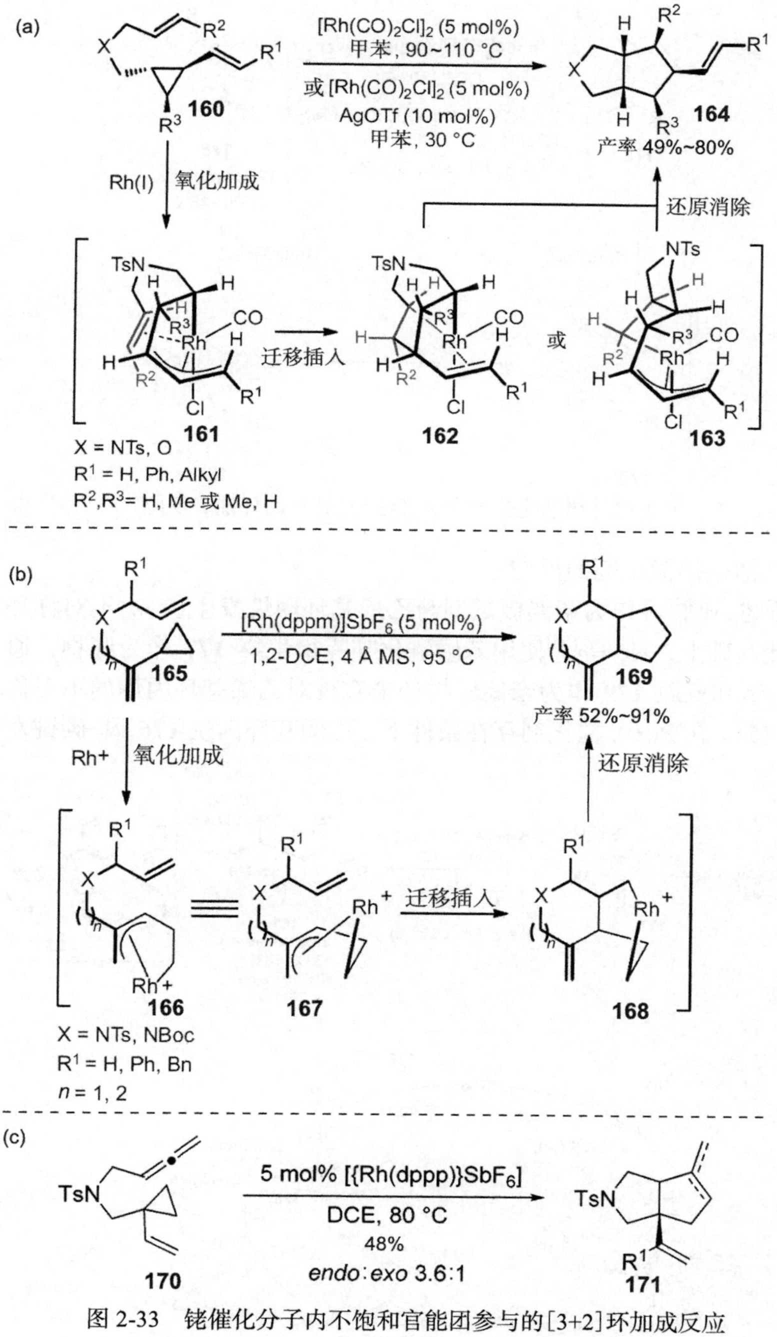

(a)

$[Rh(CO)_2Cl]_2$ (5 mol%)
甲苯, 90~110 °C
或 $[Rh(CO)_2Cl]_2$ (5 mol%)
AgOTf (10 mol%)
甲苯, 30 °C

160　164
产率 49%~80%

Rh(I)　氧化加成

迁移插入　或　还原消除

161　162　163

X = NTs, O
R^1 = H, Ph, Alkyl
R^2,R^3= H, Me 或 Me, H

(b)

$[Rh(dppm)]SbF_6$ (5 mol%)
1,2-DCE, 4 Å MS, 95 °C

165　169
产率 52%~91%

Rh^+　氧化加成

迁移插入　还原消除

166　167　168

X = NTs, NBoc
R^1 = H, Ph, Bn
n = 1, 2

(c)

5 mol% [{Rh(dppp)}SbF_6]
DCE, 80 °C
48%
endo:*exo* 3.6:1

170　171

图 2-33　铑催化分子内不饱和官能团参与的[3+2]环加成反应

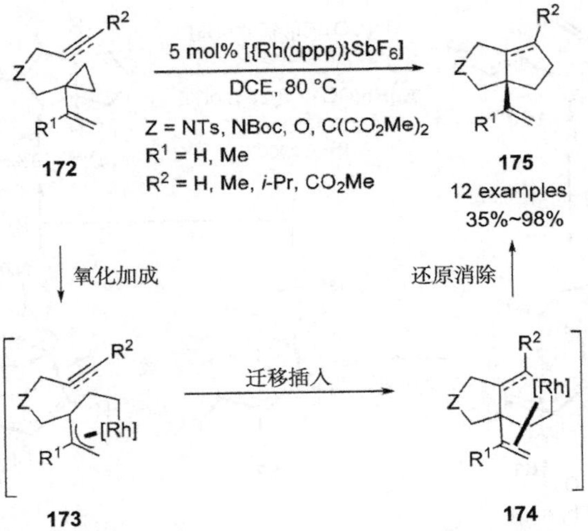

5 mol% [{Rh(dppp)}SbF_6]
DCE, 80 °C
Z = NTs, NBoc, O, $C(CO_2Me)_2$
R^1 = H, Me
R^2 = H, Me, *i*-Pr, CO_2Me
172
175
12 examples
35%~98%
氧化加成
还原消除
迁移插入
[Rh]
173
174

图 2-34　铑催化分子内炔烃参与的[3+2]环加成反应

e. 与其他亲偶极试剂的反应

如前所述，亚胺可作为亲偶极试剂与乙烯基环丙烷发生[3+2]不对称环加成反应[47]。在此基础上，He 等[56]使用苯磺酰化吲哚衍生物 **177** 作为底物，通过原位产生 α,β-不饱和亚胺 **179** 作为亲偶极物种来实现对乙烯基环丙烷的不对称环加成反应(图 2-35)。在 Pd(0)催化剂存在条件下，乙烯基环丙烷 **176** 碳–碳键发生断裂

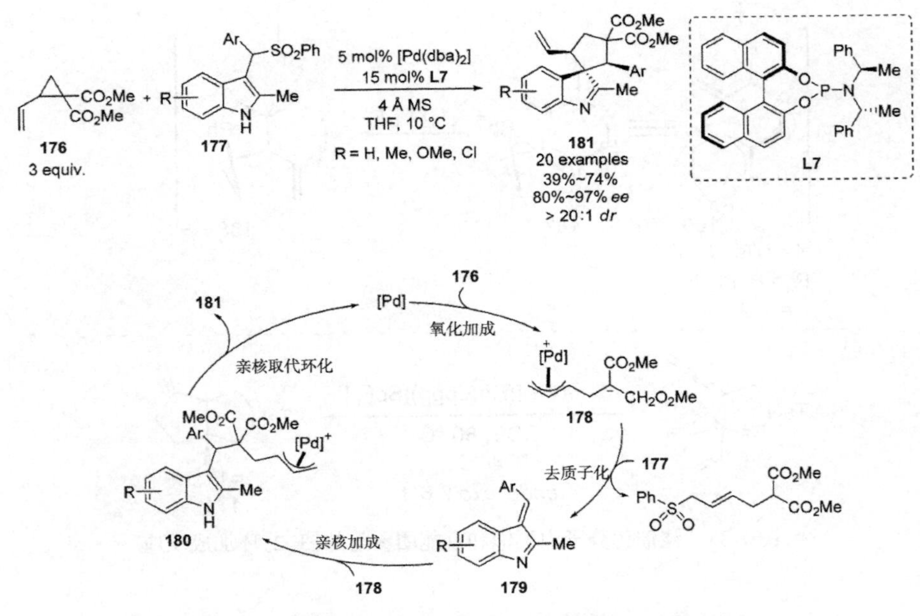

图 2-35　钯催化吲哚参与的[3+2]不对称环加成反应

生成 π-烯丙基钯两性离子金属化合物 **178**。**178** 中的碳负离子作为碱，与苯磺酰化吲哚衍生物 **177** 通过去质子化作用生成 *α,β*-不饱和亚胺 **179**，随后 1,3-偶极化合物 **178** 对其进行共轭亲核加成即可生成 π-烯丙基阳离子钯金属化合物 **180**，最后通过分子内亲核取代环化反应得到了螺环产物 **181**。该反应具有优异的非对映及对映选择性，*ee* 值在 80%~97%，非对映选择性 *dr* 值大于 20 : 1。

使用氧化吲哚衍生物 **183** 作为亲偶极试剂，在手性氮膦配体 **L5** 存在下，Shi 等[57]成功实现了钯催化乙烯基环丙烷 **182** 参与的[3+2]不对称环加成反应，生成氧化吲哚稠合四氢呋喃螺环产物 **184**(图 2-36)。该不对称环化反应产率高，且非对映选择性和对映选择性控制较好，带有各种取代基团的氧化吲哚底物都能顺利进行环化反应；但对于非端烯($R^2 \neq H$)底物 **182**，环加成反应无法正常进行。

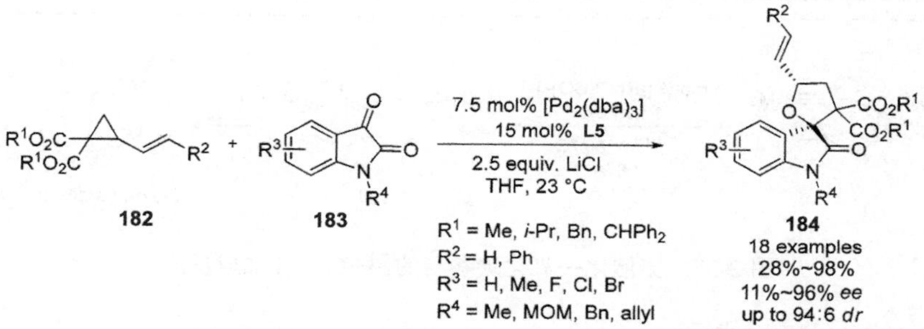

图 2-36　钯催化氧化吲哚参与的[3+2]不对称环加成反应

B. [3+2+1]环加成

乙烯基环丙烷除了与不饱和键发生[3+2]环化反应外，还能通过多组分反应方式发生高阶环加成过程。例如，在铑催化不饱和烃(烯或炔)对乙烯基环丙烷单元进行的分子内[3+2]环加成体系[54, 55]中引入 CO 作为试剂，反应按照[3+2+1]羰基化环加成反应方式进行，生成相应的增加一个碳原子的环己酮或环己烯酮稠合的双环产物 **186**[56][图 2-37(a)]。该高阶环加成反应条件温和，能耐受多种官能团及连接基团，底物适用范围广且产率较高。该反应过程已经作为一个关键的步骤用于构建呋喃型倍半萜烯天然产物 *α*-agarofuran **189** 的双环骨架结构[图 2-37(b)]。有趣的是，对于连有内炔官能团的乙烯基环丙烷底物 **190**，将反应条件稍作改变，如溶剂由甲苯变换为 1,2-二氯乙烷时，竞争性的[5+1]/[2+2+1]环加成过程成为主要途径[59]，两个羰基碳原子及整个乙烯基环丙烷片段参与主产物 **195** 的核心骨架的构建，收率在 31%~91%；而生成 **193** 的[3+2+1]环加成反应过程是次要途径(图 2-38)。反应被认为是通过[5+1]/[2+2+1]串联途径实现的，即首先乙烯基环丙烷碳–碳键与 Rh(I)发生氧化加成生成 π-烯丙基铑(III)金属络合物 **191**，然后分别经炔烃和 CO 迁移插入后生成中间体 **192**。在形成 **192** 的基础上，烯烃对酰基碳–铑键进行分子内插入形成二烷基铑化合物 **194**，最后经过迁移插入/还原消除过程生成 5,5,6-三环结构产物 **195**。

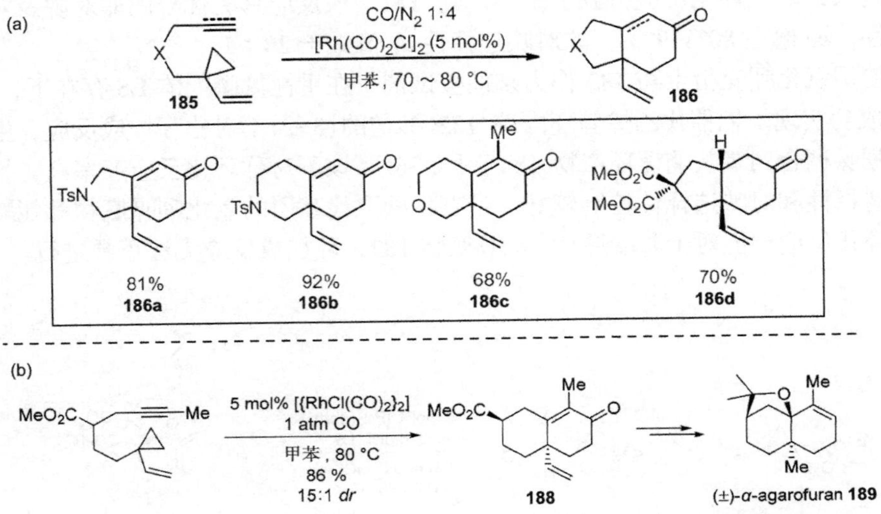

(a) 185 → 186：CO/N2 1:4，[Rh(CO)2Cl]2 (5 mol%)，甲苯, 70 ~ 80 °C

81% 186a　92% 186b　68% 186c　70% 186d

(b) 5 mol% [{RhCl(CO)2}2]，1 atm CO，甲苯, 80 °C，86 %，15:1 dr → 188 → (±)-α-agarofuran 189

图 2-37　铑催化一氧化碳参与的[3+2+1]环加成反应

C. [3+3+1]环加成

乙烯基环丙烷作为三碳合成子还可应用到铑催化的[3+3+1]环加成反应过程。例如，Chung 等[6]以二环衍生物 **196** 或 **198** 作为反应底物，通过铑催化高度区域选择性串联开环反应得到了六元并七元环的扩环产物 **197** 或 **199**(图 2-38 和图 2-39)。

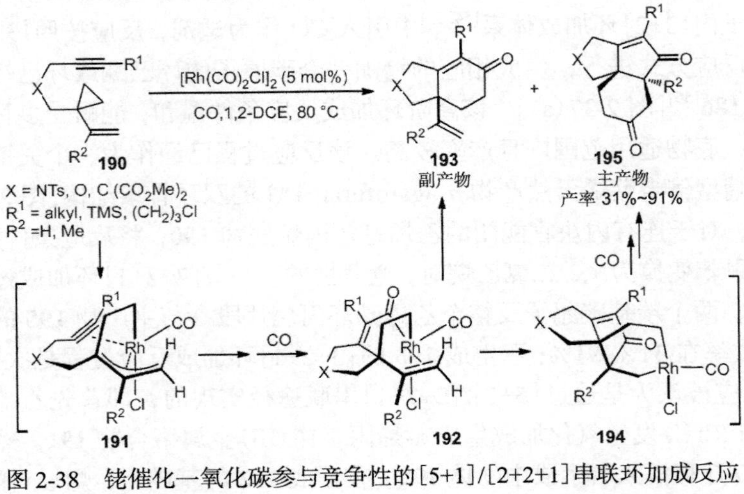

190：X = NTs, O, C (CO2Me)2；R1 = alkyl, TMS, (CH2)3Cl；R2 =H, Me

[Rh(CO)2Cl]2 (5 mol%)，CO,1,2-DCE, 80 °C → 193 副产物 + 195 主产物 产率 31%~91%

191 → (CO) → 192 → 194 → (CO) → 195

图 2-38　铑催化一氧化碳参与竞争性的[5+1]/[2+2+1]串联环加成反应

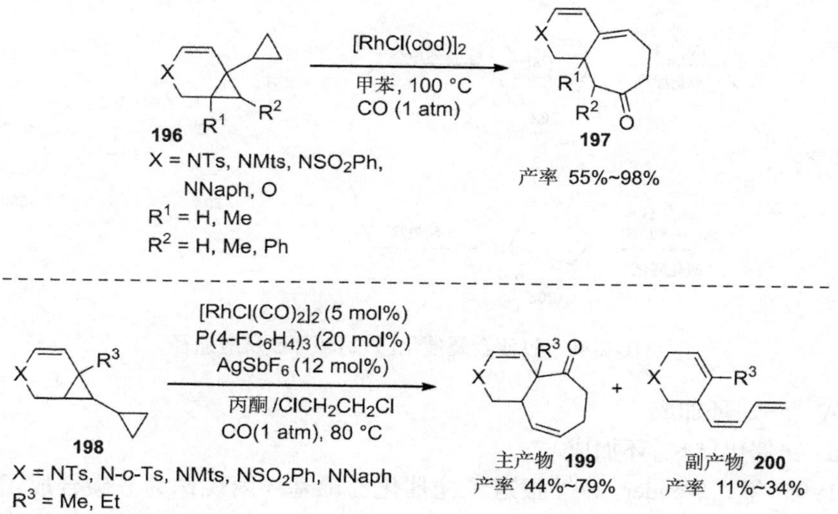

[RhCl(cod)]$_2$
甲苯, 100 °C
CO (1 atm)

196
X = NTs, NMts, NSO_2Ph, NNaph, O
R^1 = H, Me
R^2 = H, Me, Ph

197
产率 55%~98%

[RhCl(CO)$_2$]$_2$ (5 mol%)
P(4-FC$_6$H$_4$)$_3$ (20 mol%)
AgSbF$_6$ (12 mol%)
丙酮 /$ClCH_2CH_2Cl$
CO(1 atm), 80 °C

198
X = NTs, N-*o*-Ts, NMts, NSO_2Ph, NNaph
R^3 = Me, Et

主产物 **199**
产率 44%~79%

副产物 **200**
产率 11%~34%

图 2-39　铑催化一氧化碳参与的[3+3+1]环加成反应

随底物结构中取代基团的不同，该类型[3+3+1]羰基环加成反应产率能获得中等以上的收率，最高可达到 98%，其反应途径及过程见 2.1 节中的图 2-6，在此不作进一步叙述。

2）[5+*n*]环加成反应

当乙烯基环丙烷结构上在 *β*-碳原子上连有其他不饱和官能团如烯烃或炔烃时，在过渡金属催化作用下能发生[5+*n*]环加成反应，如图 2-40 所示。两种不同的途径可以解释该类型环化反应过程：**201** 首先与低价金属发生氧化加成反应生成环已烯金属杂环中间体 **202**，然后不饱和烃对碳–金属键进行迁移插入生成八元金属杂环物种 **204**，经还原消除构建碳–碳键从而得到[5+2]环加成产物 **205**(途径 A)；另外一种可能途径为，**201** 中的两个不饱和键同低价金属发生氧化环加成过程生成五元杂金属环中间体 **203**，经环丙烷上的 *β*-碳消除反应得到八元金属杂环物种 **204**，最后还原消除过程可形成相同的产物 **205**(途径 B)。理论研究结果表明[60-63]，对于铑催化体系而言，途径 A 是优势途径，不饱和键对碳–铑键的迁移插入生成金属八元环 **204** 是整个反应的决速步骤。对于途径 B 而言，Trost 和 Houk 等在实验与理论上的研究工作表明，钌[64, 65]和镍[66]金属催化体系是按照该途径进行的。

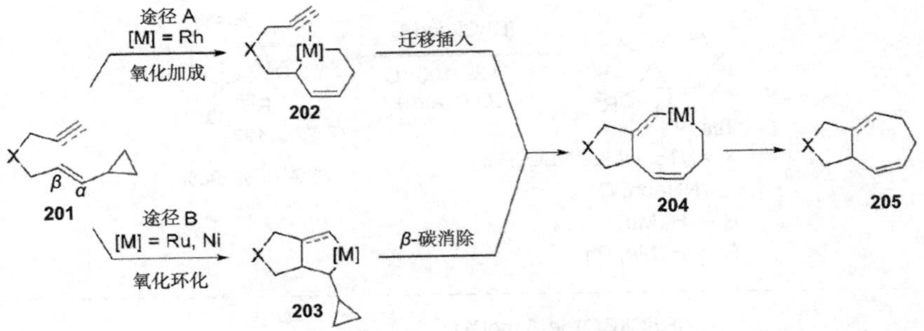

途径 A
[M] = Rh
氧化加成
202
迁移插入
201
β α
途径 B
[M] = Ru, Ni
氧化环化
203
β-碳消除
[M]
204
205

图 2-40 过渡金属催化[5+2]环加成反应途径

A. [5+2]环加成

a. 铑催化[5+2]环加成

1995 年，Wender 等[67]报道了铑催化乙烯基环丙烷作为五碳合成子应用到[5+2]环加成反应中的首个例子。自此，该研究小组将反应的范围扩展到铑催化分子内烯烃[68, 69][图 2-41(a)]、炔烃[67, 70, 71][图 2-41(b)]和联二烯烃[72-74][图 2-41(c)]对乙烯基环丙烷的[5+2]环化过程。2002 年，该小组研究工作表明，阳离子铑络合物[{($C_{10}H_8$)Rh(cod)}SbF_6]对该类[5+2]环加成反应是目前最为有效的催化剂[75]，例如，炔烃底物**208**能被转变成相应的环加成产物**209**，产率高达90%以上[图 2-41(b)]。

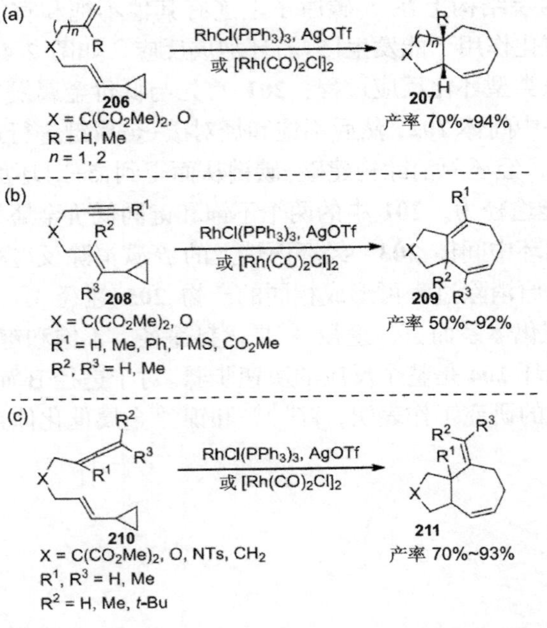

(a)
$RhCl(PPh_3)_3$, AgOTf
或 $[Rh(CO)_2Cl]_2$
206
X = $C(CO_2Me)_2$, O
R = H, Me
n = 1, 2
207
产率 70%~94%

(b)
$RhCl(PPh_3)_3$, AgOTf
或 $[Rh(CO)_2Cl]_2$
208
X = $C(CO_2Me)_2$, O
R^1 = H, Me, Ph, TMS, CO_2Me
R^2, R^3 = H, Me
209
产率 50%~92%

(c)
$RhCl(PPh_3)_3$, AgOTf
或 $[Rh(CO)_2Cl]_2$
210
X = $C(CO_2Me)_2$, O, NTs, CH_2
R^1, R^3 = H, Me
R^2 = H, Me, t-Bu
211
产率 70%~93%

图 2-41 铑催化烯、炔及联二烯参与的分子内 [5+2]环加成反应

2006年，Wender等[76]使用手性阳离子铑催化剂[Rh(Binap)SbF_6]实现了Rh(I)催化分子内烯烃与乙烯基环丙烷的不对称[5+2]环加成反应过程，产物 **213** 的 *ee* 值最高可达 99%[图 2-42(a)]。然而，该手性催化体系应用到炔烃进行的分子内不对称环加成反应过程时，其 *ee* 值并不理想，在 22%~56%范围内变动。在此工作基础上，Hayashi 等[77]通过改进催化体系及反应条件，极大提高了炔烃底物 **214** 参与分子内不对称[5+2]环加成反应的活性及对映选择性[图 2-42(b)]。研究表明，非配位阴离子 $BArF_4^-$的引入可以极大提高化学反应活性，单齿 Feringa 型亚磷酰胺手性配体 **L7** 能使环庚二烯产物 **215** 的 *ee* 值提高到 83%~99%[图 2-42(b)]。

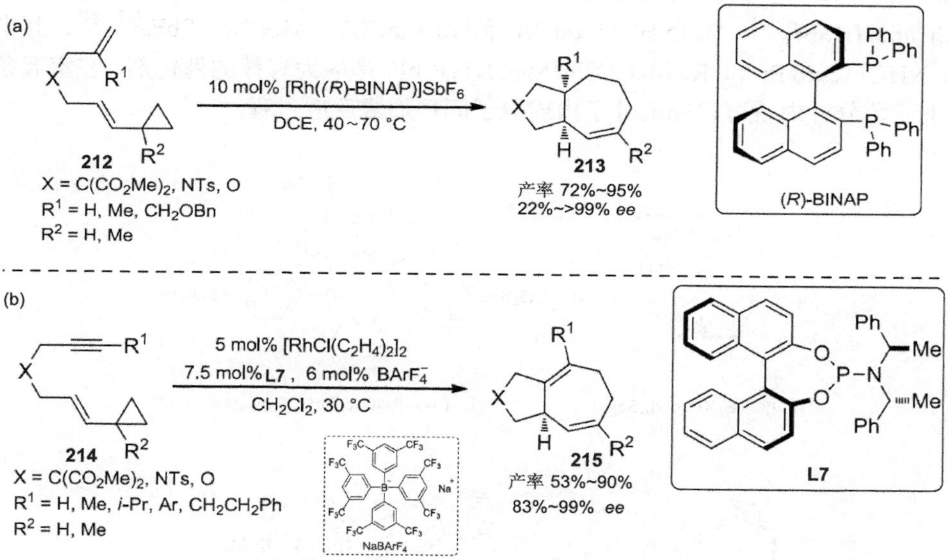

(a)

212
X = $C(CO_2Me)_2$, NTs, O
R^1 = H, Me, CH_2OBn
R^2 = H, Me

10 mol% [Rh((*R*)-BINAP)]SbF_6
DCE, 40~70 °C

213
产率 72%~95%
22%~>99% *ee*

(*R*)-BINAP

(b)

214
X = $C(CO_2Me)_2$, NTs, O
R^1 = H, Me, *i*-Pr, Ar, CH_2CH_2Ph
R^2 = H, Me

5 mol% $[RhCl(C_2H_4)_2]_2$
7.5 mol% **L7**，6 mol% $BArF_4^-$
CH_2Cl_2, 30 °C

$NaBArF_4$

215
产率 53%~90%
83%~99% *ee*

L7

图 2-42　铑催化分子内不对称[5+2]环加成反应

需要补充说明的是，取代乙烯基环丙烷在碳–碳 σ 键活化断裂时存在区域选择性，Wender 小组为此对铑催化的断裂过程进行了深入的研究[71]。结果表明，对于 1,2-二取代乙烯基环丙烷底物，当连有电中性或供电性取代基团时，空间位阻小的碳–碳 σ 键优先发生断裂；但当连有吸电子取代基团时，区域选择性变差，甚至在不同条件下出现相反的选择性。通常情况下，通过对取代基团或催化剂体系的精心选择，乙烯基环丙烷中的碳–碳 σ 键选择性断裂可以得到控制。例如，当使用连有 R 基团的 **216** 作为反应底物时[70]，C^3–$C^{(4)}$键选择性断裂可生成 **217A**，C^3–$C^{(5)}$键选择性断裂则生成 **217B**[式(2.3)]。通过改变 R 基团的性质或使用两种不同的催化体系 $Rh(PPh_3)_3OTf$ 或$[Rh(CO)_2Cl]_2$时，反应的区域选择性则出现较大变化。

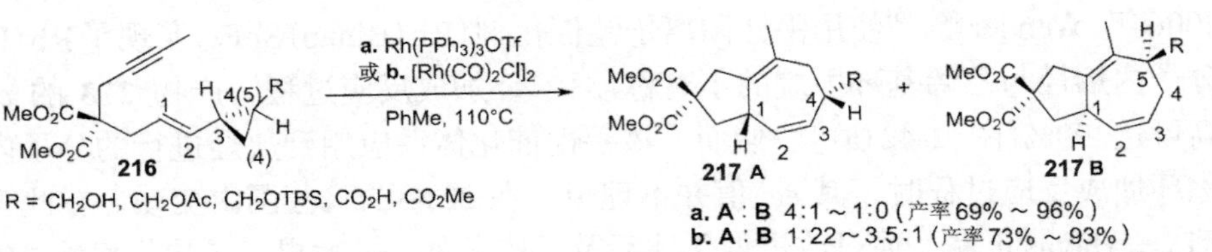

a. $Rh(PPh_3)_3OTf$
或 b. $[Rh(CO)_2Cl]_2$
PhMe, 110°C

216 → **217 A** + **217 B** (2.3)

R = CH_2OH, CH_2OAc, CH_2OTBS, CO_2H, CO_2Me

a. A : B 4:1 ~ 1:0（产率 69% ~ 96%）
b. A : B 1:22 ~ 3.5:1（产率 73% ~ 93%）

另外，[5+2]环加成反应所使用的催化体系，已从早期的 Wilkinson 催化剂 $[RhCl(PPh_3)_3]$ 和 $[RhCl(CO)_2]_2$ 扩展到其他很多结构类型的铑基前体催化剂上，如图 2-43 所示。这些催化体系包括 $[Rh(CH_2Cl_2)_2(dppe)]SbF_6$[78]、$[RhCl(dppb)]_2$[79]、$[Rh(NHC)(cod)]SbF_6$[80]、$[Rh(cod)Cl]_2$[81]、$[Rh(arene)(cod)]SbF_6$[75]、水溶性的 $[Rh(nbd)L]SbF_6$[82]、Rh(NHC)(cod)Br 和 $[Rh(dnCOT)(MeCN)_2]SbF_6$[83, 84]，其中 Rh(NHC)(cod)Br 和 $[Rh(dnCOT)(MeCN)_2]SbF_6$ 是最为有效的催化剂，在室温条件下于数分钟内就可以完成分子内或分子间环加成反应过程。

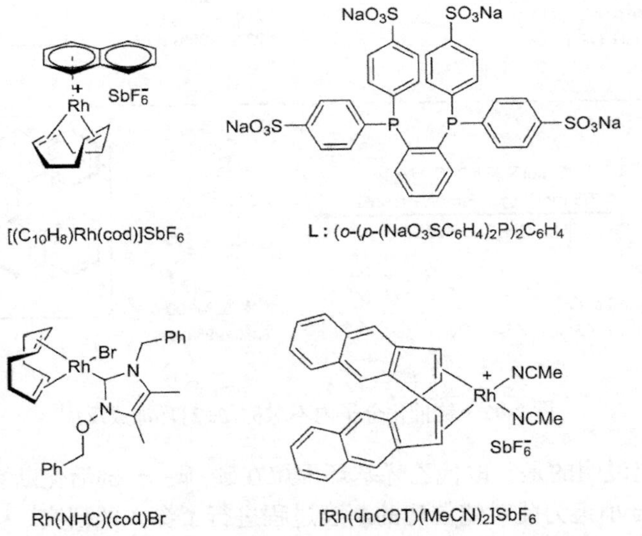

$[(C_{10}H_8)Rh(cod)]SbF_6$

L : $(o\text{-}(p\text{-}(NaO_3SC_6H_4)_2P)_2C_6H_4$

Rh(NHC)(cod)Br

$[Rh(dnCOT)(MeCN)_2]SbF_6$

图 2-43 [5+2]环加成反应中使用的铑催化剂与配体

在分子内环化反应的基础上，铑催化分子间乙烯基环丙烷和炔烃的[5+2]环加成反应过程也得到了实现。Wender 等[85-87]使用各种 1-烷氧基取代的乙烯基环丙烷 **218** 为反应底物，与炔烃 **219** 进行分子间[5+2]环化反应，制备了各种环庚烯酮产物 **223**[图 2-44(a)]。在该环化反应中，阳离子铑催化剂 $[\{(C_{10}H_8)Rh(cod)\}SbF_6]$ **224** 表现出优异的催化活性，催化剂用量只需 0.5 mol%，在室温条件下反应数分钟，目标产物的收率达到 91%以上[88]。就反应历程而言，Rh(I)首先与 **218** 中的近端碳–碳 σ 键发生氧化加成反应，生成的六元铑金属环状化合物 **220** 随后与炔烃发生区域选择性迁移插入反应，得到含铑环辛二烯金属络合物 **221**，在此基础上，通过还原消除反应过程形成烯基醚中间产物 **222**，最后在水解作用下即可高收率地获得环庚烯酮产物 **223**。在这种高活性阳离子铑催化剂 **224** 存在条件下，活性极低的烷基取代乙烯基环丙烷 **225** 也能顺利地与对称取代的炔烃 **226** 发生反应，48 h 后即可定量地获得环庚二烯衍生物 **227**[89][图 2-44(b)]。

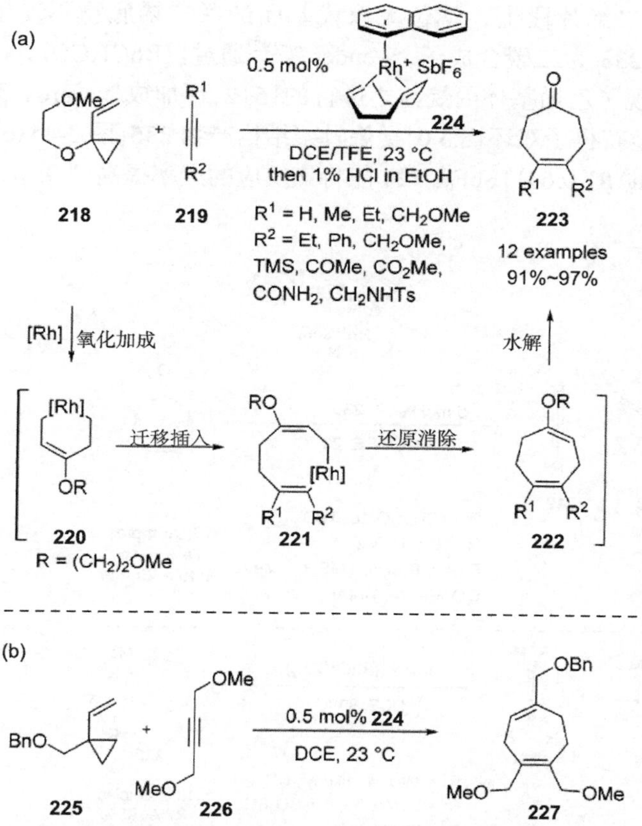

图 2-44 铑催化分子间炔烃与乙烯基环丙烷[5+2]环加成反应

最近研究结果[90]显示，阳离子铑催化剂[Rh(dnCOT)(MeCN)$_2$]SbF$_6$ **230** 在催化乙烯基环丙烷 **228** 与炔烃 **219** 的分子间[5+2]环加成反应表现出比[{(C$_{10}$H$_8$)Rh(cod)}SbF$_6$] **224** 更高的催化活性和效率，反应在室温条件下数分钟后就能高收率地获得加成产物 **229**。温和的反应条件使得该合成方法具有广泛的底物适用范围，表现出很强的官能团耐受性，而且，与以前报道的催化剂比较而言，该催化体系极大地增加了反应的区域选择性，产物 *dr* 值大于 20∶1[图 2-45(a)]。

除炔烃外，其他不饱和烃也能与乙烯基环丙烷进行环化反应构建七元环状结构。例如，2005 年，Wender 等[90]就以联二烯 **231** 作为二碳合成子，实现了铑催化乙烯基环丙烷 **228** 与之进行的分子间[5+2]环加成反应过程[图 2-45(b)]。含有炔基、烯基和氰基等官能团的联二烯 **231** 都能顺利地转化成最终加成产物 **232**，这些不饱和基团的存在并不影响反应的化学选择性，反应的产率在 22%~95%。需要指出的是，为了使反应有效进行，至少需要一个甲基官能团连接在联二烯片段上，端位无取代基团的联二烯底物不发生此环化反应[91]。以烯炔酮 **233** 为二碳合成子，Wender 等[92]通过[$\{RhCl(CO)_2\}_2$]和 $AgSbF_6$ 混合催化体系实现了乙烯基环丙烷与之进行的[5+2]环加成/Nazarov 环化串联反应过程，高产率地获得了双环[5.3.0]癸烷骨架结构产物 **235**[图 2-45(c)]。阳离子铑催化剂[$\{(C_{10}H_8)Rh(cod)\}SbF_6$] **224** 能将该反应的产率提高到 95%。

(a)
Rh⁺ SbF₆⁻
228 + 219 → 229
5 mol % 230
DCE/TFE, 23 °C
R = $(CH_2)_2OMe$, TBS
R^1, R^3 = H, Me
R^2 = *n*-Pr, Ph, TMS, COMe, CO_2Me, Ar, HetAr
13 examples
74%~98%
up to > 20:1 *dr*

(b)
218 + 231 → 232
1 mol% [$\{RhCl(CO)_2\}_2$]
DCE, 80 °C
R^1 = alkynyl, alkenyl, CN
R^2 = H, Me, Bu, CH_2CO_2Et
R^3 = Me, H
12 examples
22%~95%

(c)
218 + 233 → [234] → 235
5 mol% [$\{RhCl(CO)_2\}_2$]
10 mol% $AgSbF_6$
DCE/TFE, 40 °C
R = H, Me
R = H, Me
= alkene, Ar, HetAr
9 examples
56%~95%
up to > 20:1 *dr*

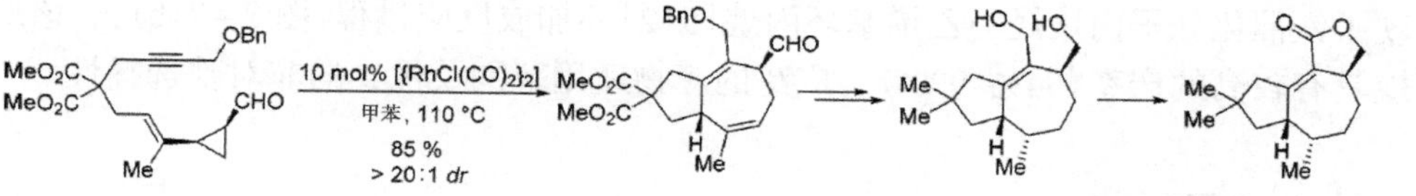

图 2-45　铑催化非对映选择性[5+2]环加成反应在天然产物合成中的应用

作为一种构建双环结构的重要方法，铑催化分子内炔烃与乙烯基环丙烷进行的[5+2]环加成反应已经应用于天然产物的合成之中。例如，Martin 等[93]通过铑催化环丙基醛底物 **236** 的分子内非对映选择性的[5+2]环加成反应过程，成功地构建了环戊烷稠合环庚二烯骨架结构，得到产物 **237**，产率 85%且反应的 *dr* 值大于 20∶1。以该反应作为关键步骤，该小组进一步实现了倍半萜天然产物 tremulenediol A (**238**) 和 tremulenolide A (**239**) 对映选择性的全合成。

b. 钌催化[5+2]环加成反应

2000 年，Trost 等[94]首次实现了$[CpRu(MeCN)_3]PF_6$催化的分子内乙烯基环丙烷[5+2]环加成反应。尽管反应仅局限于带有炔烃官能团的乙烯基环丙烷底物，但该钌催化反应过程在室温条件下就能高产率地获得七元环加成产物，温和的反应条件使得各种类型的官能团及炔与乙烯基环丙烷间连接基团具有耐受性[95-97]，此外，该反应还具有优异的区域和立体选择性。

与铑催化类似，对于 1,2-二取代的环丙烷底物，碳–碳 σ 键在活化断裂时存在区域和立体选择性。顺式取代环丙烷底物 **240**，空间位阻效应起决定性作用，位阻较小的碳–碳 σ 键优先断裂生成高区域选择性的环加成产物 **241**[图 2-46(a)]。反式取代环丙烷底物，断裂碳–碳 σ 键所需的能量也起到重要作用，在通常情况下空间位阻效应和能量效应相反的作用效果使得反应的区域选择性较差。例如，反式取代底物 **243**，在钌催化反应条件下通过[5+2]环加成反应可生成两种加成产物 **244** 和 **245**，其比例为 1.5∶1[图 2-46(b)]。在上述两个反应中，底物分子的立体化学特点完全被保留并转移到产物分子结构中。该反应方法学已经被用于合成更加复杂的三环结构体系，且能获得高的产率及非对映选择性[64, 98]。如前所述，与铑催化的反应途径不同，钌催化的[5+2]环加成反应是通过含钌环戊烯中间体 **203** 进行的[65](图 2-40 途径 B)。

c. 镍和铁催化[5+2]环加成反应

镍和铁催化剂也已被应用到分子内炔烃和乙烯基环丙烷的[5+2]环加成反应过程中，如图 2-47 所示。Louie 等[99]在研究镍催化炔丙基取代的乙烯基环丙烷 **246** 的重排反应过程中发现，镍催化剂可促进 **246** 发生分子内[5+2]环化反应生成 **248** 和 **249**[图 2-47(a)]。镍催化环加成反应过程极大程度地依赖于底物中的取代基团以及所使用的配体[66]。Fürstner 等[100]使用两种零价铁金属络合物 **253** 和 **254**，实现了铁催化分子内炔烃与乙烯基环丙烷[5+2]环加成反应过程[图 2-47(b)]，该反应具有较高的产率(54%~99%)、广泛的底物适用范围及优异的非对映选择性。

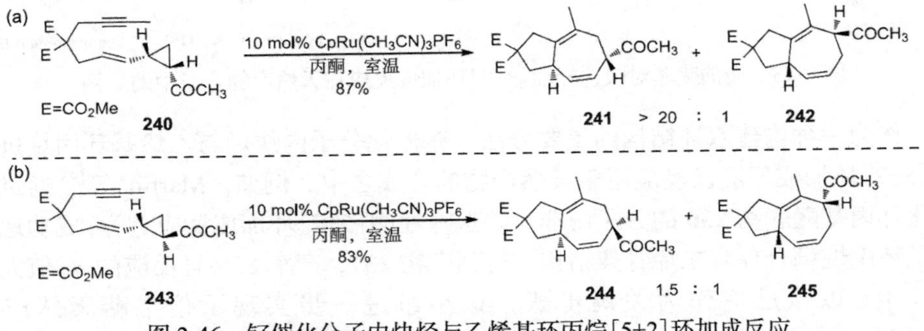

图 2-46 钌催化分子内炔烃与乙烯基环丙烷[5+2]环加成反应

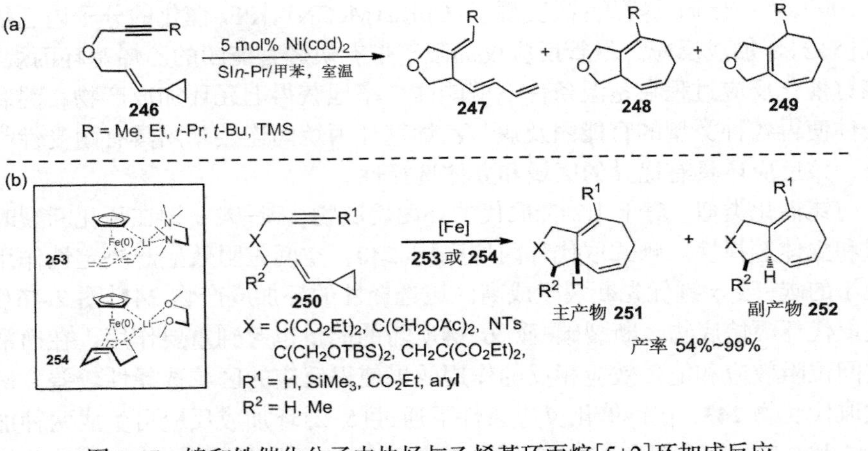

图 2-47 镍和铁催化分子内炔烃与乙烯基环丙烷[5+2]环加成反应

B. [5+1]环加成

a. 铁催化[5+1]环加成反应

乙烯基环丙烷作为五碳合成子用于过渡金属催化环加成反应最早可追溯至 1969 年，Sarel 等[101]报道了 $Fe(CO)_5$ 与乙烯基环丙烷 **255** 之间加热促进的 [5+1]环加成反应(图 2-48)。当在高温并延长反应时间条件下，$Fe(CO)_5$ **256** 与乙烯基环丙烷 **255** 除生成预期的二烯烃-π-金属络合物 **257** 外，还意外获得了环己烯酮和铁配位的络合物 **258**[式(2.4)]。环己烯酮–铁络合物 **258** 则是通过乙烯基环丙烷与 CO 发生[5+1]羰化反应后另一个环丙烷开环而衍生得到的。Sarel 等[102]系统地研究了在更加温和的光促条件下的化学转化过程，研究结果表明，在该条件下，各种取代的烯基环丙烷底物 **259** 都能顺利地发生[5+1]环加成反应生成环己烯酮主

产物 **261** 或 **262**［式(2.5)］。在上述研究工作基础上，Sarel 等提出了可能的反应历程：乙烯基环丙烷 **263** 与 $Fe(CO)_5$ 发生氧化环加成反应得到酰基金属化产物 **264**，解离 CO 后生成 **265**，经过还原消除反应可生成环己烯酮产物 **266** 或 **267**。中间体 **265** 通过键的重组可以转变成 π-烯丙基配位的酰基铁络合物 **268**，再通过脱羰反应过程生成 π-烯丙基烷基铁络合物 **269**(图 2-48)。

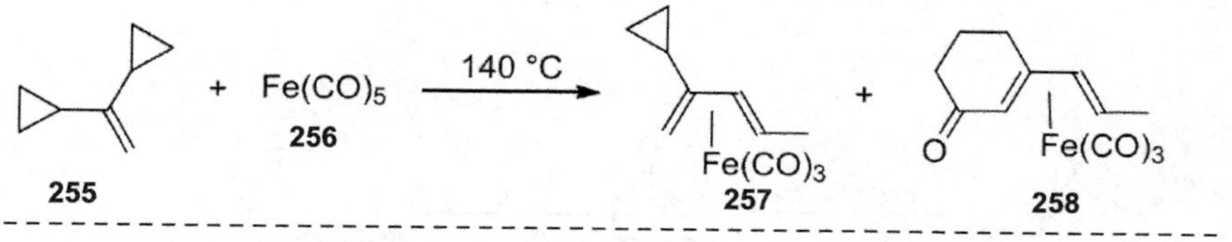

255 + $Fe(CO)_5$ (256) —140 °C→ 257 [$Fe(CO)_3$] + 258 [$Fe(CO)_3$]　(2.4)

259 (R = alkyl, aryl) + $Fe(CO)_5$ —$h\nu$, 室温→ 260 [$Fe(CO)_4$] + 261 和（或）262　产率 11%~60%　(2.5)

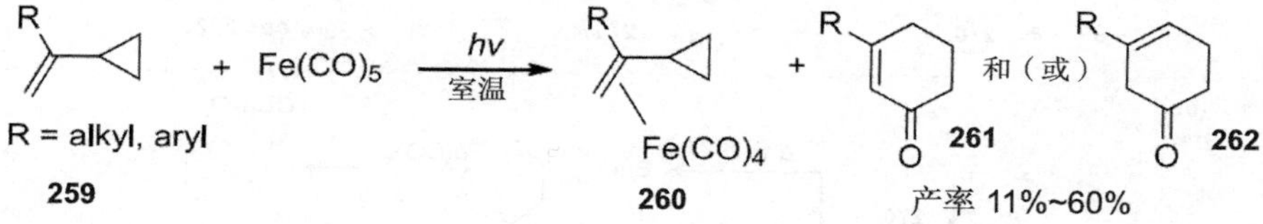

Taber 等[103, 104]通过铁催化光促［5+1］环加成反应过程，实现了不对称取代乙烯基环丙烷 **270** 的开环过程［图 2-49(a)］，并研究了开环反应的区域选择性。研究结果表明，空间位阻小的 *b* 键优先发生断裂，底物 **270** 中的立体中心不会发生破坏［图 2-49(b)］。因此，通过［5+1］环加成反应方法，可以从光学纯的烯基环丙烷 **270** 出发制备高光学纯的环己烯酮产物 **272**。

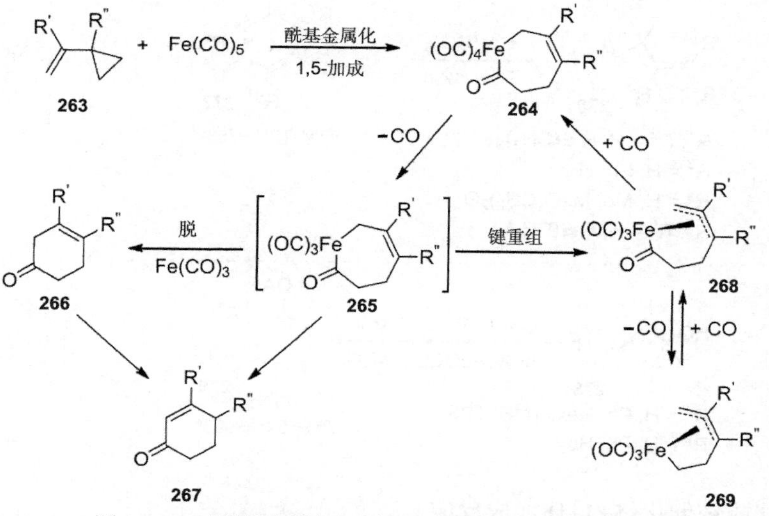

263 + $Fe(CO)_5$ —酰基金属化, 1,5-加成→ 264 [$(OC)_4Fe$]
264 —−CO→ 265 [$(OC)_3Fe$]
265 —脱 $Fe(CO)_3$→ 266
265 —键重组→ 268 [$(OC)_3Fe$]
268 —+CO→ 264
268 ⇌ 269 [$(OC)_3Fe$] (−CO / +CO)
266 → 267; 265 → 267
R′, R″

图 2-48　五羰基合铁与乙烯基环丙烷［5+1］环加成反应

b. 钴催化[5+1]环加成反应

De Meijere 等[105]使用 $Co_2(CO)_8$ 同样实现了乙烯基环丙烷底物 **276** 的[5+1]羰基化环加成反应过程[式(2.6)]。在化学当量 $Co_2(CO)_8$ 存在下，α-烯基环丙烷底物能够转变成非共轭结构的环己烯酮产物 **277**，产率在 12%~75%的范围内。相似结构的联二烯基环丙烷 **278** 也能在 $Co_2(CO)_8$ 存在下，发生[5+1]羰基化环化反应，Iwasawa 等[106, 107]通过该反应获得了中等以上收率的对苯二酚衍生产物 **279**[式(2.7)]。

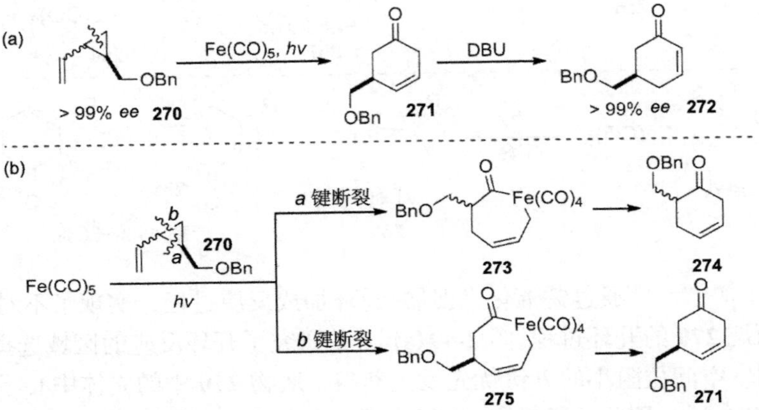

图 2-49 铁催化乙烯基环丙烷羰基化反应合成光学纯环己烯酮衍生物

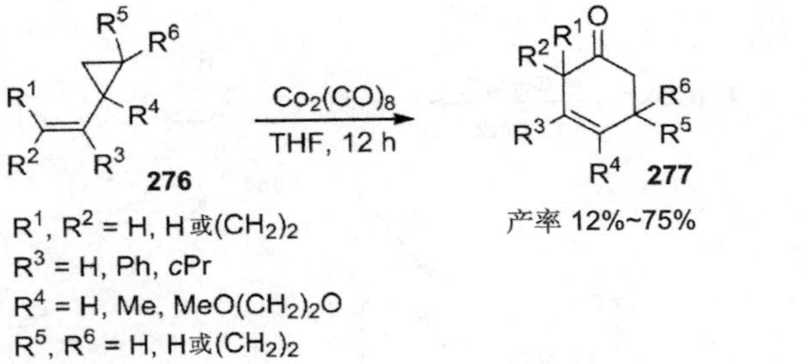

(2.6)

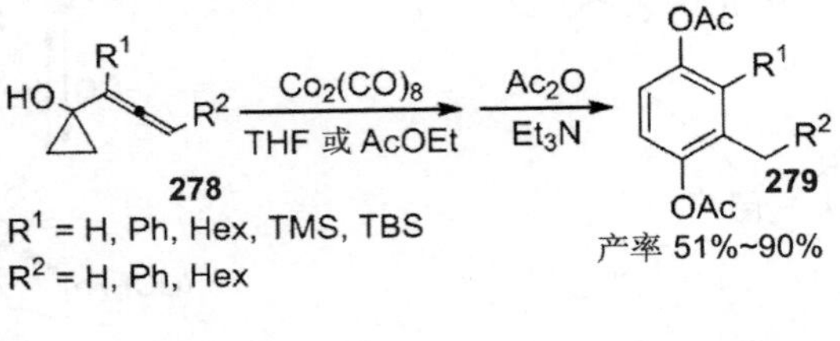

R^1, R^2 = H, H 或 $(CH_2)_2$
R^3 = H, Ph, cPr
R^4 = H, Me, $MeO(CH_2)_2O$
R^5, R^6 = H, H 或 $(CH_2)_2$
产率 12%~75%

(2.7)

R^1 = H, Ph, Hex, TMS, TBS
R^2 = H, Ph, Hex
产率 51%~90%

c. 铑或铱催化[5+1]环加成反应

2012 年，Yu 等[108]报道了首例铑(I)催化乙烯基环丙烷与一氧化碳[5+1]环加成反应(图 2-50)，反应在两种不同的条件下进行，分别选择性地获得了非共轭环己烯酮 **281**(条件 A)和共轭环己烯酮 **282**(条件 B)。4 Å 分子筛对反应的能否发生至关重要，含有各种官能团的不同结构类型的乙烯基环丙烷底物都能顺利地发生此环加成反应，获得较高的产率。

Tang 等[109, 110]发现在$[Rh(CO)_2Cl]_2$存在条件下，环丙基炔丙醇酯 **283** 能通过 1,3-乙酰氧基迁移重排原位地生成联二烯环丙烷中间体 **284**，后者在铑作用下发生环丙烷碳–碳 σ 键断裂反应形成含铑六元杂环化合物 **285**，经一氧化碳迁移插入后还原消除过程生成多官能化的环己烯酮产物 **286**[式(2.8)]。对单取代底物 **288** 来说，选择近端碳–碳 σ 断裂最终生成产物 **289**[式(2.9)]；对二取代底物 **283** 而言，空间位阻小的近端碳–碳 σ 键在绝大多数情况下优先断裂，环丙烷中的立体化学在反应过程中能保持不变并转移到产物 **286** 中。另外一种结构类型的炔丙醇羧酸酯底物 **290** 也能发生类似的转变过程，生成环己烯酮衍生物 **291**，产率在 52%~91% 之间[式(2.10)]。除钴[106, 107]和铑[109, 110]金属能催化联二烯环丙烷与 CO 发生环加成反应外，Murakami 等[31]发现在反式 $IrCl(CO)(PPh_3)_2$ 催化剂存在条件下，联二烯基环丙烷 **292** 与 CO 也能发生环化反应生成 α-亚基环己烯酮衍生物 **293**[式(2.11)]，但该反应要求联二烯端位上需要连接取代基团。

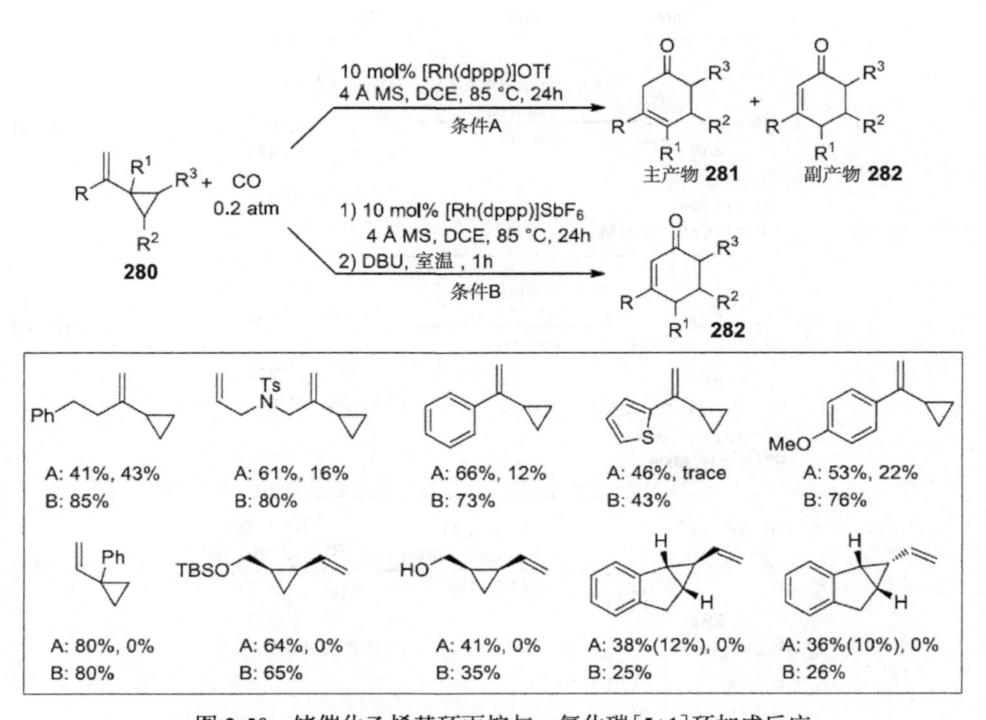

图 2-50　铑催化乙烯基环丙烷与一氧化碳[5+1]环加成反应

将[5+1]环加成反应过程与其他途径串联起来能迅速地增加分子结构的复杂性。Yu 等[59]发展了一类铑催化乙烯基环丙烷 **294** 与两分子 CO 间进行的[5+1]/[2+2+1]串联环加成反应过程[式(2.12)]，两个羰基碳原子及整个乙烯基环丙烷五碳合成子都参与三环结构 **300** 的构建，收率在 31%~91%之间。首先乙烯基环丙烷碳–碳键 Rh(I)发生氧化加成生成 π-烯丙基铑(III)金属络合物 **295**，然后炔烃对烯丙基碳–铑键进行插入生成含铑环己烯中间体 **296**，CO 迁移插入得到酰基铑七元杂环结构 **297**。分子内烯烃对酰基碳–铑键进行插入形成含铑环己烷结构 **298**，CO 迁移插入生成的七元环酰基铑 **299** 发生还原消除得到主产物 **300**。

OCOR¹ 283 [Rh] R² R
1,3-乙酰氧基迁移
R¹ [Rh] R² R 287
R¹OCO R² [Rh] R 284 ⇌ R¹OCO R² [Rh] R 285 —CO→ R¹OCO R² R O 286 (2.8)

288: R¹ = Piv, Ac; R² = H, Me; R³ = Ph, *i*-Pr, *t*-Bu, Me
5 mol% [Rh(CO)$_2$Cl], 1 atm CO, 甲苯, 60 °C → 289
产率 81%~95%
1∶1~10∶1 *E*/*Z* (2.9)

290: R¹ = Piv, Ac; R² = alkyl; R³ = H, alkyl, alkoxy; R⁴, R⁵= H, alkyl
5 mol% [Rh(CO)$_2$Cl]$_2$, CO (10 atm), 甲苯, 60 °C → 291
产率 52%~91% (2.10)

292 + CO (5 atm)
R¹(R²) = H, Me, Ph　R³ = H, Ph
R⁴ = H, EtO　R⁵(R⁶)= H, Ph
5 mol% *trans*-IrCl(CO)(PPh$_3$)$_2$, 二甲苯, 130 °C → 293
产率 28%~83% (2.11)

C. 高阶环加成反应

a. [5+1+2+1] 环加成反应

乙烯基环丙烷作为五碳合成子，除了能发生[5+2]和[5+1]环加成反应外，在多组分物种存在下，其能参与高阶环加成反应过程。Wender 等[111]以乙烯基环丙烷 **301**，端炔和两分子 CO 为底物，发展了一类铑催化四组分[5+1+2+1]环加成反应，以中等及高收率的方式得到了羟基茚酮衍生物 **310**[式(2.13)]。该四组分环加成反应按如下历程进行：乙烯基环丙烷与 Rh(I) 通过氧化加成反应生成含铑环己烯金属化合物 **303**，CO 与铑配位后迁移插入到烯丙基碳–铑键得到七元环酰基铑中间体 **304**，随后炔烃对酰基碳–铑键进行迁移插入九元环烯基铑物种 **305**，第二分子 CO 对 **305** 中的烷基碳–铑键进行迁移插入生成含铑十元环 **306**。**306** 发生还原消除反应得到环壬二烯二酮产物 **307**，经酮式和烯醇式间互变异构，化合物 **307** 可转变成 **308**。三烯中间体 **308** 经电环化过程生成中间体 **309**，进而芳构化驱动下的消除反应过程促使了茚酮衍生物的生成。

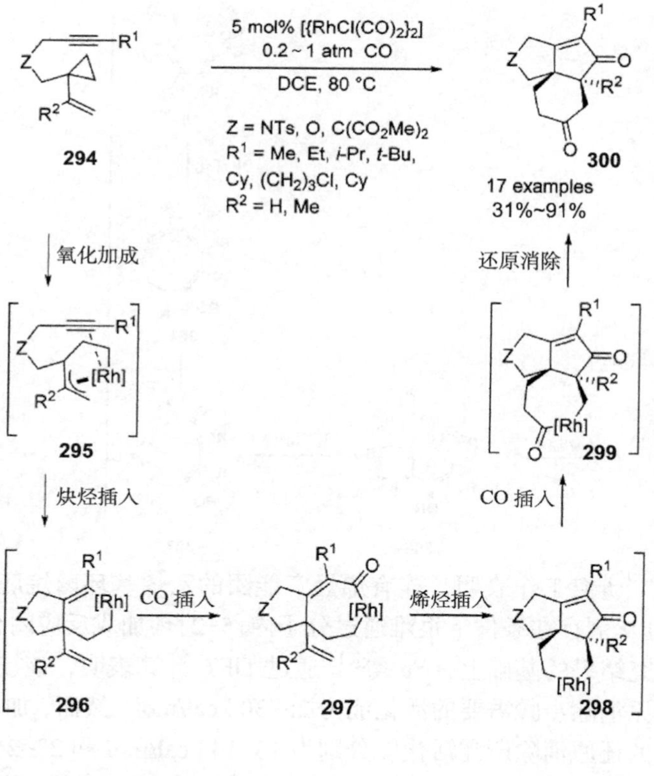

b. [5+2+1]环加成反应

铑催化乙烯基环丙烷作为五碳合成子参与的另一种高阶环化过程是[5+2+1]

环加成反应。2002 年，Wender 等[112]首次实现了铑催化乙烯基环丙烷 **218**、炔烃 **219** 和 CO 三组分间的[5+2+1]环加成反应[图 2-51(a)]。该反应并不是按照先形成八元铑金属杂环中间体后，被 CO 捕获生成环辛烯酮产物的方式进行，而是得到了八元环跨环闭合之后的双环[3.3.0]辛酮产物 **311**，收率在 48%~97%之间。对不对称取代的炔烃底物 **219** 参与的过程，反应保持了高度的区域选择性。三组分[5+2+1]环加成反应也可以应用到联二烯底物上[90]，在铑催化作用下，不带羰基官能团的联二烯 **312** 与乙烯基环丙烷 **218** 和 CO 能顺利地发生反应，生成环辛二酮产物 **313** 及 **313** 分子内羟醛缩合跨环闭合产物 **314**[图 2-51(b)]。

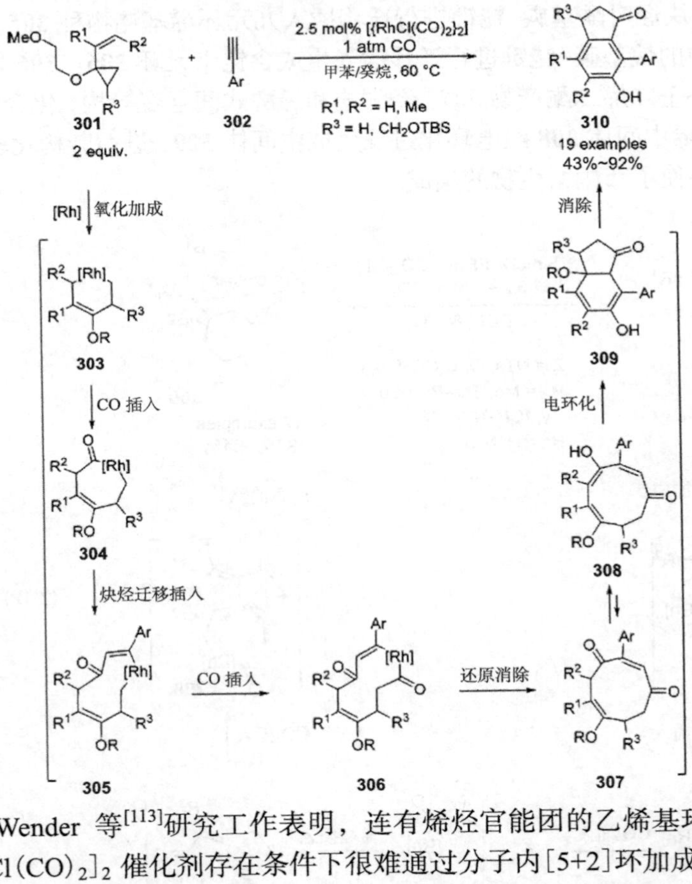

(2.13)

Wender 等[113]研究工作表明，连有烯烃官能团的乙烯基环丙烷底物 **315** 在 $[RhCl(CO)_2]_2$ 催化剂存在条件下很难通过分子内[5+2]环加成反应闭合成七元环产物。在上述研究结果的基础上，Yu 等[114]通过 DFT 计算表明，该[5+2]环加成反应过程中的还原消除步骤需要的活化能为 25~30 kcal/mol，然而，加入 CO 进行迁移插入及随后的还原消除所需活化能分别为 13~14 kcal/mol 和 23~24 kcal/mol。上述计算结果表明，[5+2+1]环加成反应的 C(sp^2)–Rh–C(sp^3)还原消除步骤比[5+2]环加成中的 C(sp^3)–Rh–C(sp^3)还原消除更易发生。实验结果也验证了上述结论，铑催化分子内 **315** 与 CO 的[5+2+1]环加成反应过程得到了实现[图 2-51(c)]。该反应产率较高，对各种取代基团、连接基团和乙烯基环丙烷底物类型具有很好的适应性，能够用于构建 5/8 及 6/8 双环结构 **316** 和 **317**。通过改变乙烯基环丙烷底物结构，Yu 等[115]进一步将这种合成策略用于构建 5-8-5 和 6-8-5 三环结构 **319** 和 **320**[式(2.58)]。上述[5+2+1]环加成反应的历程如图 2-51 所示，首先底物 **321** 与$[RhCl(CO)_2]_2$催化剂形成络合物 **322**，再氧化加成生成 π-烯丙基铑金属化合物 **323**。分子内烯烃对烯丙基碳–铑键迁移插入形成含铑环辛烯金属化合物 **324**，CO 迁移插入后得到酰基铑九元杂环化合物 **325**，最后还原消除过程构建得到了 5/8 双环结构 **326**。

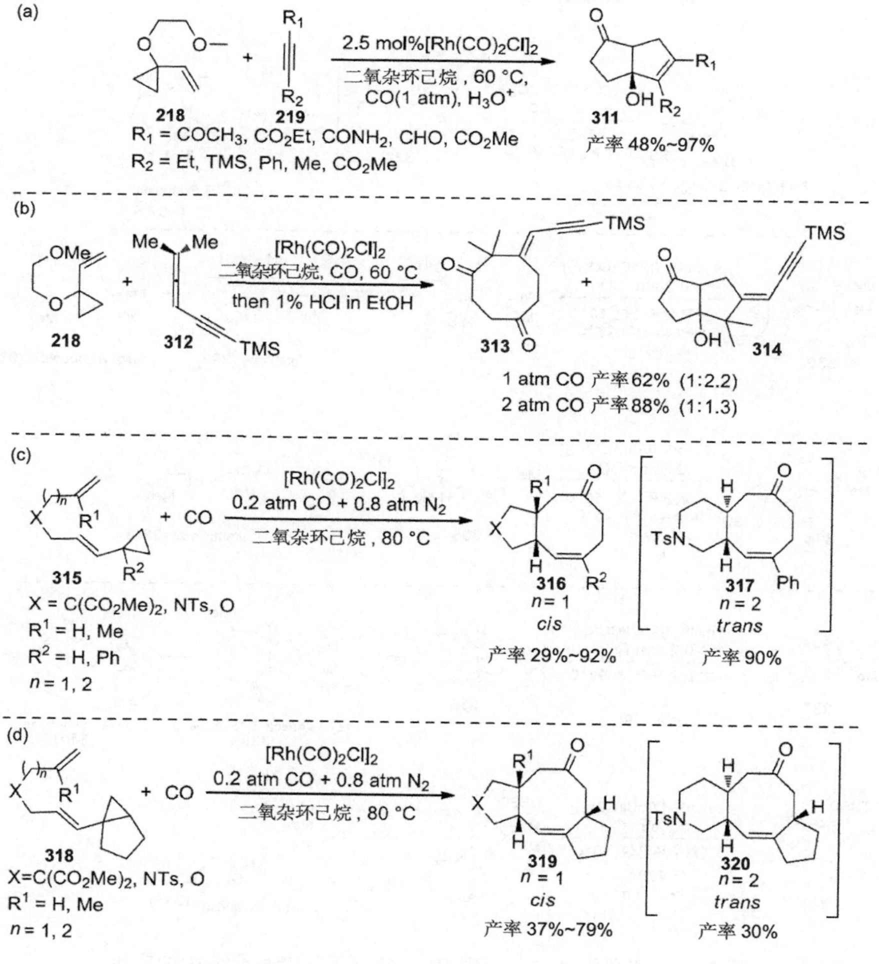

(a)
218 + 219 → 311
2.5 mol%$[Rh(CO)_2Cl]_2$
二氧杂环己烷，60 °C，CO(1 atm)，H_3O^+
R_1 = $COCH_3$, CO_2Et, $CONH_2$, CHO, CO_2Me
R_2 = Et, TMS, Ph, Me, CO_2Me
产率 48%~97%

(b)
218 + 312 → 313 + 314
$[Rh(CO)_2Cl]_2$
二氧杂环己烷，CO，60 °C
then 1% HCl in EtOH
1 atm CO 产率62% (1:2.2)
2 atm CO 产率88% (1:1.3)

(c)
315 + CO → 316 [317]
$[Rh(CO)_2Cl]_2$
0.2 atm CO + 0.8 atm N_2
二氧杂环己烷，80 °C
X = $C(CO_2Me)_2$, NTs, O
R^1 = H, Me
R^2 = H, Ph
n = 1, 2
316：n = 1，cis，产率 29%~92%
317：n = 2，trans，产率 90%

(d)
318 + CO → 319 [320]
$[Rh(CO)_2Cl]_2$
0.2 atm CO + 0.8 atm N_2
二氧杂环己烷，80 °C
X=$C(CO_2Me)_2$, NTs, O
R^1 = H, Me
n = 1, 2
319：n = 1，cis，产率 37%~79%
320：n = 2，trans，产率 30%

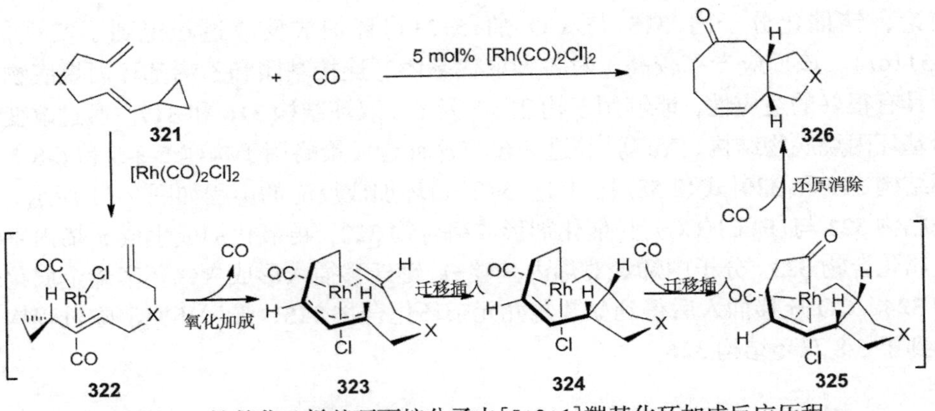

图 2-51　铑催化乙烯基环丙烷分子内[5+2+1]羰基化环加成反应历程

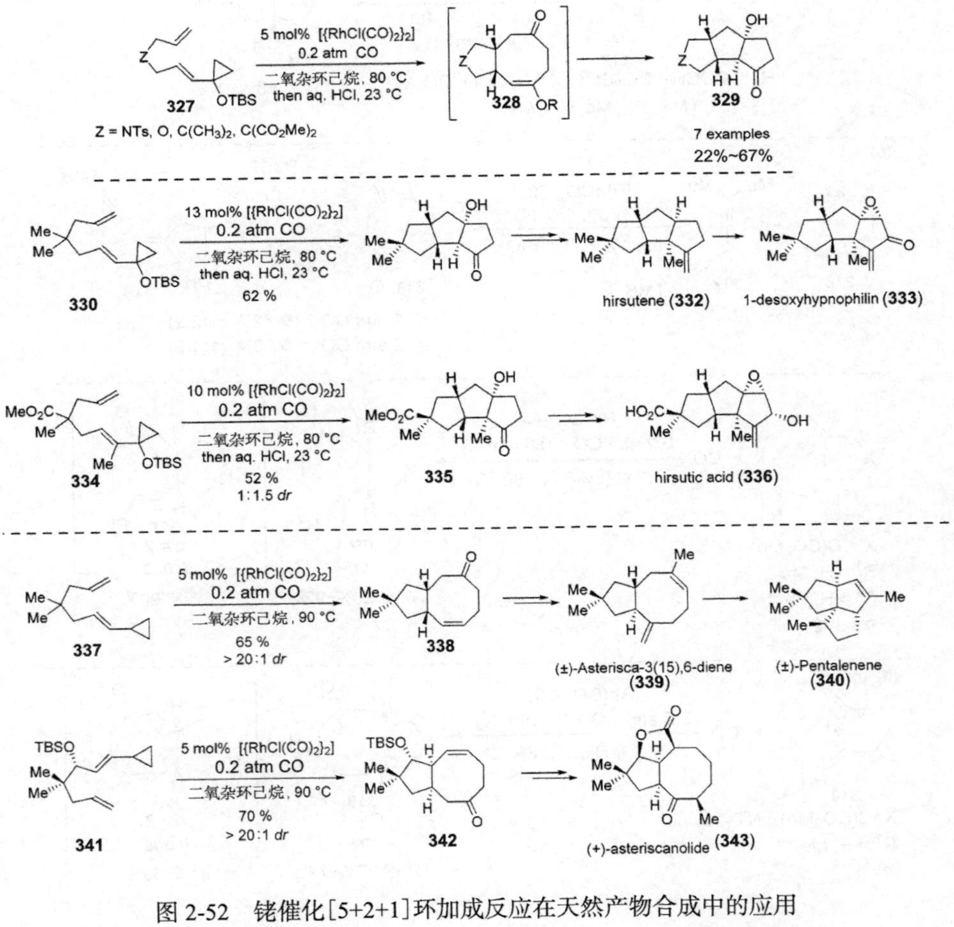

图 2-52　铑催化[5+2+1]环加成反应在天然产物合成中的应用

在上述[5+2+1]环加成反应工作基础上，Yu 等将发展起来的方法学应用到复杂分子的合成之中。如以乙烯基环丙烷 **327** 为底物，通过环加成异构化/羟醛缩合串联反应过程，可以构建线性 triquinane 核心骨架 **329**[116]（图 2-52），并且这种方法学能被广泛地应用于系列天然产物(±)-hirsutene（**332**）[116, 117]、(±)-1-desoxy-hypnophilin（**333**）[116]和(±)-hirsutic acid（**336**）[118]的立体选择性合成之中。而且，铑催化[5+2+1]环加成过程也成为合成其他天然产物(±)-asterisca-3(15),6-diene(**339**)[119]、(±)-pentalenene（**340**）[119] 和（+）-asteriscanolide（**343**）[120, 121]的关键步骤。

3. 其他反应

Louie 等[122]发现在氮杂环卡宾配体存在条件下，Ni(0)能有效促进乙烯基环丙烷 **344** 发生重排反应生成环戊烯产物 **347**[式(2.14)]。1,1-二取代、1,2-二取代及活化三取代乙烯基环丙烷底物能高产率地转变成相应环戊烯产物。DFT 计算结果显示[123]，Ni(0)对乙烯基环丙烷近端碳–碳 σ 键进行选择性活化断裂生成含镍四元环中间体 **345**，烯丙基碳–镍键迁移重排生成含镍环己烯金属化合物 **346**，经还原消除反应即生成环戊烯产物 **347**。

1 mol% [Ni(cod)$_2$]
2 mol% IPr
甲苯, 23~60 °C
344 → **347**
R^1 = H, alk, Ar, OAlk
R^2 = H, Cy, Ph
6 examples
92%~96%
氧化加成　　还原消除
345 —迁移重排→ **346**　(2.14)

1~10 mol% [Ni(cod)$_2$]
2~11 mol% PPh_3
或 2,2'- 联吡啶
ACN, 23 °C
347 → **348** → **349**
R^1 = Me, OEt, O*t*-Bu,
R^2 = alk
R^3 = H, COMe, CO_2Et
R^4, R^5 = H, Me
10 examples
76%~99%　(2.15)

Johnson 等[124]报道了镍催化 1,1-二酰基-2-烯基环丙烷底物 **347** 重排生成二氢呋喃衍生物 **349** 的化学反应过程[式(2.15)]。环丙烷碳–碳 σ 键对零价镍进行氧化加成反应生成 π-烯丙基镍阳离子络合物 **348**，经分子内烯醇负离子的亲核取代环化成二氢呋喃产物 **349**。

如前所述(图 2-20)，过渡金属与乙烯基环丙烷通过氧化加成反应可生成 π-烯丙基两性离子金属络合物，亲核试剂可进攻 π-烯丙基反应位点，而亲电试剂则可捕获碳负离子位点。与这种化学性质不同，Johnson 和 Krische 等[125]发现在铱金属催化剂 **352** 存在下，乙烯基环丙烷 **134** 碳–碳键断裂后会发生极性反转，生成具有亲核性的 π-烯丙基金属中间体。这种具有亲核性的中间体可以与伯醇 **350**［式(2.16)］和醛 **353**［式(2.17)］发生反应，生成烯丙醇产物 **351**。此类反应具有很高的产率，且反应具有优异的非对映及对映选择性。

CO_2Me CO_2Me **134** 1.5 equiv. + OH R **350**
5 mol% **352**；5 mol% K_3PO_4；5 equiv. H_2O；THF, 60 °C；R = Ar, alk, alkenyl
CO_2Me CO_2Me HO R **351** 5 examples 68%~85% 91%~98% *ee* up to 9:1 *dr* (2.16)

CO_2Me CO_2Me **134** 1.5 equiv. + O R H **353**
5 mol% **352**；5 mol% K_3PO_4；5 equiv. H_2O；2 equiv. *i*-PrOH；THF, 60 °C；R = Ar, alk, alkenyl
CO_2Me CO_2Me HO R **351** 5 examples 63%~89% 92%~97% *ee* up to > 20:1 *dr* (2.17)

2.2.5 含环丙烷结构的螺环及桥环底物

1. 螺环底物

以螺[2.2]戊烷衍生物 **354** 为底物，Murakami 等[5]通过铑催化的方式高度区域选择性地实现了串联开环反应，得到了环戊烯酮衍生物 **359**(图 2-53)。首先铑金属对空间位阻最小的 C^4–C^5 σ 键选择性地进行氧化加成反应，生成含铑环丁烷中间体 **355**，随后与铑金属配位的 CO 对碳–铑键进行迁移插入反应得到酰基铑金属络合物 **356**。张力驱动的 *β*-碳消除反应形成六元环酰基铑金属化合物 **357**，在 *β*-碳消除反应这一步中，C^2–C^3 共价键选择性地发生了断裂，该消除反应的区域选择性仍旧是通过空间位阻效应加以控制实现的。最后，环己酰基铑中间体 **357** 通过还原消除/异构化串联反应过程最终构建了环戊烯酮产物 **359**。

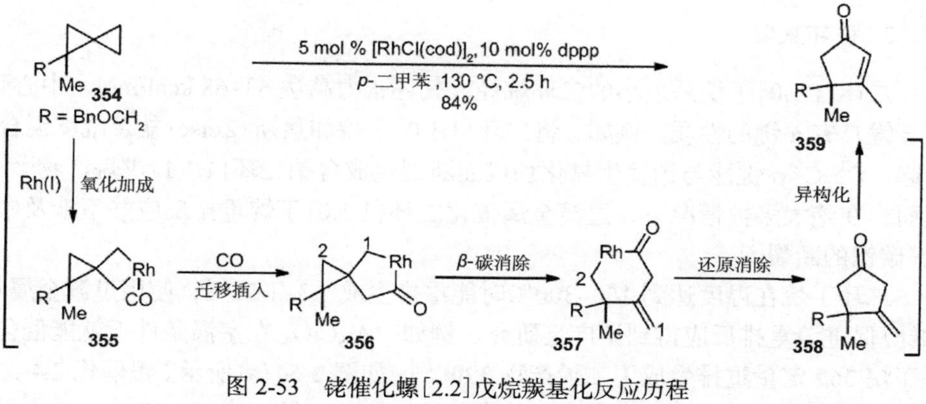

图 2-53　铑催化螺[2.2]戊烷羰基化反应历程

Shi 等[126]使用环丙基连接的 1,4-烯炔 **360** 为反应底物，通过铑催化 Pauson-Khand/螺戊烷羰基化串联反应，获得了 6-羟基-1-茚酮产物 **361**[式(2.18)]。1,4-烯炔 **360** 在铑催化剂存在条件下发生[2+2+1] Pauson-Khand 环加成反应原位生成螺环中间产物 **362**。按照类似 Murakami 所报道的螺戊烷底物参与的羰化反应历程[5](图 2-53)，**362** 经氧化加成、*β*-碳消除、CO 迁移插入、还原消除和互变异构化过程生成产物 **361**[式(2.19)]。

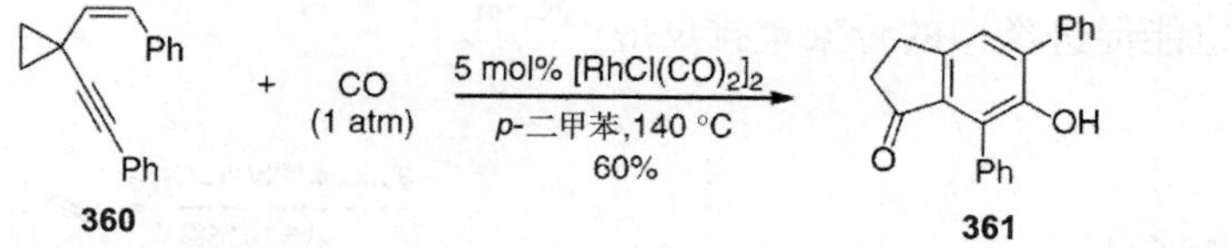

(2.18)

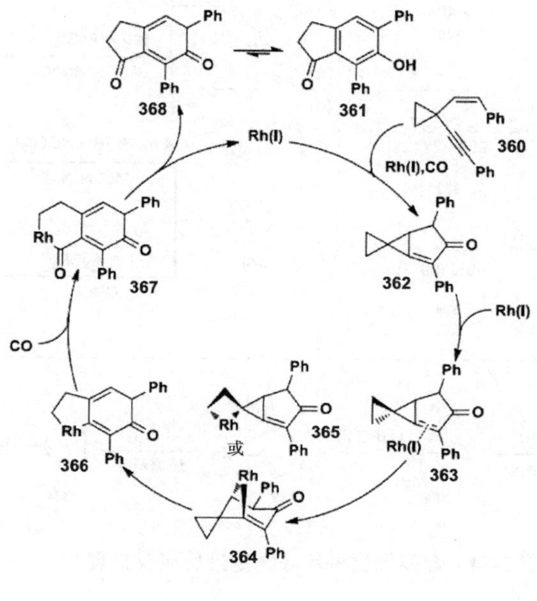

(2.19)

2. 桥环底物

二环[1.1.0]丁烷是最小的二环烷烃，其环张力高达 63~68 kcal/mol，中心碳–碳 σ 键具有 π 键的性质。例如，将二环[1.1.0]丁烷和蔡斯(Zeise)盐及吡啶混合在一起，C^1–C^3 σ 键能与铂发生氧化加成而断裂生成含铂二环[1.1.1]戊烷产物[127]。然而，在绝大多数情况下，过渡金属催化二环[1.1.0]丁烷重排反应并不涉及中心碳–碳键的断裂。

二环丁烷在温度达到 150~300℃时能重排生成 1,3-丁二烯，使用过渡金属(银和铑)促进该重排反应得到了广泛研究。例如，$AgClO_4$ 在室温条件下就能催化二环丁烷 **369** 定量重排生成丁二烯产物 **370**[128]，如图 2-54(a)所示。银催化 2,4-二甲基二环丁烷的重排反应具有高度立体专一性，*exo,exo*-异构体 **371** 和 *exo,endo*-异构体 **372** 分别转变成(*E,E*)-二烯烃 **373** 和(*E,Z*)-二烯烃 **374** 主产物[129, 130]，如图 2-54(b)所示。铑催化 1,2,2-三甲基二环丁烷 **375** 通过断裂 C^1–C^3 和 C^2–C^3 两根 σ 键，主要生成 3,4-二甲基-1,3-戊二烯产物 **376**[131, 132]，而氟硼酸银催化下则断裂 C^1–C^2 和 C^{21}–C^3 共价键得到 2-甲基-2,4-己二烯 **377** 作为主产物[133]，如图 2-54(c)所示。铑和银在催化中的明显差异在三环[4.1.0.0^{2,7}]庚烷底物 **378** 的重排反应中也能观察得到[134-136]，如图 2-54(d)所示。除铑和银催化剂外，其他过渡金属如钯、钌、锌和汞等也能促进类似的骨架重排反应[137-139]。

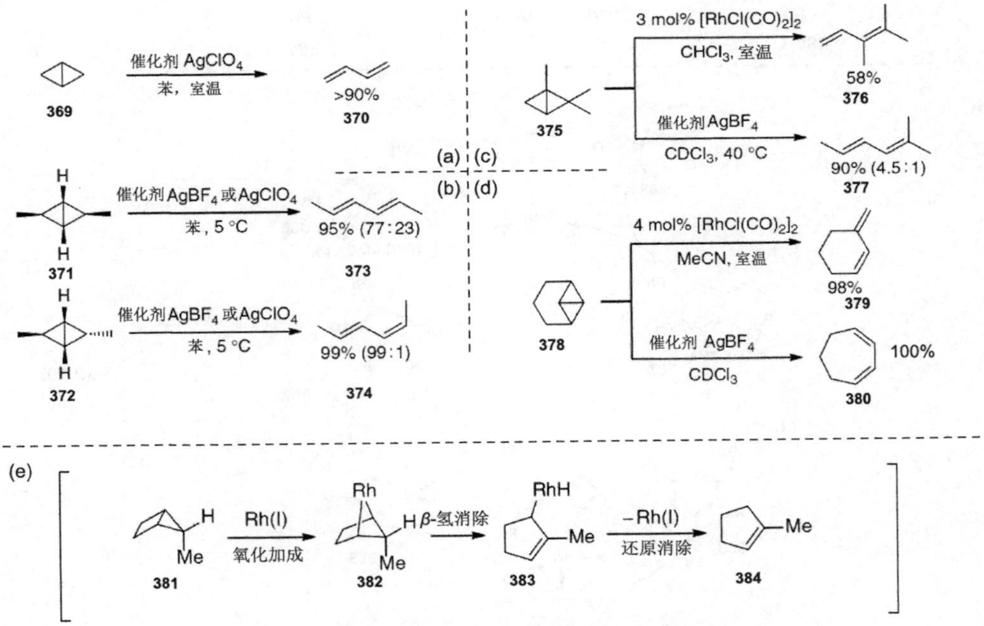

图 2-54　金属催化桥环底物重排反应及机理

铑催化 *endo*-5-甲基二环[2.1.0]戊烷 **381** 的重排过程[140]如图 2-54(e)所示，Rh(I) 与中心碳–碳键发生氧化加成反应生成含铑 5-甲基二环[2.1.1]己烷金属化合物 **382**，*β*-氢消除后生成环烷基铑金属物种 **383**，经还原消除反应后即可得到重排产物 **384**。

除发生上述重排反应外，在过渡金属存在下，环丙烷稠合的双环体系还可以参与各种类型的加成反应。例如，在 Ni(0)催化剂存在条件下，二环[2.1.0]戊烷 **385** 很容易与烯烃 **386** 发生环加成反应[141-143]，在该反应中贫电子烯烃能有效进行环加成反应得到二环[2.2.1]庚烷骨架结构主产物 **390**(图 2-55)。Ni(0)首先与双环中心的碳–碳 σ 键发生氧化加成反应，生成的含镍双环金属化合物 **387** 与烯烃发生迁移插入反应得到 **388**，通过还原消除反应过程生成主产物 **390**。含镍双环物种 **388** 还可通过 *β*-氢消除反应过程生成烷基氢化镍中间体 **389**，通过碳–氢键形成的消除反应过程给出副产物 **391**。需要指出的是，将底物范围扩展至二环[3.1.0]己烷和二环[4.1.0]庚烷时，反应无法进行获得相应的加成产物。

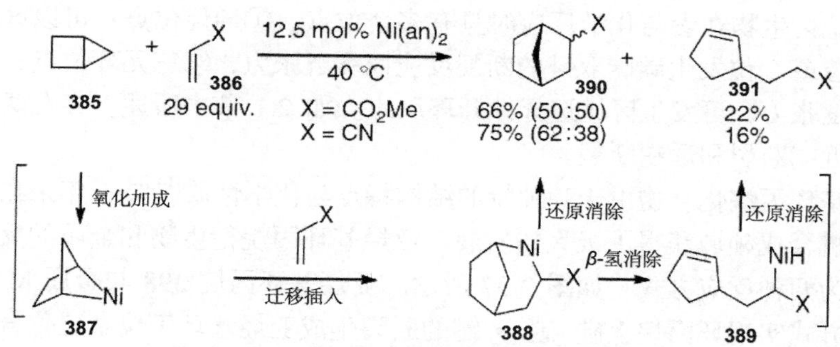

图 2-55　镍催化桥环底物与烯烃的环加成反应及历程

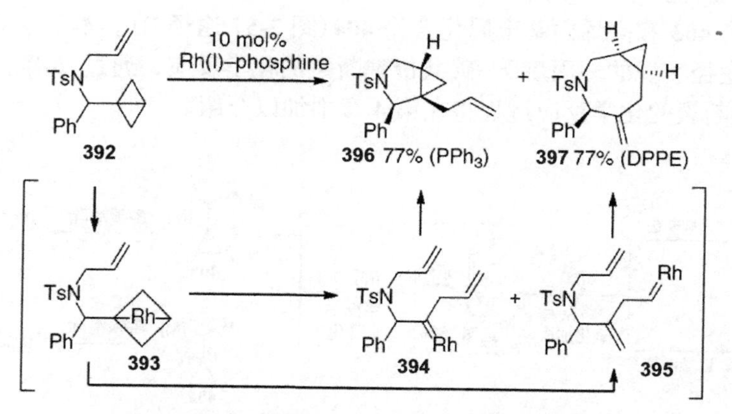

图 2-56　铑催化桥环底物与烯烃分子内环加成反应

通过分子内环化反应的方式，环丙烷稠合的双环–烯烃结构在过渡金属存在下可以构建新的二环结构。例如，铑金属络合物[RhCl(CH_2=CH_2)$_2$]$_2$与PPh_3组成的催化体系能将双环–烯烃底物 **392** 转变成环丙烷稠合的四氢吡咯衍生物 **396**，产率到达 77%。当将催化体系换成[RhCl(CO)$_2$]$_2$-DPPE 时，反应的主产物为环丙烷稠合七元氮杂环衍生物 **397**[144]，反应的化学选择性取决于生成的烯丙基卡宾铑金属物种。二环丁烷中心键与 Rh(I)首先发生氧化加成得到 **393** 中间体，在不同配体作用影响下，**393** 发生开环反应转变成两种烯丙基卡宾铑金属化合物 **394** 和 **395**，分子内卡宾对烯烃的插入反应分别获得两种产物 **396** 和 **397**(图 2-56)。

2.3 过渡金属催化亚烃基环丙烷底物参与的化学反应

亚烃基环丙烷是指碳碳双键和三元环直接相连的一类化合物。由于双键中碳原子为 sp^2 杂化，其键角理论上要求为 120°，而实际上三元环的存在却要求键角扭曲成 60°夹角，这样的结构特点使得该类化合物具有高度的环张力和内能，亚烃基环丙烷衍生物在参与化学反应时具有多个位点。①烯烃位点：可以区域选择性地在 1 位或 2 位发生碳碳双键的断裂反应而缓解张力；②三元环位点：由于三元环的高度张力，可发生区域选择性开环反应。如 2.1 节中所述，存在两种断裂方式，即近端断裂和远端断裂。

亚烃基环丙烷化合物由于其独特的结构特点与化学性质[145]，近年来在过渡金属催化有机合成领域获得了极大的发展。亚烃基环丙烷衍生物和金属的反应过程可以归纳为两种反应方式，如图 2-57 所示。亚烃基环丙烷 **398** 与金属 M 通过氧化加成的方式实现环丙烷上碳–碳 σ 键的断裂生成亚烃基环丁烷金属化合物 **399** 和 **400**(图 2-57 途径 A)；亚烃基环丙烷 **398** 中的碳–碳不饱和键与金属物种 M–Y 发生金属化反应，生成中间体 **401** 和 **402**，再通过 *β*-碳消除反应分别形成烯丙基金属化合物 **403** 和高烯丙基金属化合物 **404**(图 2-57 途径 B)。本章主要介绍通过氧化加成途径实现的环丙烷碳–碳共价键断裂的化学反应，通过 *β*-碳消除实现的碳–碳单键断裂的化学反应过程将在第 4 章中加以介绍。

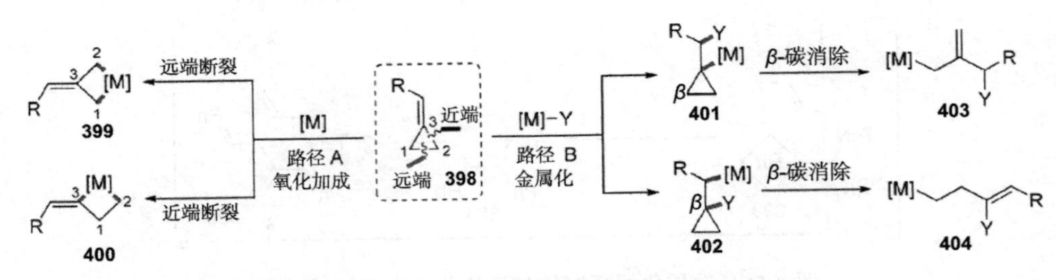

图 2-57 金属催化亚烃基环丙烷化合物反应途径

2.3.1　环加成反应

过渡金属催化亚烃基环丙烷与其他不饱和化合物发生区域选择性环加成反应，主要通过三种反应途径加以实现，在此以[3+2]环化反应为例加以说明(图 2-58)。过渡金属与亚烃基环丙烷 **405** 远端的碳–碳 σ 键发生氧化加成反应，生成的金属环丁烷物种 **406** 随后与不饱和基团发生迁移插入反应得到六元金属杂环 **407**，在还原消除反应后完成环化过程[图 2-58(a)]。亚烃基环丙烷 **405** 近端的碳–碳 σ 键通过与过渡金属发生氧化加成反应，或者亚烃基环丙烷 **405** 中的双键、不饱和基团 X=Y 和过渡金属通过氧化偶联反应，分别生成金属环丁烷物种 **409** 或五元金属杂环化合物 **410**。金属环丁烷物种 **409** 随后与不饱和基团发生迁移插入反应得到六元金属杂环 **411**；而五元金属杂环化合物 **410** 通过重排反应可以形成六元环 **411**。最后，还原消除反应形成 C–X 键得到环加成产物 **412**[图 2-58(b)]。此外，亚烃基环丙烷 **405** 与过渡金属发生反应生成金属–三亚甲基甲烷中间体 **413** 后，与不饱和键形成环化产物 **414**[图 2-58(c)]。环加成反应的具体途径受许多因素的影响，包括所使用金属的种类、配体的类型及用量、亚烃基环丙烷取代基团的性质与所在位置和亚烃基的电性，因此，一般很难预测亚烃基环丙烷参与环加成反应的确切途径。

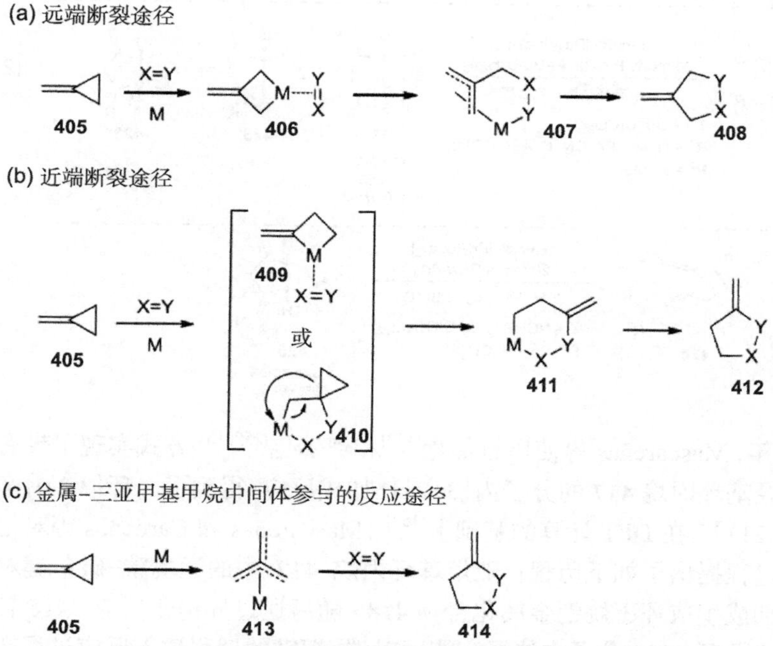

(a) 远端断裂途径

(b) 近端断裂途径

(c) 金属–三亚甲基甲烷中间体参与的反应途径

图 2-58　金属催化亚烃基环丙烷化合物环加成反应途径

1. [3+2]环加成反应

1970 年，Noyori 等[146, 147]使用镍催化剂报道了首例亚烃基环丙烷与烯烃分子间的[3+2]环加成反应[式(2.20)]，这种环加成反应已经发展成为一种构建环戊烷骨架结构的强有力的合成方法[148]。

405 + 415 (COOR) → 416 (COOR)
$Ni(cod)_2$
20~40 °C
产率 >90%
(2.20)

417 → 421
6 mol% $[Pd_2(dba)_3]$
20 mol% $P(Oi\text{-}Pr)_3$
二氧杂环己烷，110 °C
Z = O, $C(CO_2Et)_2$
R = H, CH_3, CO_2Bn, CH_2OR
6 examples
65%~96%
(2.21)

氧化加成 / 还原消除
418 —异构化→ 419 —迁移插入→ 420

422 → 423 + 423' + 423''
6 mol% $[Pd_2(dba)_3]$
20 mol% $P(O\text{-}(2,4\text{-}t\text{-}Bu\text{-}C_6H_3))_3$
二氧杂环己烷，110 °C
Z = NBn, $C(CO_2Et)_2$
R^1 = H, Me, Ph, CN, CO_2Et, COMe
R^2 = H, Me
8 examples
57%~96%
up to 5:1:0 *dr*
(2.22)

424 → 425
6 mol% $[Pd_2(dba)_3]$
20 mol% $P(Oi\text{-}Pr)_3$
二氧杂环己烷，110 °C
Z = $NCHPh_2$, O, $C(CO_2Et)_2$
R^1, R^2 = H, CH_3
5 examples
70%~90%
(2.23)

2004 年，Mascareñas 等使用钌催化[149]和钯催化[150, 151]方式实现了带有炔烃官能团的亚烃基环丙烷 **417** 的分子内[3+2]环加成反应，得到了二环[3.3.0]辛烯产物 **421** [式(2.21)]。在 DFT 计算的基础上[152]，Mascareñas 和 Cárdenas 等对钯催化的环化反应过程提出了如下历程：亚烃基环丙烷 **417** 中的远端碳–碳单键对 Pd(0) 进行氧化加成生成环丁烷钯金属化合物 **418**。随后通过异构化反应，**418** 转变成新的含钯四元杂环 **419**，分子内炔烃官能团对碳–钯键的迁移插入反应过程产生钯环

化合物 **420**，最后，通过还原消除反应生成二环[3.3.0]辛烯产物 **421**。在此工作基础上，Mascareñas 等将底物范围扩展至分子内烯烃[153, 154][式(2.22)]和联二烯[155][式(2.23)]对亚烃基环丙烷的[3+2]环加成反应，高非对映选择性地得到了两五元环稠合成的二环化合物 **423** 和 **425**。需要指出的是，(*Z*)-**422** 和(*E*)-**422** 底物都生成顺式产物 **423**。

以连有亚烃基环丙烷结构片段的芳基炔烃 **426** 为底物，Zhang 等[156]成功实现了镍催化分子内[3+2]环加成反应，获得了环戊烯稠合茚衍生物 **429**[式(2.24)]。通过炔烃官能团配位导向作用，Ni(0)对亚烃基环丙烷中的近端碳–碳 σ 键进行选择性的活化断裂，生成炔烃配位的镍环丁烷金属化合物 **427**。分子内炔烃对 C(sp^2)–Ni 键进行迁移插入反应生成镍环己烯金属络合物 **428**，最后，通过还原消除反应产生环戊烯稠合茚衍生物 **429**。尽管通过还原消除反应形成碳–碳键在能量上是不利的[157]，但对于该反应，大共轭体系结构的形成促进了还原消除反应的顺利进行。对于芳香环上连有各种取代基团或在亚烃基环丙烷结构片段带有取代基 R 的底物，该环加成反应都能顺利地生成相应的产物，产率在 32%~84%之间。但对于烷基取代的炔烃底物，反应无法发生。

5 mol% [Ni(cod)$_2$]
20 mol% PPh$_3$ 或 cod
二甲苯/DMSO, 120 °C
X = C, N
R = H, Me, Ar
426
429
15 examples
32%~84%
氧化加成
还原消除
迁移插入
427
428
[Ni]
Ar
R
X

(2.24)

2. [3+2+2]环加成反应

在钯催化[3+2]环加成反应的基础上，Mascareñas 等进一步发展了钯[158]或铑[159]催化的高阶环加成反应过程。通过连接基团，将亚烃基环丙烷片段、炔烃和烯烃串联到反应底物分子中，在钯催化作用下实现了 **430** 分子内[(3+2)+2]环加成反应，化学和非对映选择性地获得了三环稠合产物 **433**，反应产率在 16%~84%

之间[图 2-59(a)]。类似地，通过炔烃配位导向的区域选择性氧化加成/炔烃迁移插入串联过程得到中间体 **431**。当烯烃单元上的 R 为吸电子取代基时，中间体 **431** 通过还原消除生成[3+2]环加成产物得到抑制，而竞争性的烯烃迁移插入反应顺利发生并生成钯环中间体 **432**，最后还原消除形成[(3+2)+2]环加成产物 **433**。与钯催化反应不同，Mascareñas 等[159]发现铑催化的反应过程具有[(3+2)+2]环加成专一化学选择性，即使 R 不为吸电子取代基团[图 2-59(b)]。DFT 计算结果表明，在铑催化体系中，中间产物 **435** 直接发生还原消除生成[3+2]环化产物需要很高的活化能；而在钯催化体系中，还原消除和烯烃迁移插入在活化能上差别不大，彼此构成竞争。

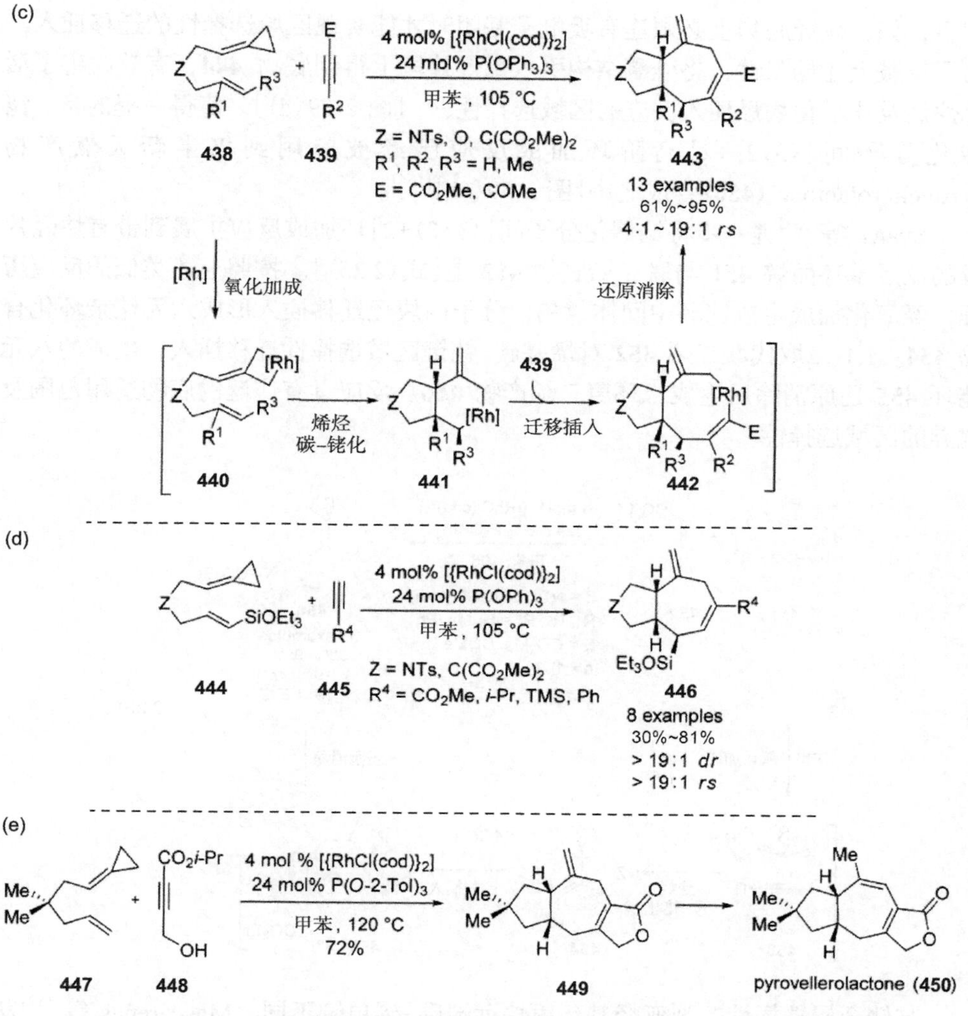

图 2-59　铑催化亚烃基环丙烷与炔分子间[(3+2)+2]环加成及在合成中的应用

在 Mascareñas 工作基础上，Evans 等[160]将铑催化的分子内[(3+2)+2]环加成反应扩展至分子间进行的形式[图 2-59(c)]，亚烃基环丙烷 **438** 与活化炔烃 **439** 分子间区域和化学选择性的铑催化[(3+2)+2]环加成反应有效地构建了二环庚二烯产物 **443**。配位导向的氧化加成、分子内烯烃碳–铑化、分子间炔烃迁移插入和还原消除反应构成了整个催化循环过程，铑环中间体的分离和结构鉴定从一个侧面验证了该反应历程[161]。就底物适用范围而言，亚烃基环丙烷 **438** 中的烯烃可以是单取代或双取代，(*E*)-**438** 反应效果更佳，生成 *cis*-**443** 产物的区域选择性 *rs* 值大于 19∶1。然而，亚烃基环丙烷和炔烃上的取代基团对反应的区域选择性影响明显，如，炔烃底物上必须连有吸电子基团时才能实现区域选择性的迁移插入。为了克服上述局限性，将硅醚结构引入烯烃片段上得到底物 **444**，有效改善了活化炔烃及非活化炔烃插入反应的区域选择性[162]［图 2-59(d)］。值得一提的是，铑催化分子间［(3+2)+2］高阶环加成反应已经被应用到倍半萜天然产物 pyrovellerolactone (**450**) 合成之中［图 2-59(e)］[164]。

Evans 等[164]进一步将铑催化分子间［(3+2)+2］环加成反应扩展到带有炔烃片段的亚烃基环丙烷 **451** 与联二烯底物 **452** 上［式(2.25)］。按照上述类似的反应历程，经氧化加成生成铑环中间体 **453**，分子内炔烃迁移插入形成六元铑杂环化合物 **454**。1,1-二取代联二烯 **452** 对烯基碳–铑键区域选择性迁移插入，生成的八元铑环 **455** 还原消除后生成二环庚三烯产物 **456**。反应具有广泛的底物适用范围及优异的区域选择性。

4 mol% [{RhCl(cod)}$_2$]
24 mol% P(OPh)$_3$
甲苯, 105 °C
Z = NTs, O, C(CO$_2$Me)$_2$
R^1, R^2, R^3 = H, Me, Ph
E = CO$_2$Me, COMe
n = 1, 2
451 **452** **456**
33 examples
62%~99%
> 19:1 *rs*
> 19:1 *E*:*Z*
[Rh] 氧化加成
还原消除
炔烃 碳–铑化
迁移插入
453 **454** **455**

(2.25)

与铑金属选择性断裂亚烃基环丙烷远端碳–碳单键不同，Mascareñas 等[157]发现镍催化含有炔烃结构的亚烃基环丙烷底物 **457** 与烯烃 **458** 之间发生的［(3+2)+2］环加成反应是通过活化断裂近端碳–碳单键而引发的，构建得到了六元环和七元环稠合而成的双环结构产物 **462**［式(2.26)］。炔烃对镍的配位导向作用被认为是导致近端碳–碳单键活化断裂的主要原因，DFT 计算与相关实验数据也表明催化循环由生成 1-亚烃基环丁烷镍金属络合物 **459** 而开始，随后分子内炔烃对烯基碳–镍键迁移插入生成六元镍环中间体 **460**，再经分子间烯烃迁移插入后形成八元镍环化合物 **461**，还原消除后即得最终产物 **462**。为了确保反应发生，底物范围仅局限于吸电子官能化的烯烃，非活化烯烃不能发生此类环加成反应。为了解决非活化烯烃反应性差的问题，Mascareñas 等[165]报道了镍催化分子内［(3+2)+2］环加成反应过程［式(2.27)］。按照类似的反应历程，亚烃基环丙烷底物 **463** 经氧化加成、炔烃迁移插入、烯烃迁移插入和还原消除反应过程转变成了三环产物**467**。反应具有专一的非对映选择性，烯烃的反式结构在产物中也得到了完全保留。除烯烃羧酸酯外，炔烃也能参与此分子内环化反应[式(2.28)]，非活化联二烯不能发生此反应。在氮杂环卡宾配体存在条件下，内炔及端炔在室温条件下就能参与此环加成反应。

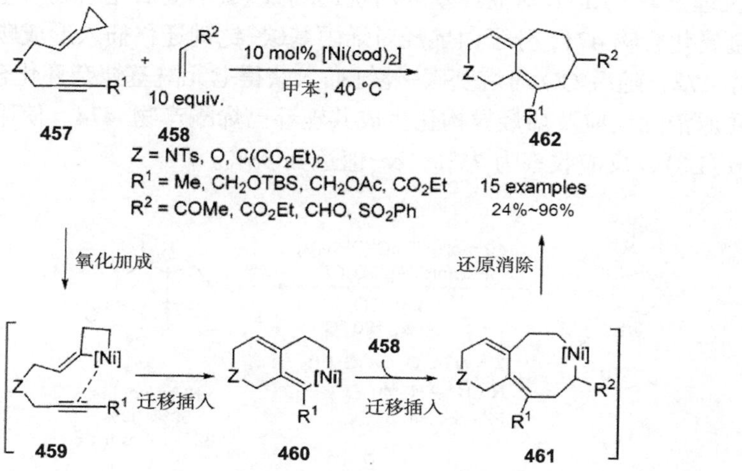

457 + 458 (10 equiv.) —— 10 mol% [Ni(cod)$_2$]，甲苯，40 °C → 462 (15 examples，24%~96%)

Z = NTs, O, C(CO$_2$Et)$_2$

R^1 = Me, CH$_2$OTBS, CH$_2$OAc, CO$_2$Et

R^2 = COMe, CO$_2$Et, CHO, SO$_2$Ph

氧化加成 → 459 —迁移插入→ 460 —458，迁移插入→ 461 —还原消除→ 462　(2.26)

463 —— 10 mol% [Ni(cod)$_2$]，甲苯，40 °C → 467 (8 examples，53%~85%)

Z = NTs, O, C(CO$_2$Et)$_2$, CH$_2$

Y = O, C(CO$_2$Et)$_2$

氧化加成 → 464 —迁移插入→ 465 —迁移插入→ 466 —还原消除→ 467　(2.27)

468 —— 10 mol% [Ni(cod)$_2$]，20 mol% IPr 或 PPh$_3$，甲苯，23 °C → 469 (3 examples，60%~74%)　(2.28)

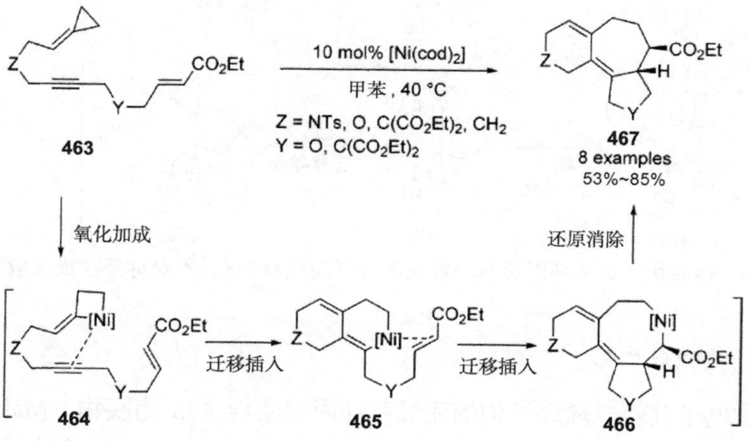

Z = NTs, C(CO$_2$Et)$_2$

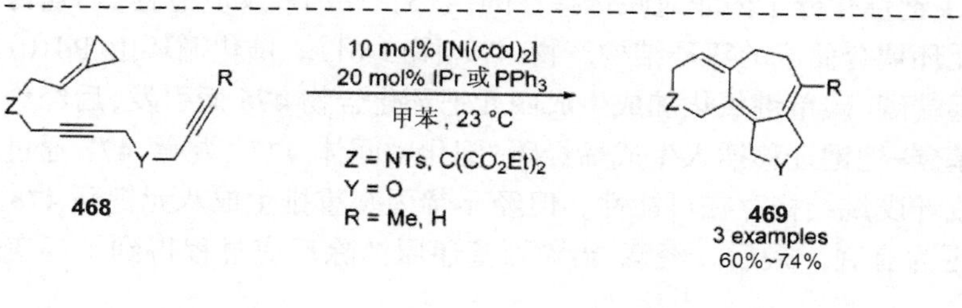

Y = O

R = Me, H

3. [(3+2)+1]环加成反应

Evans 等[166]在铑催化分子间[(3+2)+2]环加成反应的基础上，进一步研究了使用 CO 作为一碳合成子参与的[(3+2)+1]环化反应过程，以带有烯烃官能团的亚烃基环丙烷 **470** 为底物，实现了铑催化顺式二环环己烯酮 **474** 的不对称合成(图 2-60)。从机理上看，Rh(I)对亚烃基环丙烷远端碳–碳单键活化断裂后生成亚烃基环丁烷铑金属化合物 **471**，分子内烯烃对烯丙基碳–铑键迁移插入形成顺式二环铑杂环中间体 **472**，随后 CO 对烷基碳–铑键插入获得七元酰基铑杂环化合物 **473**，最后通过还原消除反应及烯烃异构化生成共轭环己烯酮产物 **474**。使用手性氮膦配体 Foxap (**L8**)，反应收率为 75%，*ee* 值达到 88%。

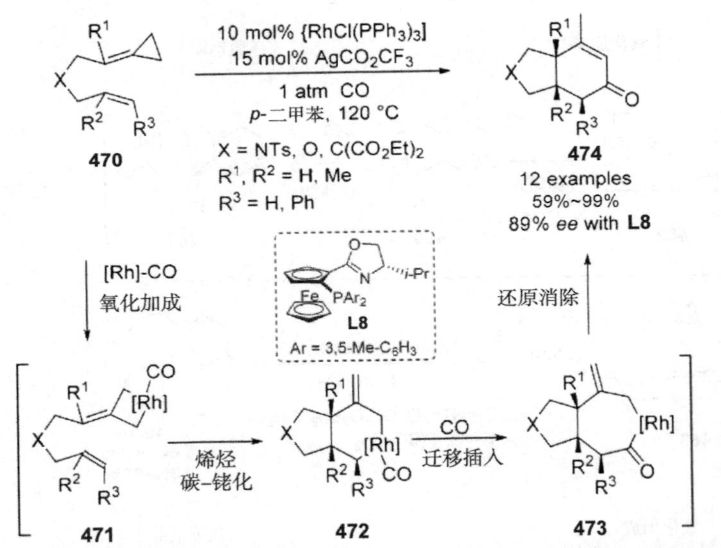

图 2-60　铑催化亚烃基环丙烷与一氧化碳分子间[(3+2)+1]不对称环加成反应

4. [4+3] 环加成反应

以连有贫电子共轭二烯烃结构的亚烃基环丙烷底物 **475** 为底物，Mascareñas 等[167]报道了钯催化分子内非对映选择性的[4+3] 环加成反应过程，构建得到了五元环和七元环稠合而成的双环结构产物 **479**(图 2-61)。催化循环由 Pd(0)对亚烃基环丙烷远端碳–碳单键氧化加成生成四元钯环化合物 **476** 而引发，后经分子内烯烃对烯丙基碳–钯键迁移插入生成烯烃碳–钯化中间体 **477**。尽管 **477** 通过还原消除反应生成环戊烷结构存在可能性，但经 π-烯丙基重排生成八元钯环 **478** 的过程在能量上更为有利。最后，经双 π-烯丙基还原消除反应过程得到了环庚烯产物

cis-**479**，产率在 59%~74%范围内变化。使用手性亚磷酰胺配体 **L10**，反应可得到单一非对映异构体，其 *ee* 值最高可达到 64%。

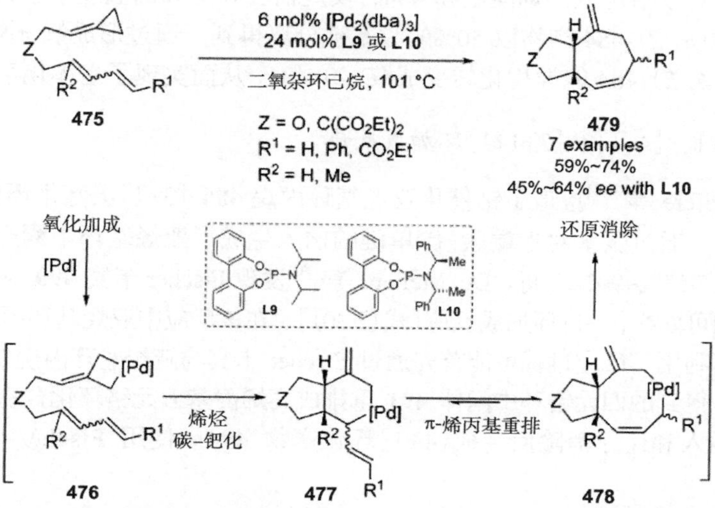

图 2-61　钯催化亚烃基环丙烷与共轭二烯分子间[4+3]不对称环加成反应

5. [3+3]环加成反应

Ohashi 和 Ogoshi 等[168]发现，贫电子亚烃基环丙烷 **480** 在镍催化剂存在条件下可发生[3+3]二聚环加成反应，生成 1,2-二亚烃基环己烷产物 **484**（图 2-62）。催化反应由 Ni(0) 对亚烃基环丙烷近端碳–碳单键断裂生成四元镍环化合物 **481** 而开

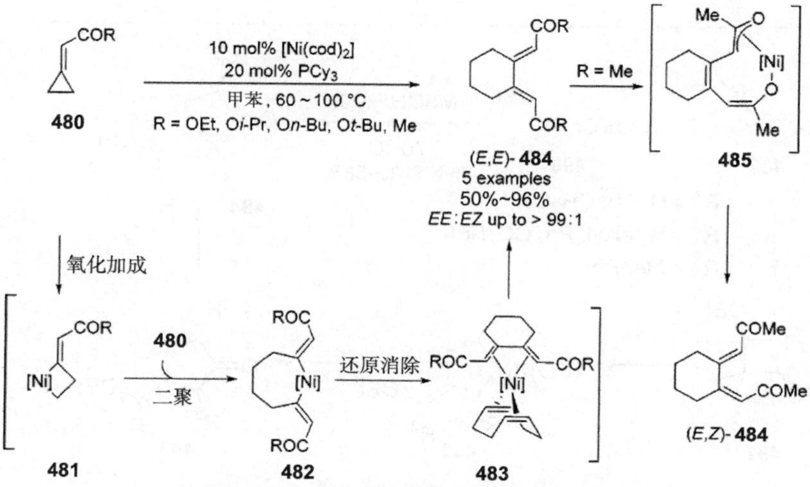

图 2-62　镍催化亚烃基环丙烷[3+3]二聚环加成反应

启，**481** 经与亚烃基环丙烷 **480** 底物分子间二聚环化成七元镍环中间体 **482**，还原消除后即生成 1,2-二亚烃基环己烷衍生物(*E*, *E*)-**484**，反应具有高的产率和高的立体选择性。对于活性低的烯酮底物 **480**，反应需要在更高的温度下进行(100℃)，此时单一的(*E*, *Z*)-**484** 产物以 50%的收率被分离得到。通过形成氧-π-烯丙基镍中间体 **485**，(*E*, *E*)-**484** 能异构化转变成(*E*, *Z*)-**484**，从而实现了立体化学上的转变。

6. [3+1]、[4+1]和[3+1+1]环加成反应

De Meijere 等[169]报道了钴催化亚烃基环丙烷 **486** [3+1]羰基化环化反应过程[式(2.29)]，通过羰基对近端碳–碳单键的插入生成了亚烃基环丁酮产物 **487** 和 **488**，产率在 53%~90%之间。De Meijere 等[170]发现 Fischer 卡宾 **490** 与亚烃基环丙烷 **489** 之间可发生[4+1]环加成反应[式(2.30)]，在该反应中亚烃基环丙烷作为四碳合成子得到利用。反应过程可能首先通过 Fischer 卡宾与亚烃基环丙烷发生[2+2]环加成反应，得到的四元铬环中间体 **491** 重排成高烯丙基五元铬环化合物 **492**，再经 CO 迁移插入和还原消除后生成[4+1]环化产物 **494**。使用 Fischer 卡宾 **495**，

$[Co_2(CO)_8]$, THF, 产率 53%~90%: **486** → **487** + **488** (2.29)

R^1 = H, n-C_6H_{13}, Ph, Me, C_6H_{11}
R^3 = H, n-C_6H_{13}, Ph, Me, $AcOCH_2$
R^2 = H, Me　R^4 = H, Me
R^5 = H, Me　R^6 = H, Me

489 + $(CO)_5Cr$=C(OEt)R^3 **490** — MeOH/H_2O, 70 °C, 产率 28%~58% → **494** (2.30)

R^1 = H, Ph, CH_2OH
R^2 = H, alkyl, Ph, CO_2t-Bu
R^3 = Me, Ph

491 → **492** → **493** → **494**

Kamikawa 等[171]实现了镍催化亚烃基环丙烷 **496** 的[3+1+1] 环加成反应过程[式(2.31)]，较高收率地获得了亚烃基环戊酮产物 **497**。

$Cr(CO)_5$ OMe R^1 **495** + R^2 **496** —— $Ni(cod)_2$, DMF, 0 °C, 产率 55%~70% ——→ MeO, O, R^1, R^2 **497**　(2.31)

R^1 = Ph, Me, ferrocenyl

R^2 = Ar, CO_2Et

2.3.2　保留环丙烷结构的环加成反应

亚烃基环丙烷还可以发生双键参与的环加成反应过程，如 Pauson-Khand 反应[172]、[2+2+2]环加成反应[173]和[2+3]偶极环加成反应[174]等(图 2-63)，在这些环化反应过程中环丙烷结构得到了保留。由于这种类型的加成反应不涉及碳–碳单键的活化断裂过程，因此本章不做进一步讨论。

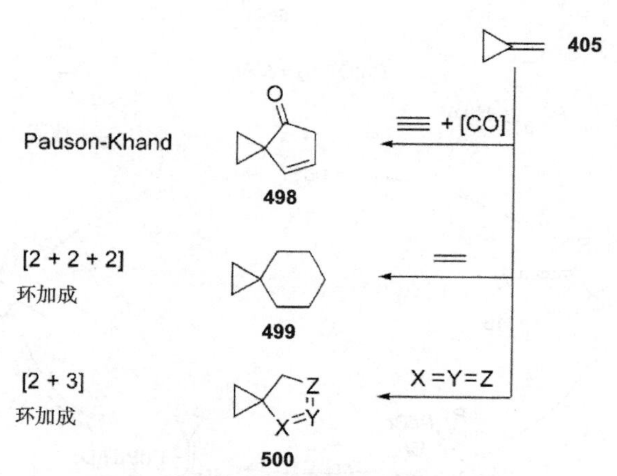

图 2-63　保留环丙烷结构的环加成反应

2.3.3　环异构化反应

2006 年，Fürstner[175]和 Shi[176]研究组分别独立地发现在过渡金属钯或铂的催化作用下，亚烃基环丙烷 **501** 能发生重排反应高产率地转变成环丁烯衍生物 **502**(图 2-64)。在这两例报道中，专一性 1,2-氘迁移过程被观察到，大于 97%的氘

原子转移到产物 **502** 中。Fürstner 等[175]提出了铂催化反应机理：铂催化剂首先 **501** 中的烯烃进行亲电加成生成环丙基两性离子铂金属化合物 **503**，随后通过 Demjanov 重排形成环丁基邻位两性离子铂络合物 **504**（卡宾结构 **505**）。1，2-氢迁移生成叔碳正离子中间体 **506** 后，经过脱铂金属消除反应过程生成终产物 **502**。

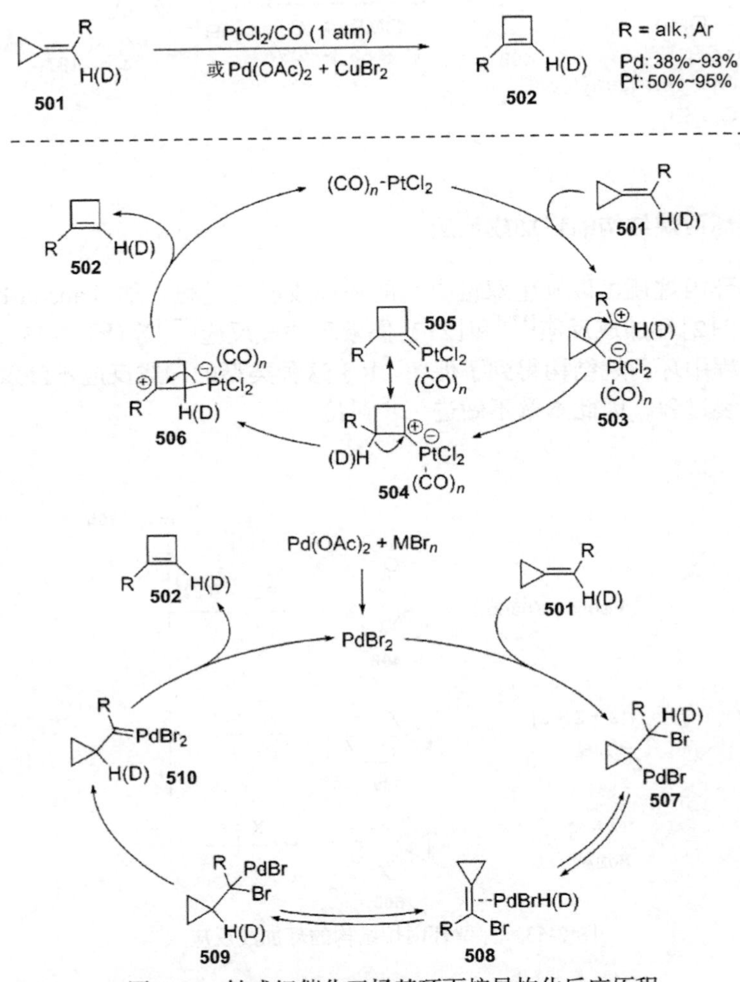

图 2-64　铂或钯催化亚烃基环丙烷异构化反应历程

对于钯催化的反应过程，Shi 等[176]提出了另一种重排历程：乙酸钯和溴化铜原位生成的溴化钯与 **501** 中的烯烃发生溴钯化反应，形成的环丙烷基钯化合物 **507** 经 β-氢消除过程得到烯基溴配位的氢化钯中间体 **508**。烯烃对氢–钯键迁移插入生成烷基钯物种 **509**，再经 α-溴消除反应生成卡宾金属化合物 **510**，最后，卡宾促进的三元环重排反应生成环丁烯产物并再生溴化钯催化剂。

Ma 等[177]报道了酰基取代的亚烃基环丙烷 **511** 在催化量二价钯存在下，能顺利发生环异构化反应得到 4*H*-吡喃衍生物 **512**(图 2-65)。有趣的是，在 NaI 存在条件下于丙酮溶剂中回流，同一钯催化剂却能引起不同途径的环异构化反应，生成的亚烃基二氢呋喃产物 **513** 在延长反应时间后，能异构化为呋喃产物 **514**。双键四取代亚烃基环丙烷底物 **515** 在此条件下也能正常反应，生成 2*H*-吡喃衍生物 **516**。

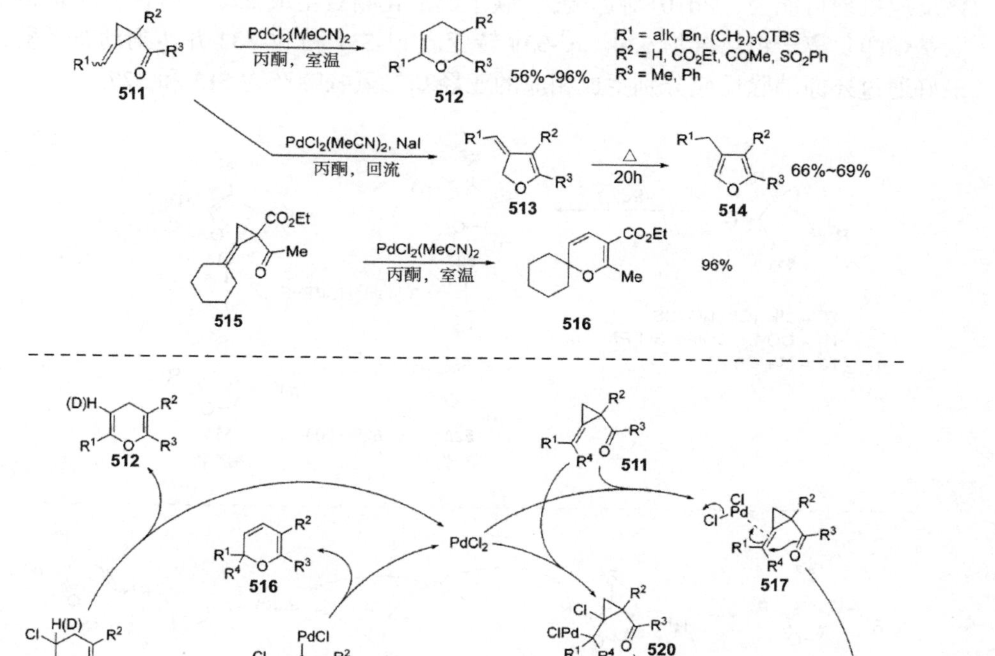

图 2-65　酰基取代亚烃基环丙烷异构环化反应历程

环异构化成 4*H*-吡喃衍生物的可能途径如图 2-65 所示。二价钯催化剂首先与环外双键配位起到活化作用，这种配位作用使烯烃具有更强的亲电性，引发分子内烯烃氧钯化反应得到中间体 **518**。**518** 中碳正离子引发扩环反应，形成的高位烯丙基碳正离子 **519** 与氯离子结合生成 **522**。另一种产生 **522** 的途径为，亚烃基环丙烷 **511** 中的双键首先通过卤钯化反应生成 **520**，*β*-碳消除生成的烯醇钯络合物 **521** 经分子内烯烃迁移插入反应得到 **522**。通过可逆的 *β*-氢消除/氢钯化过程，二氢吡喃基钯络合物 **522** 能异构转化成 **524** 或 **526**，最后经 *β*-氢消除反应生成产物 **516** 或 **512**。

与 Pd(II)催化的反应过程不同，在 Pd(0)催化剂存在下，亚烃基环丙烷 **511** 环异构化的主产物是 **527**，经盐酸处理后 **527** 能异构转变为呋喃产物 **528**(图 2-66)。该反应机理可能为，Pd(0)对远端碳–碳单键活化断裂生成 **529**，随后重排成 π-烯丙基烯醇负离子钯络合物 **530**。η^3-**530** 转变成 η^1-**531** 和 η^1-**532** 并达到动态平衡，最好通过还原消除反应分别生成相应的亚烃基二氢呋喃产物 **513** 和 **527**。

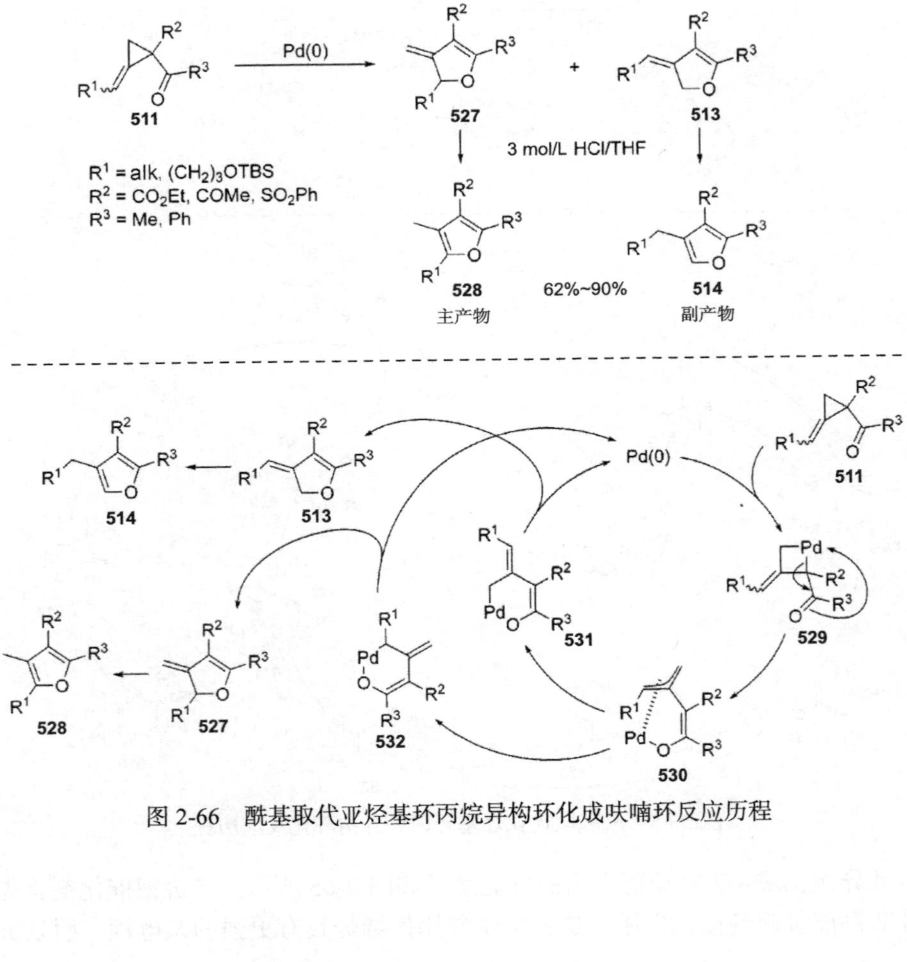

图 2-66　酰基取代亚烃基环丙烷异构环化成呋喃环反应历程

2.4　环丙烯底物参与的化学反应

与环丙烷相较而言，环丙烯具有更高的张力能，约为 55.7 kcal/mol，因此，环丙烯底物具有更高的反应活性。此外，环丙烯底物中的双键与过渡金属还存在配位作用。环丙烯 **533** 与过渡金属能通过两种完全不同的途径发生反应，如图 2-67 所示。第一种途径为，环丙烯分子中的空间位阻小的碳–碳 σ 键直接对过渡金属进行氧化加成，形成环丁烯金属化合物 **534** 作为主要中间体。环丙烯与过渡金属化学计量的反应过程生成的环丁烯铂、镍和钴等金属化合物能分离得到[178-180]，从而证实了该化学反应途径。第二种途径为，环丙烯分子中的双键发生金属化反应生成环丙基金属化合物 **536** 和 **537**[145]。

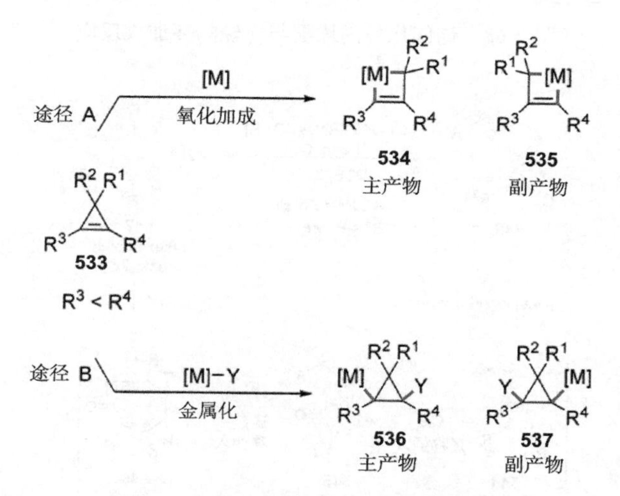

图 2-67　环丙烯底物与过渡金属反应途径

环丙烯主要作为三碳合成子应用到环加成反应之中，例如，Mitsudo 等报道了钌催化环丙烯羰基化二聚反应过程及与内炔的交叉环加成反应，实现了吡喃环酮稠合的二环骨架结构的构建[181]。2006 年，Wender 等[182]通过铑催化环丙烯酮 **538** 和内炔 **539** [3+2]环加成反应过程合成得到了环戊二烯酮衍生产物 **542**(图 2-68)。首先，环丙烯酮碳–碳键对铑氧化加成生成环丁烯酮铑金属化合物 **540**，分子间炔烃对烯基碳–铑键迁移插入生成酰基铑六元杂环结构 **541**，最后通过还原消除反应过程构建了环戊二烯酮结构产物 **542**。就反应底物范围而言，二芳基取代或芳基烷基取代的环丙烯酮 **538** 和(杂)芳基或二烷基取代内炔 **539** 组成的反应体系能顺利生成单一异构体 **542**，收率在 44%~98%范围内；端炔或丁炔二羧酸甲酯在该催化条件下因竞争性的二聚或脱羰反应过程而得不到理想的结果。

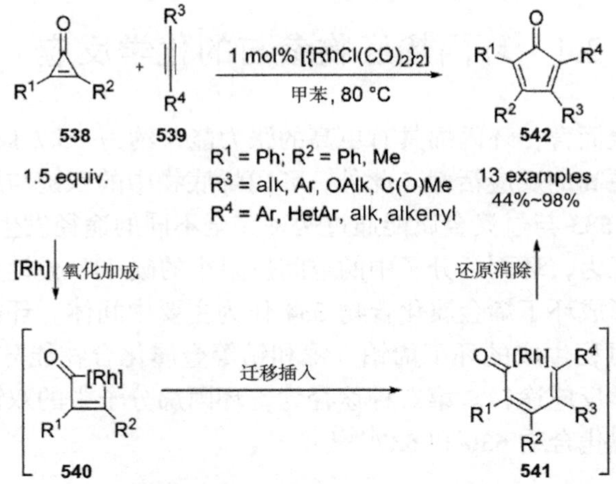

图 2-68　铑催化环丙烯酮与炔烃的环加成反应

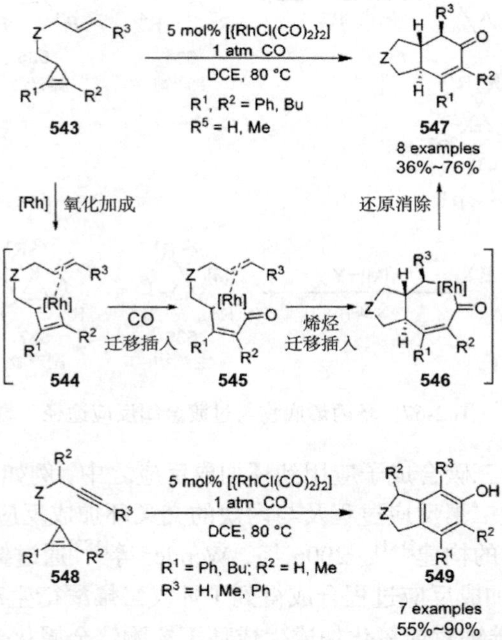

图 2-69　铑催化环丙烯[3+2+1]环加成反应

Wang 等[183]以连有烯烃片段的环丙烯 **543** 和 **CO** 为底物，通过铑催化[3+2+1]羰基化环加成反应过程，获得了反式稠合的环己烯酮二环产物 **547**，该反应收率中等偏上(图 2-69)。环丙烯空间位阻小的碳–碳单键对 Rh(I)氧化加成生成烯烃配位的环丁烯铑金属化合物 **544**，CO 对烯烃碳–铑键迁移插入可生成环戊烯酮铑中

间体 **545**，分子内烯烃对烯丙基碳–铑键的插入反应获得反式耦合的铑环结构 **546**，最后经还原消除得到反式异构体产物 **547**。当烯烃上连有取代基团时，取代基的空间位阻效应会影响烯烃对碳–铑键的迁移插入反应过程，反应收率较低。将环丙烯结构上连有的不饱和烃由烯烃换成炔烃时，铑催化底物 **548** 进行的[3+2+1]羰基化环化过程能生成苯酚衍生产物 **549**。

最近，Wang 等[183]以含有硅基化环丙醇结构的环丙烯 **550** 为底物，通过铑催化重排反应合成了环己二烯硅醚产物 **553**(图 2-70)。反应经环丙烯对 Rh(I)的氧化加成反应生成环丁烯铑化合物 **551**，*β*-碳消除后得到环庚二烯铑金属杂环中间体 **552**，最后通过还原消除过程得到环己二烯硅醚产物 **553**。通过水解或氧化过程，**553** 可转变成环己烯酮产物 **554** 或苯酚衍生物 **555**。

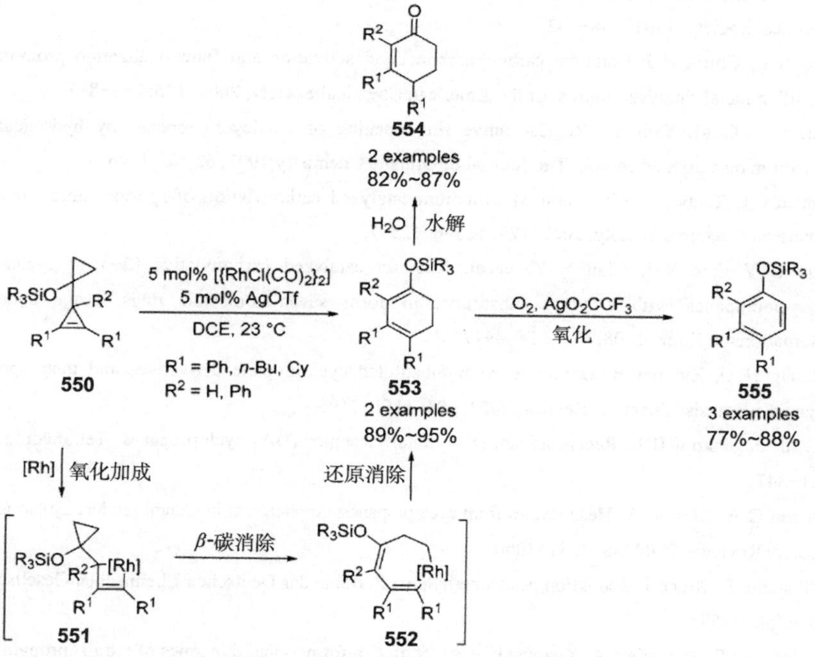

5 mol% $[\{RhCl(CO)_2\}_2]$
5 mol% AgOTf
DCE, 23 °C
R^1 = Ph, *n*-Bu, Cy
R^2 = H, Ph
550
553
2 examples
89%~95%
H_2O 水解
554
2 examples
82%~87%
O_2, AgO_2CCF_3
氧化
555
3 examples
77%~88%
[Rh] 氧化加成
551
β-碳消除
552
还原消除

图 2-70　铑催化环丙烯衍生物重排反应

2.5　本 章 小 结

过渡金属催化三元环碳–碳键活化断裂反应已经发展成为一种可靠和强有力的合成工具。过渡金属催化环丙烷结构的所有开环反应过程，为高效构建功能性复杂分子提供了新的合成思路和策略。烯烃、炔烃、联二烯和一氧化碳等基本有机原料都能有效地参与三元环扩环加成反应，其中发展最为迅速的底物类型是乙烯基环丙烷和亚烃基环丙烷。这些底物参与的各种环加成反应为各类大小不一的(杂)环及复杂多环体系的有效构建提供了新的机会。该领域的发展仍旧存在诸多问题需要解决，如过渡金属催化环丙烷不对称开环反应报道例子仍然偏少。因此，该领域未来的研究工作将主要集中在高效不对称催化体系的开发及复杂功能分子的不对称合成方面。

参 考 文 献

[1] Lawrence C D, Tipper C F H. Some reactions of cyclopropane and a comparison with the lower olefins. Part I. Introduction, and reaction with strong acids. Journal of the Chemical Society, 1955: 713–716.

[2] Adams D M, Chatt J, Guy R G, et al. The structure of "cyclopropane platinous chloride". Journal of the Chemical Society, 1961: 738–742.

[3] Bart S C, Chirik P J. Catalytic carbon–carbon bond activation and functionalization promoted by late transition metal catalysts. Journal of the American Chemical Society, 2003, 125: 886–887.

[4] Barrett A G M, Tam W. Regioselective ring opening of vinylcyclopropanes by hydrogenation with palladium on activated carbon. The Journal of Organic Chemistry,1997, 62: 7673–7678.

[5] Matsuda T, Tsuboi T, Murakami M. Rhodium-catalyzed carbonylation of spiropentanes. Journal of the American Chemical Society, 2007, 129: 12596–12597.

[6] Kim S Y, Lee S I, Choi S Y, et al. Rhodium-catalyzed carbonylative [3+3+1] cycloaddition of biscyclopropanes with a vinyl substituent to form seven-membered rings. Angewandte Chemie International Edition, 2008, 47: 4914–4917.

[7] Reissig H U, Zimmer R. Donor–acceptor-substituted cyclopropane derivatives and their application in organic synthesis. Chemical Review, 2003, 103: 1151–1196.

[8] Yu M, Pagenkopf B L. Recent advances in donor–acceptor (DA) cyclopropanes. Tetrahedron, 2005, 61: 321–347.

[9] Carson C A, Kerr M A. Heterocycles from cyclopropanes: Applications in natural product synthesis. Chemical Society Reviews, 2009, 38: 3051–3060.

[10] Willstätter R, Bruce J. Reduktion des trimethylens. Berichte der Deutschen Chemischen Gesellschaft, 1907, 40: 4456–4459.

[11] Anderson J E, de Meijere A, Kozhushkov S I, et al. Conformational dynamics of tetraisopropylmethane and of tetracyclopropylmethane. Journal of the American Chemical Society, 2002, 124: 6706–6713.

[12] Taber D F, Frankowski K J. Synthesis of (+)-sulcatine G. The Journal of Organic Chemistry, 2005, 70: 6417–6421.

[13] Ikura K, Ryu I, Kambe N, et al. Room temperature isomerization of siloxycyclopropanes to silyl ethers of 2-methylenealkanols catalyzed by Zeise's dimer. Journal of the American Chemical Society, 1992, 114: 1520–1521.

[14] Hoberg J O, Jennings P W. platinum(II)-catalyzed isomerization of alkoxycyclopropanes to alkylated ketones. Organometallics, 1996, 15: 3902–3904.

[15] Beyer J, Madsen R. Novel platinum-catalyzed ring-opening of 1,2-cyclopropanated sugars with alcohols. stereoselective synthesis of 2-C-branched glycosides. Journal of the American Chemical Society, 1998, 120: 12137–12138.

[16] Maeda Y, Nishimura T, Uemura S. Arylcyanation of norbornene and norbornadiene catalyzed by nickel. Chemistry Letters, 2005, 34: 790–791.

[17] Maeda Y, Nishimura T, Uemura S. Vanadium-catalyzed isomerization of cyclopropanemethanols to homoallylic alcohols involving C–C bond cleavage. Chemistry Letters, 2005, 34: 380–381.

[18] He Z, Yudin A K. Palladium-catalyzed oxidative activation of arylcyclopropanes. Organic Letters, 2006, 8: 5829–5832.

[19] Rousseaux S, Liégault B, Fagnou K. Palladium(0)-catalyzed cyclopropane C–H bond functionalization: Synthesis of quinoline and tetrahydroquinoline derivatives. Chemical Science, 2012, 3: 244–248.

[20] Dos Santos A, El Kaïm L, Grimaud L, et al. Palladium-catalyzed ring opening of aminocyclopropyl ugi adducts. Synlett, 2012, 23: 438–442.

[21] Shaw M H, Melikhova E Y, Kloer D P, et al. Directing group enhanced carbonylative ring expansions of amino-substituted cyclopropanes: rhodium-catalyzed multicomponent synthesis of *N*-heterobicyclic enones. Journal of the American Chemical Society, 2013, 135: 4992–4995.

[22] Koga Y, Narasaka K. Rhodium catalyzed transformation of 4-pentynyl cyclopropanes to bicyclo [4.3.0]nonenones via cleavage of cyclopropane ring. Chemistry Letters, 1999, 28: 705–706.

[23] Shaw M H, McCreanor N G, Whittingham W G, et al. Reversible C–C bond activation enables stereocontrol in Rh-catalyzed carbonylative cycloadditions of aminocyclopropanes. Journal of the American Chemical Society, 2015, 137: 463–468.

[24] Ogoshi S, Nagata M, Kurosawa H. Formation of nickeladihydropyran by oxidative addition of cyclopropyl ketone. key intermediate in nickel-catalyzed cycloaddition. Journal of the American Chemical Society, 2006, 128: 5350–5351.

[25] Tamaki T, Nagata M, Ohashi M, et al. Synthesis and reactivity of six-membered oxa-nickelacycles: A ring-opening reaction of cyclopropyl ketones. Chemistry - A European Journal, 2009, 15: 10083–10091.

[26] Liu L, Montgomery J. Dimerization of cyclopropyl ketones and crossed reactions of cyclopropyl ketones with enones as an entry to five-membered rings. Journal of the American Chemical Society, 2006, 128: 5348–5349.

[27] Tamaki T, Ohashi M, Ogoshi S. [3 + 2] Cycloaddition reaction of cyclopropyl ketones with alkynes catalyzed by nickel/dimethylaluminum chloride. Angewandte Chemie International Edition, 2011, 50: 12067–12070.

[28] Sumida Y, Yorimitsu H, Oshima K. Palladium-catalyzed preparation of silyl enolates from α,β-unsaturated ketones or cyclopropyl ketones with hydrosilanes. The Journal of Organic Chemistry, 2009, 74: 7986–7989.

[29] Sun C, Tu A, Slough G A. Comparative chemistry of η^3-oxaallyl and η^3-allyl rhodium(I) complexes in the hydrosilylation of cyclopropyl ketones: Observation of an unprecedented rearrangement. Journal of Organometallic Chemistry, 1999, 582: 235–245.

[30] Sumida Y, Yorimitsu H, Oshima K. Nickel-catalyzed borylation of aryl cyclopropyl ketones with bis (pinacolato) diboron to synthesize 4-oxoalkylboronates. The Journal of Organic Chemistry, 2009, 74: 3196–3198.

[31] Zhang Y, Chen Z, Xiao Y, et al. Rh(I)-catalyzed regio- and stereospecific carbonylation of 1-(1-alkynyl) cyclopropyl ketones: a modular entry to highly substituted 5,6-Dihydrocyclopenta[*c*]furan-4-ones. Chemistry - A European Journal, 2009, 15: 5208–5211.

[32] Murakami M, Itami K, Ubukata M, et al. Iridium-catalyzed [5+1] cycloaddition: allenylcyclopropane as a five-carbon assembling unit. The Journal of Organic Chemistry, 1998, 63: 4–5.

[33] Kamitani A, Chatani N, Morimoto T, et al. Carbonylative [5+1] cycloaddition of cyclopropyl imines catalyzed by ruthenium carbonyl complex. The Journal of Organic Chemistry, 2000, 65: 9230–9233.

[34] Wender P A, Pedersen T M, Scanio M J C. Transition metal-catalyzed hetero-[5+2] cycloadditions of cyclopropyl imines and alkynes: Dihydroazepines from simple, readily available starting materials. Journal of the American Chemical Society, 2002, 124: 15154–15155.

[35] Liu L, Montgomery J. [3+2] Cycloaddition reactions of cyclopropyl imines with enones. Organic Letters, 2007, 9: 3885–3887.

[36] Chen G Q, Zhang X N, Wei Y, et al. Catalyst-dependent divergent synthesis of pyrroles from 3-alkynyl imine derivatives: a noncarbonylative and carbonylative approach. Angewandte Chemie International Edition, 2014, 53: 8492–8497.

[37] Jiao L, Yu Z X. Vinylcyclopropane derivatives in transition-metal-catalyzed cycloadditions for the synthesis of carbocyclic compounds. The Journal of Organic Chemistry, 2013, 78: 6842–6848.

[38] Gao Y, Fu X F, Yu Z X. Transition metal-catalyzed cycloaddition of cyclopropanes for the synthesis of carbocycles: C–C activation in cyclopropanes // Dong G. C–C Bond Activation, Berlin: Springer, 2014, 346: 195–231.

[39] Burgess K. Conjugate nucleophilic ring opening of activated vinylcyclopropanes facilitated by homogenous palladium catalysis. Tetrahedron Letters, 1985, 26: 3049–3052.

[40] Sebelius S, Olsson V J, Szabó K J. Palladium pincer complex catalyzed substitution of vinyl cyclopropanes, vinyl aziridines, and allyl acetates with tetrahydroxydiboron. An efficient route to functionalized allylboronic acids and potassium trifluoro-(allyl)borates. Journal of the American Chemical Society, 2005, 127: 10478–10479.

[41] Sumida Y, Yorimitsu H, Oshima K. Nickel-catalyzed borylative ring-opening reaction of vinylcyclopropanes with bis-(pinacolato)diboron yielding allylic boronates. Organic Letters, 2008, 10: 4677–4679.

[42] Li C F, Xiao W J, Alper H. Palladium-catalyzed ring-opening thiocarbonylation of vinylcyclopropanes with thiols and carbon monoxide. The Journal of Organic Chemistry, 2009, 74: 888–890.

[43] Dieskau A P, Holzwarth M S, Plietker B. Fe-catalyzed allylic C–C-bond activation: Vinylcyclopropanes as versatile a1, a3, d5-synthons in traceless allylic substitutions and [3 + 2]-cycloadditions. Journal of the American Chemical Society, 2012, 134: 5048–5051.

[44] Shimizu I, Ohashi Y, Tsuji J. Palladium-catalyzed [3+2] cycloaddition reaction of vinylcyclopropanes with α, β-unsaturated esters or ketones. Tetrahedron Letters, 1985, 26: 3825–3828.

[45] Yamamoto K, Ishida T, Tsuji J. Palladium(0)-catalyzed cycloaddition of activated vinylcyclopropanes with aryl isocyanates. Chemistry Letters, 1987, 16: 1157–1158.

[46] Parsons A T, Campbell M J, Johnson J S. Diastereoselective synthesis of tetrahydrofurans *via* palladium(0)-catalyzed [3+2] cycloaddition of vinylcyclopropanes and aldehydes. Organic Letters, 2008, 10: 2541–2544.

[47] Tombe R, Kurahashi T, Matsubara S. Nickel-catalyzed cycloaddition of vinylcyclopropanes to imines. Organic Letters, 2013, 15: 1791–1793.

[48] Trost B M, Morris P J. Palladium-catalyzed diastereo- and enantioselective synthesis of substituted cyclopentanes through a dynamic kinetic asymmetric formal [3+2]-cycloaddition of vinyl cyclopropanes and alkylidene azlactones. Angewandte Chemie International Edition, 2011, 50: 6167–6170.

[49] Trost B M, Morris P J, Sprague S J. Palladium-catalyzed diastereo- and enantioselective formal [3+2]-cycloadditions of substituted vinylcyclopropanes. Journal of the American Chemical Society, 2012, 134: 17823–17831.

[50] Mei L Y, Wei Y, Xu Q, et al. Palladium-catalyzed asymmetric formal [3+2] cycloaddition of vinyl cyclopropanes and β,γ-unsaturated α-keto esters: An effective route to highly functionalized cyclopentanes. Organometallics, 2012, 31: 7591–7599.

[51] Li W K, Liu Z S, He L, et al. Enantioselective cycloadditions of vinyl cyclopropanes and nitroolefins for functionally and optically enriched nitrocyclopentanes. Asian Journal of Organic Chemistry, 2015, 4: 28–32.

[52] Goldberg A F G, Stoltz B M. A palladium-catalyzed vinylcyclopropane [3+2] cycloaddition approach to the melodinus alkaloids. Organic Letters, 2011, 13: 4474–4476.

[53] Jiao L, Ye S Y, Yu Z X. Rh(I)-catalyzed intramolecular [3 + 2] cycloaddition of *trans*- vinylcyclopropane-enes. Journal of the American Chemical Society, 2008, 130: 7178–7179.

[54] Li Q, Jiang G J, Jiao L, et al. Reaction of α-ene-vinylcyclopropanes: type ii intramolecular [5+2] cycloaddition or [3+2] cycloaddition? Organic Letters, 2010, 12: 1332–1335.

[55] Jiao L, Lin M, Yu Z X. Rh(I)-catalyzed intramolecular [3 +2] cycloaddition reactions of 1-ene-, 1-yne- and 1-allene-vinylcyclopropanes. Chemical Communications, 2010, 46: 1059–1061.

[56] Liu Z S, Li W K, Kang T R, et al. Palladium-catalyzed asymmetric cycloadditions of vinylcyclopropanes and in *situ* formed unsaturated imines: construction of structurally and optically enriched spiroindolenines. Organic Letters, 2015, 17: 150–153.

[57] Mei L Y, Wei Y, Xu Q, et al. Diastereo- and enantioselective construction of oxindole-fused spirotetrahydrofuran scaffolds through palladium-catalyzed asymmetric [3+2] cycloaddition of vinyl cyclopropanes and isatins. Organometallics, 2013, 32: 3544–3556.

[58] Jiao L, Lin M, Zhuo LG, et al. Rh(I)-catalyzed [(3+2)+1] cycloaddition of 1-yne/ene-vinylcyclopropanes and co: homologous pauson–khand reaction and total synthesis of (±)-α-agarofuran. Organic Letters, 2010, 12: 2528–2531.

[59] Lin M, Li F, Jiao L, et al. Rh(I)-catalyzed formal [5+1]/[2+2+1] cycloaddition of 1-yne-vinylcyclopropanes and two CO units: One-step construction of multifunctional angular tricyclic 5/5/6 compounds. Journal of the American Chemical Society, 2011, 133: 1690–1693.

[60] Yu Z X, Wender P A, Houk K N. On the mechanism of $[Rh(CO)_2Cl]_2$-catalyzed intermolecular (5+2) reactions between vinylcyclopropanes and alkynes. Journal of the American Chemical Society, 2004, 126: 9154–9155.

[61] Yu Z X, Cheong P H Y, Liu P, et al. Origins of differences in reactivities of alkenes, alkynes, and allenes in $[Rh(CO)_2Cl]_2$-catalyzed (5+2) cycloaddition reactions with vinylcyclopropanes. Journal of the American Chemical Society, 2008, 130: 2378–2379.

[62] Liu P, Cheong P H Y, Yu Z X, et al. Substituent effects, reactant preorganization, and ligand exchange

control the reactivity in Rh^{I}-catalyzed (5+2) cycloadditions between vinylcyclopropanes and alkynes. Angewandte Chemie International Edition, 2008, 47: 3939−3941.

[63] Liu P, Sirois L E, Cheong P H Y, et al. Electronic and steric control of regioselectivities in Rh(I)-catalyzed (5+2) cycloadditions: Experiment and theory. Journal of the American Chemical Society, 2010, 132: 10127−10135.

[64] Trost B M, Shen H C, Horne D B, et al. Syntheses of seven-membered rings: Ruthenium-catalyzed intramolecular [5+2] cycloadditions. Chemistry-A European Journal, 2005, 11: 2577−2590.

[65] Hong X, Trost B M, Houk K N. Mechanism and origins of selectivity in Ru(II)-catalyzed Intramolecular (5+2) cycloadditions and ene reactions of vinylcyclopropanes and alkynes from density functional theory. Journal of the American Chemical Society, 2013, 135: 6588−6600.

[66] Hong X, Liu P, Houk K N. Mechanism and origins of ligand-controlled selectivities in [Ni(NHC)]-catalyzed intramolecular (5+2) cycloadditions and homo-ene reactions: A theoretical study. Journal of the American Chemical Society, 2013, 135: 1456−1462.

[67] Wender P A, Takahashi H, Witulski B. Transition metal catalyzed [5+2] cycloadditions of vinylcyclopropanes and alkynes: a homolog of the diels-Alder reaction for the synthesis of seven-membered rings. Journal of the American Chemical Society, 1995, 117: 4720−4721.

[68] Wender P A, Husfeld C O, Langkopf E, et al. First studies of the transition metal-catalyzed [5+2] cycloadditions of alkenes and vinylcyclopropanes: Scope and stereochemistry. Journal of the American Chemical Society, 1998, 120: 1940−1941.

[69] Wender P A, Husfeld C O, Langkopf E, et al. The first metal-catalyzed intramolecular [5+2] cycloadditions of vinylcyclopropanes and alkenes: Scope, stereochemistry, and asymmetric catalysis. Tetrahedron, 1998, 54: 7203−7220.

[70] Wender P A, Dyckman A J. Transition metal-catalyzed [5+2] cycloadditions of 2-substituted-1-vinylcyclopropanes: Catalyst control and reversal of regioselectivity. Organic Letters, 1999, 1: 2089−2092.

[71] Wender P A, Dyckman A J, Husfeld C O, et al. Transition Metal-catalyzed [5+2] cycloadditions with substituted cyclopropanes: First studies of regio- and stereoselectivity. Journal of the American Chemical Society, 1999, 121: 10442−10443.

[72] Wender P A, Fuji M, Husfeld C O, et al. Rhodium-catalyzed [5+2] cycloadditions of allenes and vinylcyclopropanes: Asymmetric total synthesis of (+)-dictamnol. Organic Letters, 1999, 1, 137−140.

[73] Wender P A, Glorius F, Husfeld C O, et al. Transition metal-catalyzed [5+2] cycloadditions of allenes and vinylcyclopropanes: First studies of endo-exo selectivity, chemoselectivity, relative stereochemistry, and chirality transfer. Journal of the American Chemical Society, 1999, 121: 5348−5349.

[74] Wender P A, Zhang L. Asymmetric Total Synthesis of (+)-Aphanamol I Based on the Transition Metal Catalyzed [5+2] Cycloaddition of Allenes and Vinylcyclopropanes. Organic Letters, 2000, 2: 2323−2326.

[75] Wender P A, Williams T J. [(arene)Rh(cod)]+ complexes as catalysts for [5+2] cycloaddition reactions. Angewandte Chemie International Edition, 2002, 41: 4550−4553.

[76] Wender P A, Haustedt L O, Lim J, et al. Asymmetric catalysis of the [5+2] cycloaddition reaction of vinylcyclopropanes and π-systems. Journal of the American Chemical Society, 2006, 128: 6302−6303.

[77] Shintani R, Nakatsu H, Takatsu K, et al. Rhodium-catalyzed asymmetric [5+2] cycloaddition of alkyne-vinylcyclopropanes. Chemistry-A European Journal, 2009, 15: 8692−8694.

[78] Gilbertson S R, Hoge G S. Rhodium catalyzed intramolecular [4+2] cycloisomerization reactions.

Tetrahedron Letters, 1998, 39: 2075–2078.

[79] Wang B, Cao P, Zhang X M. An efficient Rh-catalyst system for the intramolecular [4+2] and [5+2] cycloaddition reactions. Tetrahedron Letters, 2000, 41: 8041–8044.

[80] Lee S I, Park S Y, Park J H, et al. Rhodium *N*-heterocyclic carbene-catalyzed [4+2] and [5+2] cycloaddition reactions. The Journal of Organic Chemistry, 2006, 71: 91–96.

[81] Saito A, Ono T, Hanzawa Y. cationic rh(i) catalyst in fluorinated alcohol: mild intramolecular cycloaddition reactions of ester-tethered unsaturated compounds. The Journal of Organic Chemistry, 2006, 71: 6437–6443.

[82] Wender P A, Love J A, Williams T J. Rhodium-catalyzed [5+2] cycloaddition reactions in water. Synlett, 2003: 1295–1298.

[83] Gómez F J, Kamber N E, Deschamps N M, et al. *N*-alkoxyimidazolylidene transition-metal complexes: Application to [5+2] and [4+2] cycloaddition reactions. Organometallics, 2007, 26: 4541–4545.

[84] Wender P A, Lesser A B, Sirois L E. Rhodium dinaphthocyclooctatetraene complexes: Synthesis, characterization and catalytic activity in [5+2] cycloadditions. Angewandte Chemie International Edition, 2012, 51: 2736–2740.

[85] Wender P A, Rieck H, Fuji M. The Transition metal-catalyzed intermolecular [5+2] cycloaddition: The homologous diels–alder reaction. Journal of the American Chemical Society, 1998, 120: 10976–10977.

[86] Wender P A, Dyckman A J, Husfeld C O, et al. A New and practical five-carbon component for metal-catalyzed [5+ 2] cycloadditions: Preparative scale syntheses of substituted cycloheptenones. Organic Letters, 2000, 2: 1609–1611.

[87] Wender P A, Gamber G G, Scanio M J C. Serial [5+2]/[4+2] cycloadditions: facile, preparative, multi-component syntheses of polycyclic compounds from simple, readily available starting materials. Angewandte Chemie International Edition, 2001, 40: 3895–3897.

[88] Wender P A, Sirois L E, Stemmler R T, et al. Highly efficient, facile, room temperature intermolecular [5+2] cycloadditions catalyzed by Cationic Rhodium(I): One step to cycloheptenes and their libraries. Organic Letters, 2010, 12: 1604–1607.

[89] Wender P A, Barzilay C M, Dyckman, A J. The first intermolecular transition metal-catalyzed [5+2] cycloadditions with simple, unactivated, vinylcyclopropanes. Journal of the American Chemical Society, 2001, 123: 179–180.

[90] Wegner H A, de Meijere A, Wender P A. Transition metal-catalyzed intermolecular [5+2] and [5+2+1] cycloadditions of allenes and vinylcyclopropanes. Journal of the American Chemical Society, 2005, 127: 6530–6531.

[91] Hong X, Stevens M C, Liu P, et al. Reactivity and chemoselectivity of allenes in Rh(I)-catalyzed intermolecular (5+2) cycloadditions with vinylcyclopropanes: allene-mediated rhodacycle formation can poison Rh(I)-catalyzed cycloadditions. Journal of the American Chemical Society, 2014, 136: 17273–17286.

[92] Wender P A, Stemmler R T, Sirois L E. A Metal-catalyzed intermolecular [5+2] cycloaddition/nazarov cyclization sequence and cascade. Journal of the American Chemical Society, 2010, 132: 2532–2533.

[93] Ashfeld B L, Martin S F. Enantioselective syntheses of tremulenediol A and tremulenolide A. Organic Letters, 2005, 7: 4535–4537.

[94] Trost B M, Toste F D, Shen H. Ruthenium-catalyzed intramolecular [5+2] cycloadditions. Journal of the

American Chemical Society, 2000, 122: 2379–2380.

[95] Trost B M, Shen H C. On the Regioselectivity of the Ru-catalyzed intramolecular [5+2] cycloaddition. Organic Letters, 2000, 2: 2523–2525.

[96] Trost B M, Shen H C. Synthesis of the first (1-3:6,7-η-Cyclodecadienyl) ruthenium complex by the intramolecular reaction of an alkene and a vinylcyclopropane. Angewandte Chemie International Edition, 2001, 40: 1114–1116.

[97] Trost B M, Shen H C, Schulz T, et al. On the diastereoselectivity of Ru-catalyzed [5+2] cycloadditions. Organic Letters, 2003, 5: 4149–4151.

[98] Trost B M, Toste F D. Constructing tricyclic compounds containing a seven-membered ring by ruthenium-catalyzed intramolecular [5+2] cycloaddition. Angewandte Chemie International Edition, 2001, 40: 2313–2316.

[99] Zuo G, Louie J. Selectivity in nickel-catalyzed rearrangements of cyclopropylen-ynes. Journal of the American Chemical Society, 2005, 127: 5798–5799.

[100] Fürstner A, Majima K, Martin R, et al. A Cheap metal for a “noble” task: preparative and mechanistic aspects of cycloisomerization and cycloaddition reactions catalyzed by low-valent iron complexes. Journal of the American Chemical Society, 2008, 130: 1992–2004.

[101] Ben-Shoshan R, Sarel S. Reaction of 1,1-dicyclopropylethylene with pentacarbonyliron: A novel carbon monoxide insertion coupled with a double cyclopropane ring-opening. Journal of Chemical Society D: Chemical Communications, 1969: 883–884.

[102] Sarel S. Metal-induced rearrangements and insertions into cyclopropyl olefins. Accounts of Chemical Research, 1978, 11: 204–211.

[103] Taber D F, Kanai K, Jing Q, et al. Enantiomerically pure cyclohexenones by fe-mediated carbonylation of alkenyl cyclopropanes. Journal of the American Chemical Society, 2000, 122: 6807–6808.

[104] Taber D F, Joshi P V, Kanai K. 2,5-Dialkyl cyclohexenones by $Fe(CO)_5$-mediated carbonylation of alkenyl cyclopropanes: functional group compatibility. The Journal of Organic Chemistry, 2004, 69: 2268–2271.

[105] Kurahashi T, de Meijere A. [5+1] Cocyclization of (cyclopropylmethylene) cyclopropanes and other vinylcyclopropanes with carbon monoxide catalyzed by octacarbonyldicobalt. Synlett, 2005: 2619–2622.

[106] Iwasawa N, Owada Y, Matsuo T. Octacarbonyldicobalt promoted transformation of 1-(1,2-propadienyl) cyclopropanols to 1,4-hydroquinones. Chemistry Letters, 1995, 24: 115–116.

[107] Owada Y, Matsuo T, Iwasawa N. Tetrahedron, transformation of 1-(1,2-propadienyl)cyclopropanols into substituted hydroquinones employing octacarbonyldicobalt. Tetrahedron, 1997, 53: 11069–11086.

[108] Jiang G J, Fu X F, Li Q, et al. Rh(I)-catalyzed [5 + 1] cycloaddition of vinylcyclopropanes and CO for the synthesis of α,β- and β,γ-cyclohexenones. Organic Letters, 2012, 14: 692–695.

[109] Shu D, Li X, Zhang M, et al. Synthesis of highly functionalized cyclohexenone rings: rhodium-catalyzed 1,3-acyloxy migration and subsequent [5+1] cycloaddition. Angewandte Chemie International Edition, 2011, 50: 1346–1349.

[110] Shu D, Li X, Zhang M, et al. Rhodium-catalyzed carbonylation of cyclopropyl substituted propargyl esters: A tandem 1,3-acyloxy migration [5+1] cycloaddition. The Journal of Organic Chemistry, 2012, 77: 6463–6472.

[111] Wender P A, Gamber G G, Hubbard R D, et al. Multicomponent cycloadditions: The four-component [5+1+2+1] cycloaddition of vinylcyclopropanes, alkynes, and CO. Journal of the American Chemical

Society, 2005, 127: 2836–2837.

[112] Wender P A, Gamber G G, Hubbard R D, et al. Three-component cycloadditions: The first transition metal-catalyzed [5+2+1] cycloaddition reactions. Journal of the American Chemical Society, 2002, 124: 2876–2877.

[113] Wender P A, Sperandio D. A new and selective catalyst for the [5+2] cycloaddition of vinylcyclopropanes and alkynes. The Journal of Organic Chemistry, 1998, 63: 4164–4165.

[114] Wang Y, Wang J, Su J, et al. A computationally designed Rh(I)-catalyzed two-component [5+2+1] cycloaddition of enevinylcyclopropanes and CO for the synthesis of cyclooctenones. Journal of the American Chemical Society, 2007, 129: 10060–10061.

[115] Huang F, Yao Z K, Wang Y, et al. Rh^{I}-catalyzed two-component [(5+2)+1] cycloaddition approach toward [5-8-5] ring systems. Chemistry–An Asian Journal, 2010, 5: 1555–1559.

[116] Jiao L, Yuan C, Yu Z X. Tandem Rh(I)-catalyzed [(5+2)+1] cycloaddition/ aldol reaction for the construction of linear triquinane skeleton: total syntheses of (±)-hirsutene and (±)-1-desoxyhypnophilin. Journal of the American Chemical Society, 2008, 130: 4421–4430.

[117] Fan X, Tang M X, Zhuo L G, et al. An expeditious and high-yield formal synthesis of hirsutene using Rh(I)-catalyzed [(5+2)+1] cycloaddition. Tetrahedron Letters, 2009, 50: 155–157.

[118] Yuan C, Jiao L, Yu Z X. Formal total synthesis of (±)-hirsutic acid C using the tandem Rh(I)-catalyzed [(5+2)+1] cycloaddition/aldol reaction. Tetrahedron Letters, 2010, 51: 5674–5676.

[119] Fan X, Zhuo L G, Tu Y Q, et al. Formal syntheses of (±)-asterisca-3(15),6- diene and (±)-pentalenene using Rh(I)-catalyzed [(5+2)+1] cycloaddition. Tetrahedron, 2009, 65: 4709–4713.

[120] Liang Y, Jiang X, Yu Z X. Enantioselective total synthesis of (+)-asteriscanolide via Rh(I)-catalyzed [(5+2)+1] reaction. Chemical Communications, 2011, 47: 6659–6661.

[121] Liang Y, Jiang X, Fu X F, et al. Total synthesis of (+)-asteriscanolide: Further exploration of the rhodium(I)-catalyzed [(5+2)+1] reaction of ene-vinylcyclopropanes and CO. Chemistry–An Asian Journal, 2012, 7: 593–604.

[122] Zuo G, Louie J. Highly active nickel catalysts for the isomerization of unactivated vinyl cyclopropanes to cyclopentenes. Angewandte Chemie International Edition, 2004, 43: 2277–2279.

[123] Wang S C, Troast D M, Conda-Sheridan M, et al. Mechanism of the Ni(0)-catalyzed vinylcyclopropane–cyclopentene rearrangement. The Journal of Organic Chemistry, 2009, 74, 7822–7833.

[124] Bowman R K, Johnson J S. Nickel-catalyzed rearrangement of 1-acyl-2-vinylcyclopropanes. A Mild synthesis of substituted dihydrofurans. Organic Letters, 2006, 8: 573–576.

[125] Moran J, Smith A G, Carris R M, et al. Polarity inversion of donor-acceptor cyclopropanes: Disubstituted δ-lactones via enantioselective iridium catalysis. Journal of the American Chemical Society, 2011, 133: 18618–18621.

[126] Chen G Q, Shi M. Rhodium-catalyzed tandem Pauson-Khand type reactions of 1,4-enynes tethered by a cyclopropyl group. Chemical Communications, 2013, 49: 698–700.

[127] Miyashita A, Takahashi M, Takaya H. Reaction of bicyclo[1.1.0]butanes with platinum (II) complexes. Isolation and characterization of new platinacycle compounds. Journal of the American Chemical Society, 1981, 103: 6257–6259.

[128] Sakai M, Yamaguchi H, Westberg H H, et al. The specificity of metal catalysts in the opening of highly strained polycyclic molecules. Journal of the American Chemical Society, 1971, 93: 1043–1044.

[129] Paquette L A, Wilson S E, Henzel R P. Silver(I) ion catalyzed rearrangements of strained .sigma. bonds. V. Stereochemical and kinetic analysis of the isomerization of bicyclo[1.1.0]butanes. Journal of the American Chemical Society, 1971, 93: 1288–1289.

[130] Sakai M, Masamune S. Silver(I)-catalyzed rearrangement of bicyclobutanes. Mechanism I. Journal of the American Chemical Society, 1971, 93: 4610–4611.

[131] Gassman P G, Williams F J. Chemistry of bent. sigma. bonds. XIV. Formal retrocarbene addition. Reaction of 1,2,2-trimethylbicyclo[1.1.0]butane with transition metal catalysts. Journal of the American Chemical Society, 1970, 92: 7631–7632.

[132] Gassman P G, Williams F J. Transition metal complex promoted isomerizations. Rhodium(I) complex promoted rearrangements of methylated bicyclo[1.1.0]butanes. Journal of the American Chemical Society, 1972, 94: 7733–7741.

[133] Paquette L A, Henzel R P, Wilson S E. Silver(I) ion catalyzed rearrangements of strained sigma-bonds. VII. Evidence for the intervention of argento carbonium ions in bicyclo[1.1.0]butane isomerizations. Journal of the American Chemical Society, 1971, 93: 2335–2337.

[134] Paquette L A, Allen G R Jr, Henzel R P. Silver(I) ion catalyzed rearrangements of strained sigma bonds. IV. Fate of tricyclo[4.1.0.0^{2,7}]heptane. Journal of the American Chemical Society, 1970, 92: 7002–7003.

[135] Gassman P G, Atkins T J. The Specificity of metal catalysts in the opening of highly strained polycyclic molecules. Journal of the American Chemical Society, 1971, 93: 1042–1043.

[136] Dauben W G, Kielbania A J Jr. Transition metal catalyzed valence isomerizations of tricyclo [4.1.0.02,7]heptane. Evidence for an organometallic intermediate. Journal of the American Chemical Society, 1972, 94: 3669–3671.

[137] Sakai M, Yamaguchi H, Masamune S. Palladium(II)-catalysed isomerization of bicyclobutanes. Journal of chemical society D: Chemical Communications, 1971: 486–487.

[138] Gassman P G, Meyer G R, Williams F J. J. Transition metal complex promoted rearrangements. The effect of the metal and of the attached ligands on the mode of cleavage of methylated bicyclo[1.1.0]butanes. Journal of the American Chemical Society, 1972, 94: 7741–7748.

[139] Gassman P G, Atkins T J. Transition metal complex promoted rearrangements. Tricyclo[4.1.0.0^{2,7}]heptane and 1-methyltricyclo[4.1.0.0.^{2,7}]heptane. Journal of the American Chemical Society, 1972, 94: 7748–7756.

[140] Gassman P G, Atkins T J, Lumb J T. Transition metal complex promoted rearrangements. Bicyclo[2.1.0]pentane and 1-carbomethoxybicyclo[2.1.0]pentane. Journal of the American Chemical Society, 1972, 94: 7757–7761.

[141] Noyori R, Suzuki T, Takaya H. Nickel-catalyzed reactions involving strained sigma bonds. III. Nickel(0)-catalyzed reaction of bicyclo[2.1.0]pentane with olefins. Journal of the American Chemical Society, 1971, 93: 5896–5897.

[142] Noyori R, Kumagai Y, Takaya H. Nickel catalyzed reactions involving strained bonds. X. Nickel(0) catalyzed cycloaddition of bicyclo[2.1.0]pentane and olefins. Contrasting stereochemistry of the thermal and transition metal catalyzed reactions. Journal of the American Chemical Society, 1974, 96: 634–636.

[143] Takaya H, Suzuki T, Kumagai Y, et al. Nickel-catalyzed reactions involving strained bonds. 16. Nickel(0)-catalyzed reactions of bicyclo[2.1.0]pentane and electron-deficient olefins. The Journal of Organic Chemistry, 1981, 46: 2846–2854.

[144] Walczak M A A, Wipf P. Rhodium(I)-catalyzed cycloisomerizations of bicyclobutanes. Journal of the

American Chemical Society, 2008, 130: 6924–6925.
[145] Rubin M, Rubina M, Gevorgyan V. Transition metal chemistry of cyclopropenes and cyclopropanes. Chemical Review, 2007, 107: 3117–3179.
[146] Noyori R, Odagi T, Takaya H. Nickel(0)-catalyzed reaction of methylenecyclopropanes with olefins. A novel [$_{\sigma}2 + _{\pi}2$] cycloaddition. Journal of the American Chemical Society, 1970, 92: 5780–5781.
[147] Noyori R, Kumagai Y, Umeda I, et al. Nickel-catalyzed reactions involving strained σ bonds. IV. Nickel(0)-catalyzed reaction of methylenecyclopropane with olefins. Orientation and stereochemistry. Journal of the American Chemical Society, 1972, 94:4018–4020.
[148] Lautens M, Klute W, Tam W. Transition metal-mediated cycloaddition reactions. Chemical Review, 1996, 96: 49–92.
[149] López F, Delgado A, Rodríguez J R, et al. Ruthenium-catalyzed [3+2] intramolecular cycloaddition of alk-5-ynylidenecyclopropanes promoted by the "first-generation" grubbs carbene complex. Journal of the American Chemical Society, 2004, 126: 10262–10263.
[150] Delgado A, Rodríguez J R, Castedo L, et al. Palladium-catalyzed [3+2] intramolecular cycloaddition of alk-5-ynylidenecyclopropanes: A rapid, practical approach to bicyclo[3.3.0]octenes. Journal of the American Chemical Society, 2003, 125: 9282–9283.
[151] Durán J, Gulías M, Castedo L, et al. Ligand-induced acceleration of the intramolecular [3+2] cycloaddition between alkynes and alkylidenecyclopropanes. Organic Letters, 2005, 7: 5693–5696.
[152] García-Fandiño R, Gulías M, Castedo L, et al. Palladium-catalysed [3+2] cycloaddition of alk-5-ynylidenecyclopropanes to alkynes: A mechanistic DFT Study. Chemistry - A European Journal, 2008, 14: 272–281.
[153] Gulías M, García R, Delgado A, et al. Palladium-catalyzed [3+2] intramolecular cycloaddition of alk-5-enylidenecyclopropanes. Journal of the American Chemical Society, 2006, 128: 384–385.
[154] Garcia-Fandino R, Gulias M, Mascarenas J L, et al. Mechanistic study on the palladium-catalyzed [3+2] intramolecular cycloaddition of alk-5-enylidenecyclopropanes. Dalton Transactions, 2012, 41: 9468–9481.
[155] Trillo B, Gulías M, López F, et al. Palladium-catalyzed Intramolecular [3C+2C] cycloaddition of alkylidenecyclopropanes to allenes. Advanced Synthesis & Catalysis, 2006, 348: 2381–2384.
[156] Yao B, Li Y, Liang Z, et al. Ni-Catalyzed intramolecular cycloaddition of methylenecyclopropanes to alkynes. Organic Letters, 2011, 13: 640–643.
[157] Saya L, Bhargava G, Navarro M A, et al. Nickel-catalyzed [3+2+2] cycloadditions between alkynylidenecyclopropanes and activated alkenes. Angewandte Chemie International Edition, 2010, 49: 9886–9890.
[158] Bhargava G, Trillo B, Araya M, et al. Palladium-catalyzed [3C+2C+2C] cycloaddition of enynylidenecyclopropanes: Efficient construction of fused 5-7-5 tricyclic systems. Chemical Communications, 2010, 46: 270–272.
[159] Araya M, Gulías M, Fernández I, et al. Rhodium-catalyzed intramolecular [3 +2+2] cycloadditions between alkylidenecyclopropanes, alkynes, and alkenes. Chemistry - A European Journal, 2014, 20: 10255–10259.
[160] Evans P A, Inglesby P A. Intermolecular rhodium-catalyzed [3+2+2] carbocyclization of alkenylidenecyclopropanes with Activated alkynes: Regio- and diastereoselective construction of *cis*-fused bicycloheptadienes. Journal of the American Chemical Society, 2008, 130: 12838–12839.
[161] Inglesby P A, Bacsa J, Negru D E, et al. The isolation and characterization of a rhodacycle intermediate

implicated in metal-catalyzed reactions of alkylidenecyclopropanes. Angewandte Chemie International Edition, 2014, 53: 3952–3956.

[162] Evans P A, Baikstis T, Inglesby P A. Stereoselective rhodium-catalyzed [(3+2)+2] carbocyclization reaction of trialkoxysilyl-substituted alkenylidenecyclopropanes with monosubstituted alkynes. Tetrahedron, 2013, 69: 7826–7830.

[163] Evans P A, Inglesby P A, Kilbride K. A concise total synthesis of pyrovellerolactone using a rhodium-catalyzed [(3+2)+2] carbocyclization reaction. Organic Letters, 2013, 15: 1798–1801.

[164] Evans P A, Negru D E, Shang D. Rhodium-Catalyzed [(3+2)+2] carbocyclization of alkynylidenecyclopropanes with substituted allenes: stereoselective construction of tri- and tetrasubstituted exocyclic olefins. Angewandte Chemie International Edition, 2015, 64: 4768–4772.

[165] [166]Saya L, Fernández I, López F, et al. Nickel-catalyzed intramolecular [3+2+2] cycloadditions of alkylidenecyclopropanes. A straightforward entry to fused 6,7,5-tricyclic systems. Organic Letters, 2014, 16: 5008–5011.

[166] Mazumder S, Shang D, Negru D E, et al. Stereoselective rhodium-catalyzed [3+2+1] carbocyclization of alkenylidenecyclopropanes with carbon monoxide: theoretical evidence for a trimethylenemethane metallacycle intermediate. Journal of the American Chemical Society, 2012, 134: 20569–20572.

[167] Gulías M, Durán J, López F, et al. Palladium-catalyzed [4 + 3] intramolecular cycloaddition of alkylidenecyclopropanes and dienes. Journal of the American Chemical Society, 2007, 129: 11026–11027.

[168] Ohashi M, Taniguchi T, Ogoshi S. [3+3] Cyclodimerization of methylenecyclopropanes: Stoichiometric and catalytic reactions of nickel(0) with electron-deficient alkylidenecyclopropanes. Organometallics, 2010, 29: 2386–2389.

[169] Kurahashi T, de Meijere A. C–C bond activation by octacarbonyldicobalt: [3+1] cocyclizations of methylenecyclopropanes with carbon monoxide. Angewandte Chemie International Edition, 2005, 44: 7881–7884.

[170] Kurahashi T, Wu Y T, Meindl K, et al. Cyclopentenones from a novel [4+1]cocyclization of methylenecyclopropanes with fischer carbenechromium complexes. Synlett, 2005: 805–808.

[171] Kamikawa K, Shimizu Y, Takemoto S, et al. Nickel-catalyzed [3+1+1] cycloaddition reactions of alkenyl fischer carbene complexes with methylenecyclopropanes. Organic Letters, 2006, 8: 4011–4014.

[172] Witulski B, Stengel T. *N*-functionalized 1-alkynylamides: new building blocks for transition metal mediated inter-and intramolecular [2+2+1] cycloadditions. Angewandte Chemie International Edition, 1998, 37: 489–492.

[173] Schelper M, Buisine O, Kozhushkov S, et al. Cobalt(I)-mediated intramolecular [2+2+2] cocyclizations of (methylenecyclopropyl)diynes as an easy access to cyclopropanated oligocycles. European Journal of Organic Chemistry, 2005: 3000–3007.

[174] Molchanov A P, Diev V V, Magull J, et al. Carbonyl ylide cycloadditions to C,C-double bonds of methylenecyclopropanes. European Journal of Organic Chemistry, 2005: 593–599.

[175] Fürstner A, Aissa C. ptcl$_2$-catalyzed rearrangement of methylene cyclopropanes. Journal of the American Chemical Society, 2006, 128: 6306–6307.

[176] Shi M, Liu L P, Tang J. Palladium-catalyzed ring enlargement of aryl-substituted methylenecyclopropanes to cyclobutenes. Journal of the American Chemical Society, 2006, 128: 7430–7431.

[177] Ma S, Lu L, Zhang J. Catalytic regioselectivity control in ring-opening cycloisomerization of methylene- or

alkylidenecyclopropyl ketones. Journal of the American Chemical Society, 2004, 126: 9645–9660.

[178] Wong W, Singer S J, Pitts W D, et al. Preparation and X-ray crystallographic determination of the structure of the platinacyclobutenone $[(C_6H_5)_3P]_2Pt$ $[OC_3(C_6H_5)_2]$. Journal of chemical society: Chemical Communications, 1972, 672–673.

[179] Foerstner J, Kakoschke A, Wartchow R, et al. Reactions of cyclopropenone derivatives with a cyclopentadienylcobalt (I) Chelate: Formation of a cobaltacyclobutenone and a transformation of 2,2-dimethoxycyclopropenone to methyl acrylate at cobalt. Organometallics, 2000, 19: 2108–2113.

[180] Neidlein R, Rufińska A, Schwager H, et al. Nickelacyclobutabenzene compounds by oxidative addition of cyclopropabenzene to nickel(0) compounds. Angewandte Chemie International Edition, 1986, 25, 640–642.

[181] Kondo T, Kaneko Y, Taguchi Y, et al. Rapid ruthenium-catalyzed synthesis of pyranopyrandiones by reconstructive carbonylation of cyclopropenones involving C–C bond cleavage. Journal of the American Chemical Society, 2002, 124: 6824–6825.

[182] Wender P A, Paxton T J, Williams T J. Cyclopentadienone synthesis by Rhodium(I)-catalyzed [3+2] cycloaddition reactions of cyclopropenones and alkynes. Journal of the American Chemical Society, 2006, 128: 14814–14815.

[183] Li C, Zhang H, Feng J, et al. Rh(I)-catalyzed carbonylative carbocyclization of tethered ene- and yne-cyclopropenes. Organic Letters, 2010, 12: 3082–3085.

第 3 章　四元环底物参与的碳–碳单键断裂反应

环丁烷的张力能为 26.3 kcal/mol，与环丙烷的张力能 29.0 kcal/mol 相当，因此，环丁烷衍生物在过渡金属催化作用下也能发生类似环丙烷碳–碳 σ 键活化断裂的化学反应。总体而言，环丁烷衍生物 **1** 受张力驱动与过渡金属 **M** 发生碳–碳 σ 键的氧化加成反应得到金属环戊烷中间体 **2**，该中间体 **2** 能经过不同化学反应途径而获得结构多样性的有机化合物。除具有高张力能的联苯烯 **3** 作为反应底物外，其他四元环衍生物如环丁酮 **4**、环丁烯酮或苯并环丁烯酮 **5** 及环丁烯二酮或苯并环丁烯二酮 **6** 等也是常被使用的底物类型，如图 3-1 所示。本章将按照环丁烷底物种类及所参与的具体化学反应途径分节加以叙述。

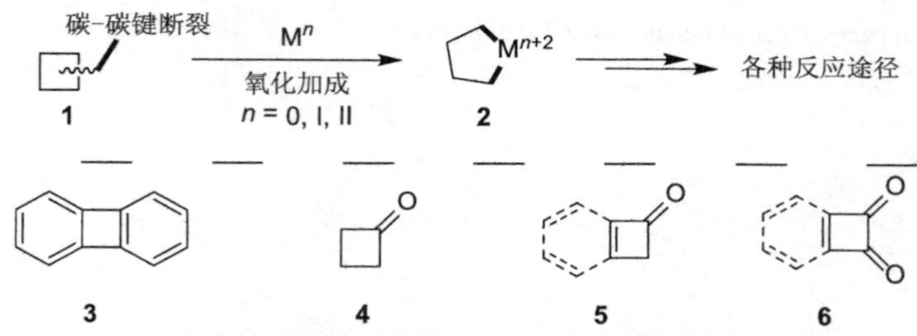

图 3-1　金属催化环丁烷底物参与反应途径及底物结构类型

3.1　联苯烯底物参与的化学反应

联苯烯 **3** 中碳–碳 σ 键的键能大约为 65.4 kcal/mol，比联苯中碳–碳 σ 键的键能（114.4 kcal/mol）小很多，这就决定了联苯烯中碳–碳 σ 键极易发生断裂反应[1, 2]。在过渡金属作用下，除了能解除四元环结构的张力外，碳–碳 σ 键断裂的驱动力还在于能形成两个相对稳定的 C（sp^2）–M 共价键。事实上，过渡金属促进的联苯烯碳–碳 σ 键的断裂反应历史悠久且性质丰富[3]，联苯烯芳基之间的碳–碳 σ 键可与各种过渡金属（如铁[4, 5]、钴[6]、镍[7]、铑[6, 8, 9]、铱[10, 11]、钯[12]和铂[12, 13]等）发生氧化加成反应生成金属环状化合物 **7**。例如早在 1985 年，Eisch 等就报道了联苯烯 **3** 与零价镍络合物之间发生的化学计量反应，得到了碳–碳键断裂的含镍金属有机化合物产物[7]。形成的金属环状中间体 **7** 能参与各种类型的化学反应过程（图 3-2），如 **7** 与一氧化碳的迁移插入/还原消除反应就可获得 9-芴酮产物 **8**；与对称取代的炔烃反应能形成稠环芳烃菲类衍生物 **9**；与氧气发生氧化反应能生成二苯并呋喃产物 **10**；通过氢化还原可得到联苯产物 **11**。Vollhardt 等报道了首例过渡金属催化的联苯烯 **3** 参与的化学反应[14]，如在催化量镍金属络合物 Ni(cod)$(PMe_3)_2$存在条件下，联苯烯 **3** 能发生二聚反应生成对称取代的环辛四烯衍生物 **12**。

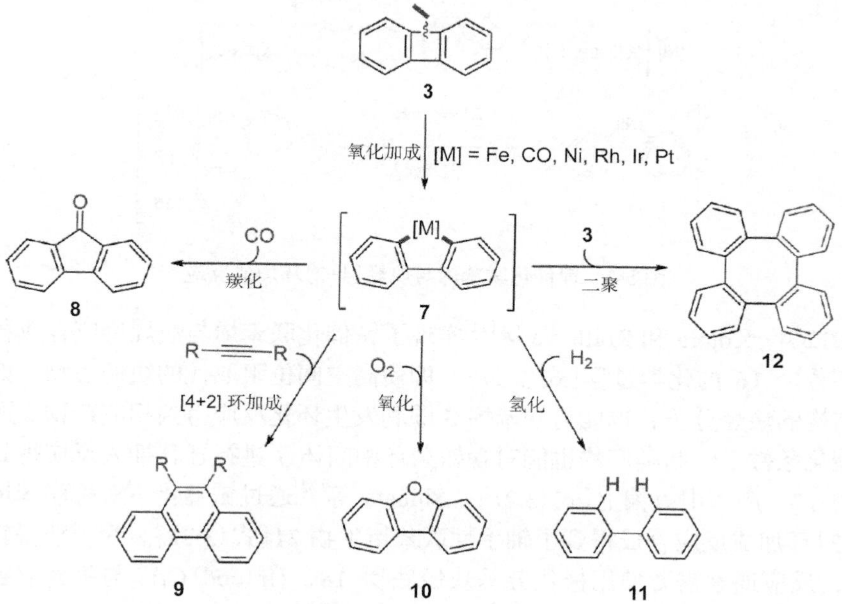

图 3-2　过渡金属参与的联苯烯底物参与的化学反应过程

在联苯烯与过渡金属当量化学反应的基础上，Jones 等[15-17]和 Radius 等[18, 19]进一步研究了镍催化炔烃对金属杂环中间体 **7** 的化学反应，实现了菲类稠环芳烃 **9** 的催化合成。活性镍络合物 **17** 或 **18** 与联苯烯底物 **3** 通过氧化加成反应实现碳–碳 σ 键的断裂生成二价镍五元杂环活性物种 **14**，炔烃 **13** 对碳–镍(II)键迁移插入生成含镍七元杂环中间体 **15**，最后通过还原消除反应生成稠环芳烃 **16** 及再生零价镍催化剂进入下一个催化循环，如图 3-3 所示。通常情况下，该[4+2]环加成反应需要在 70~100℃下发生，然而当使用镍催化剂 **17**[18, 19]时，联苯烯 **3** 与二苯乙炔在室温条件下就能发生化学反应。Jones 等[15-17]的研究工作表明，在镍催化剂 **18** 存在下，诸多对称及非对称取代的内炔皆能发生该类化学反应，但对于贫电子炔烃及端炔，该[4+2]环加成反应不能发生。为了克服镍催化联苯烯与炔烃[4+2]环加成反应的局限性，Jones 等[20]开发了铑(I)催化的化学反应过程，极大地扩大了底物的适用范围，苯乙炔等端炔在铑(I)催化作用下能正常发生该类加成反应。

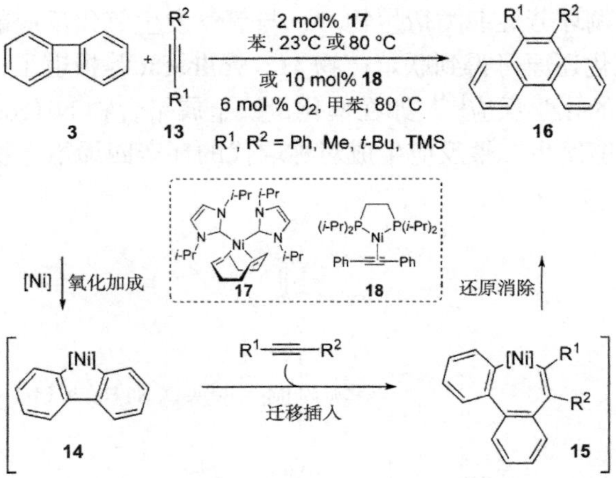

图 3-3　镍催化联苯烯与炔烃[4+2]环加成反应

2012 年, Kotora 和 Roithova 等[21]实现了铱催化联苯烯与炔烃反应合成各种取代稠环芳烃 **16** 的化学过程[式(3.1)]，即使高空间位阻取代的炔烃底物，如含二茂铁结构的炔烃分子，也能与联苯烯 **3** 顺利发生环化反应得到相应产物。而且，在该催化条件下，腈类底物也能对含铱杂环中间体 **7** 进行迁移插入反应得到菲啶衍生物 17，产率中等偏上[式(3.2)]。Shibata 等[22]通过铱催化不对称联苯烯与炔烃[4+2]环加成反应合成得到了轴手性联苯衍生物 **21**[式(3.3)]。为了获得较高的 *ee* 值，反应通常需要使用极化芳基炔烃底物 **18**，$\{Ir(cod)Cl\}_2$ 与手性双膦配体

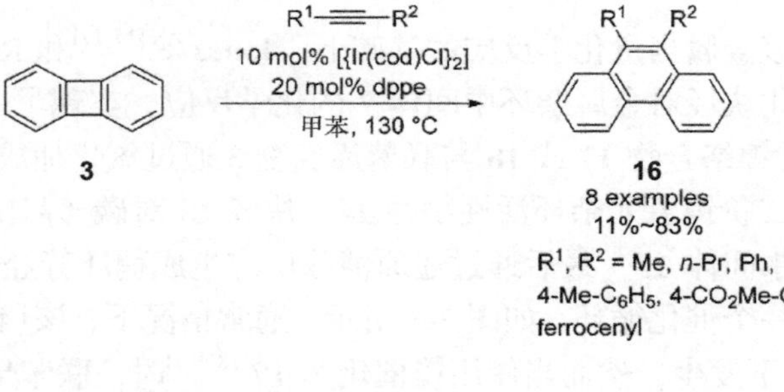

(3.1)

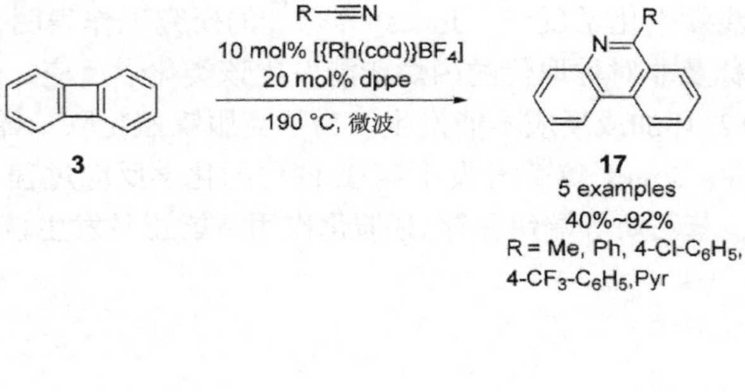

(3.2)

10 mol% [{Ir(cod)Cl}$_2$]
20 mol% **L1**
二甲苯, 100 °C

3 + **18** → **21**

L1
Me-BPE

21
8 examples
23%~77%
9%~95% *ee*

氧化加成
还原消除

19 —**3**, 迁移插入→ **20**

(3.3)

R^1 = Me, OMe, CF_3
R^2 = Me, CH_2OMe, CH_2OTBS, 4-OMe-C_6H_5, 4-CO_2Et-C_6H_5

Me-BPE(**L1**)组成最为有效的催化体系，轴手性产物 **21** 的产率较高，且 *ee* 值最高可达 95%，芳基炔烃底物 **18** 中的邻位取代基团 R^1 对 *ee* 值有着显著的影响。如当 R^1 为甲氧基时，环加成产物 **21** 的 *ee* 值非常低，只有 9%左右；而当 R^1 为三氟甲基时，产物 *ee* 值超过 90%。

过渡金属促进联苯烯 **3** 中的碳–碳 σ 键断裂后，芳香碳原子能被不同取代基团所官能化。例如，Jones 等[23]通过钯催化联苯烯 **3** 和烯烃 **22** 发生反应，实现了碳–碳 σ 键断裂后芳基发生质子及烯基官能化转变过程，高收率获得了邻位烯基取代的联苯型产物 **26**。联苯烯与四三苯基膦合钯通过氧化加成生成含钯五元杂环物种 **23** 后，被弱酸性物质(如对甲苯酚)质子化后生成芳基酚氧基合钯(II)中间体 **24**，随后烯烃底物 **22** 对芳基碳–钯键进行迁移插入反应获得烷基钯络合物 **25**，最后通过 *β*-氢消除反应过程生成 Heck 型产物 **26**。在相同的反应条件下，当使用不同类型的偶联试剂如芳基硼酸 **27**[式(3.4)]时，类似地，联苯烯 **3** 中的碳–碳 σ 键能发生质子及芳基官能化反应，生成 Suzuki 型联苯偶联产物 **28**[23]。具有弱酸性 *α*-氢的偶联底物如甲基酮 **29**[式(3.5)]和芳基乙腈 **31**[式(3.6)]，在钯催化条件下也能顺利地与联苯烯 **3** 发生反应，以高收率的方式分别生成带有羰基和氰基官能团的联苯产物 **30** 和 **32**[23]。

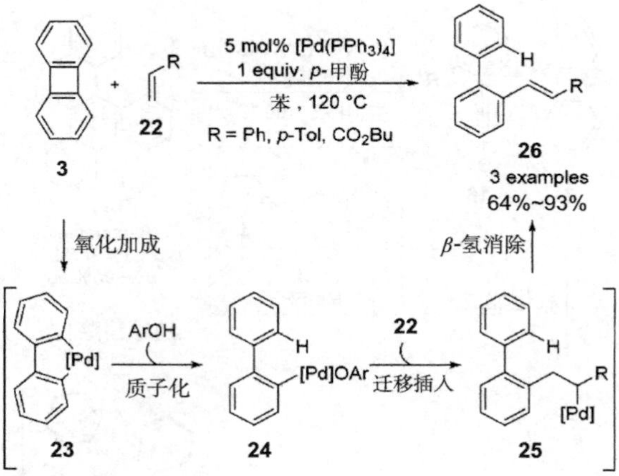

5 mol% [Pd(PPh$_3$)$_4$]
1 equiv. *p*-甲酚
苯，120 °C
R = Ph, *p*-Tol, CO_2Bu

3 + **22** → **26**
3 examples
64%~93%

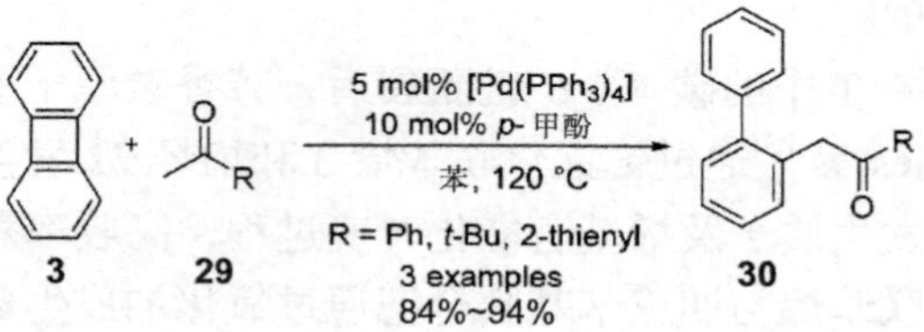

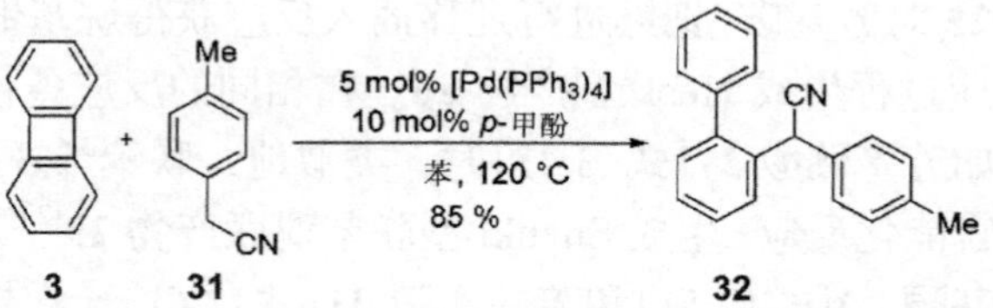

氧化加成　**23**　ArOH 质子化　**24**　**22** 迁移插入　**25**　*β*-氢消除

图 3-4　钯催化联苯烯与烯烃偶联反应

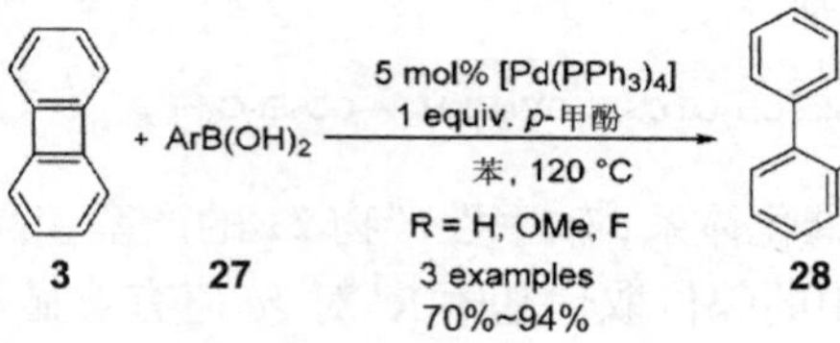

3 + $ArB(OH)_2$ **27** → **28**　(3.4)
5 mol% [Pd(PPh$_3$)$_4$]
1 equiv. *p*-甲酚
苯，120 °C
R = H, OMe, F
3 examples
70%~94%

3 + **29** → **30**　(3.5)
5 mol% [Pd(PPh$_3$)$_4$]
10 mol% *p*-甲酚
苯，120 °C
R = Ph, *t*-Bu, 2-thienyl
3 examples
84%~94%

3 + **31** → **32**　(3.6)
5 mol% [Pd(PPh$_3$)$_4$]
10 mol% *p*-甲酚
苯，120 °C
85 %

在 Vollhardt 实现联苯烯 **3** 催化二聚反应的基础上[14]，Gallagher 等[24]报道了首例非对称取代的杂芳香烃稠合的环辛四烯衍生物 **35** 的合成方法[式(3.7)]。研究结果表明，芳基碳–溴键氧化加成反应速率快于联苯烯碳–碳 σ 键对钯的加成，4-芳基-3-溴吡啶底物 **33** 中的碳–溴键优先与零价钯发生氧化加成后，经分子内碳–氢 σ 键活化/碳钯化过程生成含钯五元杂环中间体 **34**，其被过量联苯烯底物 **3**

所捕获而生成目标产物 **35**。在该反应过程中，能获得芳基碳–溴键被还原之后形成的副产物，这从另一个方面证明了反应是通过含钯五元杂环中间体 **34** 进行的，也解释了该二聚反应收率较低的原因。

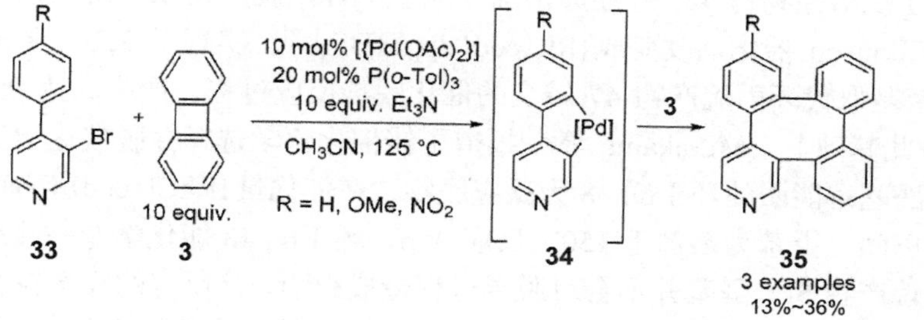

(3.7)

3.2　环丁酮底物参与的化学反应

在所有含有羰基官能团的四元环结构中，环丁酮 **4** 是无需官能团导向作用，直接可与过渡金属发生氧化加成反应的一种最为简单的底物结构类型，在复杂分子的有机合成中具有重要的作用[3]。通常情况下，环丁酮底物 **4** 与过渡金属发生选择性的碳–碳 σ 键氧化加成反应，生成高活性的五元金属杂环化合物 **36**，其能参与各种化学反应途径，在有机合成上作为四碳合成子加以使用。五元金属杂环化合物 **36** 也可发生脱羰反应生成四元金属杂环物种 **37**，在随后的反应过程中作为三碳合成子应用到有机分子的构建之中(图 3-5)。

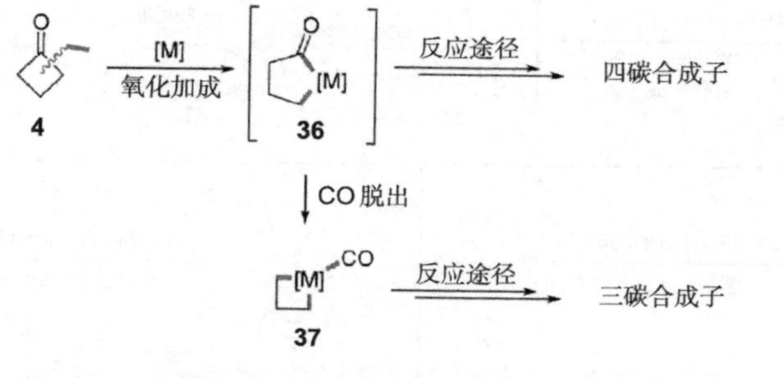

图 3-5　金属催化环丁酮反应途径及在有机合成中的应用

例如，早在 1994 年，Ito 等[25]以环丁酮为底物开创性地实现了铑(I)催化四元环碳–碳 σ 键选择性活化断裂反应。以环丁酮 **38** 为反应底物，铑催化剂对空间位阻小的羰基碳(sp^2)–碳(sp^3) σ 键进行选择性氧化加成反应生成含铑环戊酮活性中间体 **39**，在 50 atm 的氢气存在下，该有机金属化合物发生氢化还原开环反应得到醇产物 **40**，产率高达 87%[图 3-6(a)]。在该反应过程中，环丁酮直接氢化还原为

环丁醇产物 **41** 并没有生成，这表明在该催化条件下，碳(sp^2)–碳(sp^3) σ 键氧化加成反应的速率快于羰基氢化还原反应。同时，Ito 等使用 Wilkinson 催化剂与 **38** 进行化学当量反应，通过氧化加成反应形成的含铑环戊酮中间体 **39** 能发生脱羰反应得到铑环丁烷活性物种 **42**，经还原消除反应生成环丙烷产物 **43**。随后两年，Ito 等通过将 Wilkinson 催化剂改变成{Rh(cod)dppb}BF_4[26]，实现了 3,3-二苄基环丁酮 **44** 向二苄基取代环丙烷产物 **47** 转变的催化脱羰反应过程，产率高达 99%[图 3-6(c)]。在此基础上，Murakami 等[27]报道了铑催化化学选择性脱羰化学反应过程。以含有醛基官能团的环丁酮 **48** 为反应底物，在催化量{RhCl(cod)(NHC)}存在条件下，以间二甲苯为溶剂于 150℃反应 4 h，环丁酮 **48** 能化学专一性地脱羰转变成环丙烷产物 **51**，醛基并不会对脱羰过程造成影响，该反应的收率在 82%以上。此外，除醛官能团外，酯基和无张力酮羰基的存在同样不会影响反应的化学选择性。有趣的是，当使用 Wilkinson 催化剂时，该反应的化学选择性发生了根本性的转变，醛基会发生脱羰反应而环丁酮结构保持不变；而{RhCl(cod)dppp}催化剂的使用则使得反应根本不具有化学选择性，醛和环丁酮都会发生脱羰反应。在该类反应中，配体对反应的化学选择性起着至关重要的作用。

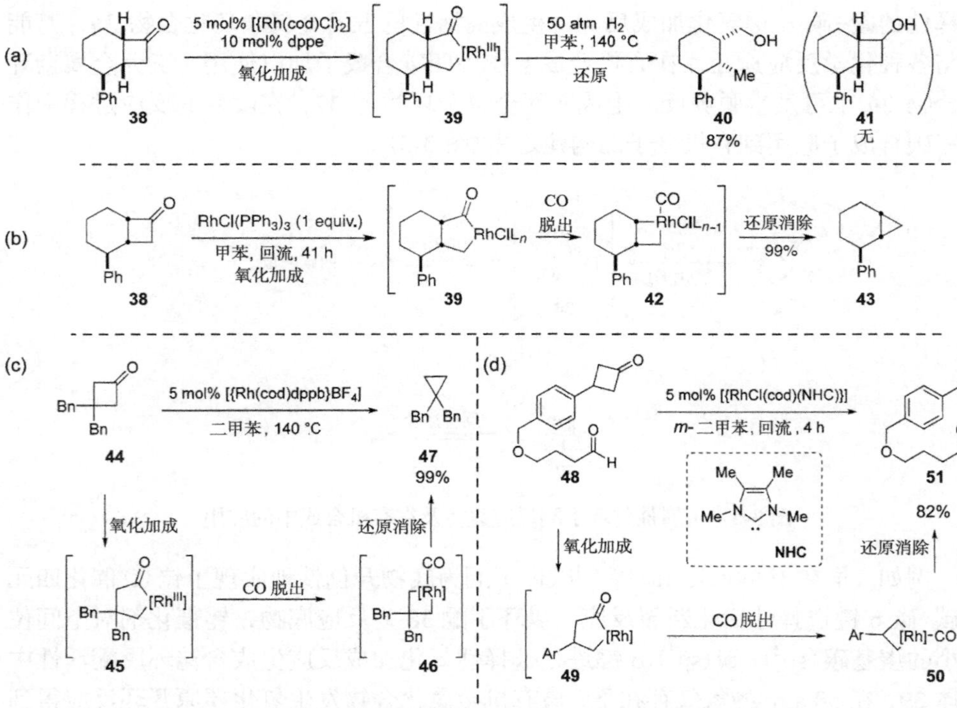

图 3-6　铑催化环丁酮底物的两种反应途径

铑催化环丁酮碳–碳 σ 键活化断裂存在的一个显著问题是，反应通常需要在高温条件下进行。最近，Murakami 等[28]发现一种在室温条件下就能将环丁酮碳–碳 σ 键选择性断裂的新催化体系。使用 PBP 螯合型铑金属络合 **52**，二苯基取代环丁酮底物 **53** 在苯溶剂中于室温条件下就能发生碳–碳键断裂生成含铑环戊酮中间体 **54**，经 CO 脱出和还原消除反应得到环丙烷产物 **55**，收率高达 81%[式(3.8)]。由此可见，发展温和的碳–碳键活化断裂的方法，高效催化剂的设计合成尤为关键。

(3.8)

以环丁酮 **56** 为底物，Murakami 等[29]在 2002 年实现了分子内烯烃对含铑环戊酮中间体 **57** 的捕获反应，即通过烯烃对碳–铑键的迁移插入生成七元环含铑环庚酮活性中间体 **58**，后经还原消除反应生成苯并环庚酮产物 **59**[式(3.9)]。2014 年，Cramer 等[30]成功使用两性离子手性铑金属催化剂 **62** 对环丁酮底物 **60** 进行了不对称氧化加成反应，经分子内烯烃的迁移插入和还原消除反应生成了手性产物 **61**，反应的 *ee* 值在 42%~72%范围内[式(3.10)]。需要说明的是，相对于阳离子铑催化剂而言，两性离子铑金属催化剂 **62** 显著地加快了化学反应速率，因此也极大地降低了反应的温度。通过使用轴手性双膦配体 DTBM-Segphos **L2**[31]，上述反应的 *ee* 值得到明显改善，最高可达 99%[式(3.11)]。此外，底物分子中的烯烃与环丁酮羰基对一价铑金属中心螯合配位作用会产生相对刚性的过渡态，这也是该反应 *ee* 值较高的另外一个重要影响因素。该反应的烯烃适用范围广泛，单取代、二取代及三取代烯烃都能顺利对五元含铑杂环进行迁移插入并最终生成相应的环化产物。

对五元含铑杂环活性中间体的捕获，除烯烃底物外，醛、酮及酯羰基官能团也能起到类似的作用。如 Cramer 等[32]以含有羰基官能团的环丁酮 **65** 为反应物，在羰基官能团导向作用下实现了铑金属对环丁酮结构中碳–碳 σ 键选择性不对称氧化加成反应，生成五元杂金属环状中间体 **66**。分子内羰基官能团对碳–铑键进行迁移插入反应生成酰基三价金属铑物种 **67**，还原消除反应即可构建碳–氧 σ 键得到光学纯内酯产物 **68**[式(3.12)]。该反应的产率在 64%~89%，*ee* 值最高可达到 99.6%。类似地，底物分子中的双羰基官能团对一价手性铑金属中心的刚性螯合配位作用有利于控制氧化加成反应步骤的对映选择性，这也成为该反应 *ee* 值较高的至关重要的影响因素。

R^1 R^2 **56**

5 mol% [Rh(nbd)dppp]PF_6
10 mol% BHT
m-二甲苯，135 °C
R^1 = H
R^2 = H, Me, CF_3

R^1 R^2 **59**
3 examples
72%~89%

[Rh^I]　　还原消除　　(3.9)

R^1 R^2 [Rh^{III}] **57**　迁移插入　R^1 R^2 [Rh^{III}] **58**

R^1 R^2 R^3 **60**

10 mol% **62**
50 mol% H_2
二氯乙烷，90 °C
R^1 = Me, Et, Ph, CH_2OR
R^2 = H, OMe; R^3 = Me

R^1 R^2 R^3 **61**
5 examples
51%~92%
42%~72% *ee*

Ph Ph B P Rh P **62**　　(3.10)

R^1 R^2 R^3 R^4 R^5 **63**

2.5 mol% [{RhCl(cod)}$_2$]
6 mol% (*R*)-**L2**
二氧杂环己烷，110 °C
R^1 = Me, Et, CO_2Me, CH_2OR
R^2 = H, OMe, Me, F
R^3 = Me, *n*-Bu; R^4 = Me, CH_2OR
R^5 = H
R = Bn, TIPS

R^1 R^2 R^3 R^4 R^5 **64**
15 examples
73%~96%
95%~99% *ee*
> 20 : 1 *dr*

P(DTBM)$_2$
P(DTBM)$_2$
L2
DTBM-Segphos
DTBM = 3,5-*t*-Bu-4-MeO-C_6H_2　　(3.11)

R^1 R^2 R^3 **65**

2.5 mol% [{RhCl(cod)}$_2$]
6 mol% (*S*)-**L 2**
二氧杂环己烷，110 °C
R^1 = Me, Et, CN, CO_2Me,
CH_2OBn
R^2 = OMe, Me, F, CF_3, Cl
R^3 = H, CO_2Et, Me

R^1 R^2 R^3 **68**
13 examples
64%~89%
>99% *ee*

(3.12)

[Rh^I]　氧化加成　　还原消除

R^1 R^2 R^3 [Rh^{III}] **66**　羰基迁移插入　R^1 R^2 R^3 [Rh^{III}] **67**

2014 年，Dong 等[33]使用 2-氨基-3-甲基吡啶作为临时性导向基团，实现了铑催化分子内烯烃和环丁酮结构片段的[4+2]环加成反应。环丁酮底物 **69** 与 2-氨基-3-甲基吡啶 **70** 首先发生缩合反应生成亚胺中间体 **71**，在吡啶导向官能团的配位作用影响下，Rh(I)选择性地对碳–碳 σ 键进行氧化加成反应生成五元金属环中间体 **72**，分子内烯烃对碳–铑键进行迁移插入反应形成七元金属环活性物种 **73**，经还原消除反应形成碳–碳 σ 键得到双环亚胺中间产物 **74**，亚胺水解即转变成最终[4+2]环加成产物 **75**(图 3-7)。值得一提的是，Dong 等初步尝试了使用手性亚磷酰胺配体来实现 Rh(I)催化不对称分子内[4+2]环加成反应过程，*ee* 值仅为 37%左右。

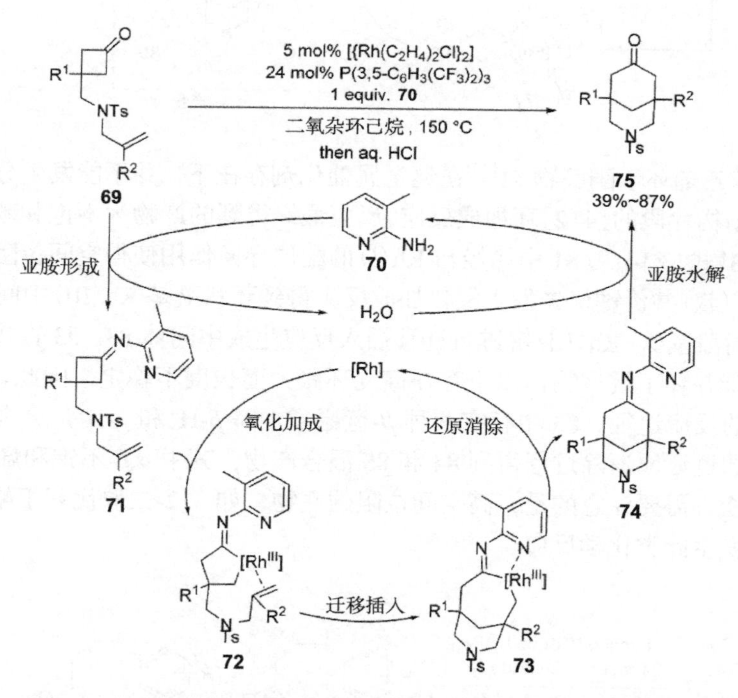

图 3-7　铑催化分子内烯烃和环丁酮结构片段的[4+2]环加成反应

与铑催化分子内烯烃和环丁酮结构片段的[4+2]环加成反应有所区别，带有丙二烯结构片段的环丁酮底物 **76**[34]在与 Rh(I)发生氧化加成反应时，不需要使用临时性的导向基团 2-氨基-3-甲基吡啶 **70**，分子内丙二烯对五元金属杂环物种也并非直接通过迁移插入/还原消除反应过程生成[4+2]环加成产物环己酮 **80**，而是通过先形成烯丙基型铑中间体 **77**，异构化为环戊酮主要产物 **78** 或 **79**。在该反应中，丙二烯单元类似于卡宾一碳等价物，实现的是[4+1]环加成反应过程。此外，当使用手性亚磷酰胺配体实现 Rh(I)催化分子内丙二烯对环丁酮的[4+1]不对称环加成反应时，反应 *ee* 值高达 96%以上[式(3.13)]。

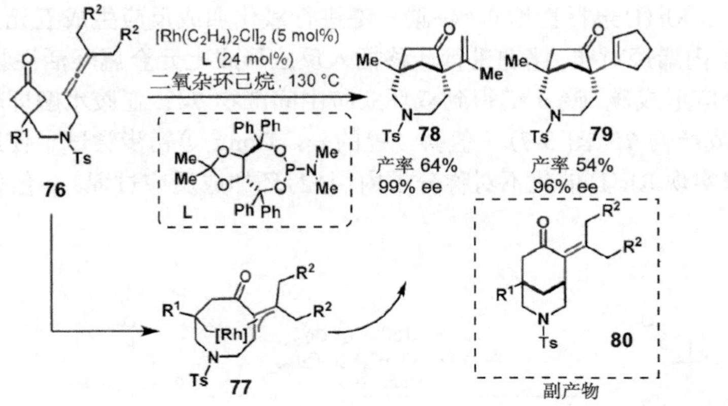

$[Rh(C_2H_4)_2Cl]_2$ (5 mol%)
L (24 mol%)
二氧杂环己烷, 130 °C

76　78 产率 64% 99% ee　79 产率 54% 96% ee　(3.13)

77　80 副产物

2-邻苯乙烯环丁酮底物 **81**[35]在铑金属催化剂存在下，并不能发生分子内烯烃对环丁酮结构片段的[4+2]环加成反应，反应最终得到的产物为不饱和苯并环辛烯酮 **84** 和 **85**[式(3.14)]。**81** 中烯烃与 Rh(I)的配位导向作用使得空间位阻较大的碳(羰基)–碳(叔)共价键优先发生氧化加成反应得到环状酰基 Rh(III)中间体 **82**，分子内烯烃对酰基碳–Rh(III)键进行迁移插入反应生成中间体 **83**。**83** 直接还原消除反应生成苯并环丁烷产物，由于存在高度环张力而极度不稳定，因此，*β*-氢消除成为主要的反应途径。**83** 中存在两种 *β*-氢原子，即 *β*-H[a] 和 *β*-H[b]，分别发生 *β*-氢消除后再通过还原消除过程得到 **84** 和 **85** 混合产物，其中 *α,β*-不饱和烯酮产物 **84** 为主要产物。需要注意的是，高空间位阻的底物，如 2,2-二取代环丁酮或多取代烯烃不能发生此类化学反应。

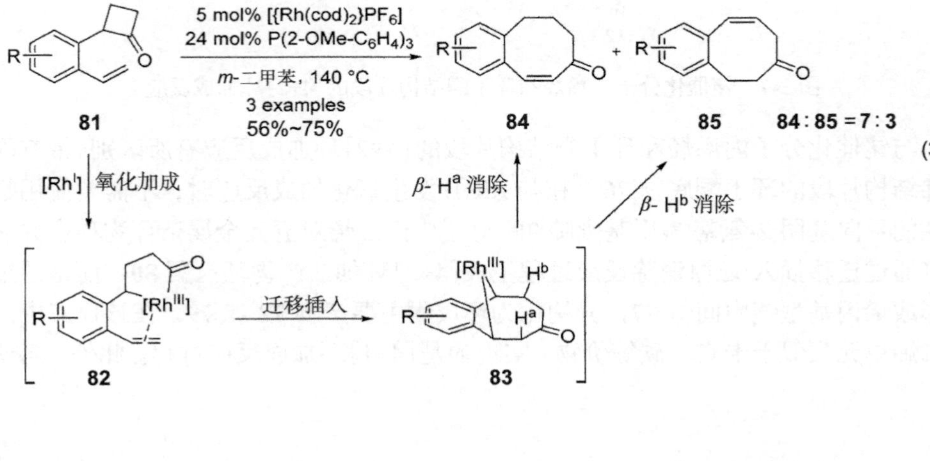

5 mol% $[\{Rh(cod)_2\}PF_6]$
24 mol% $P(2\text{-}OMe\text{-}C_6H_4)_3$
m-二甲苯, 140 °C
3 examples
56%~75%

81　84　85　84 : 85 = 7 : 3　(3.14)

[Rh^I] 氧化加成　*β*- H[a] 消除　*β*- H[b] 消除　迁移插入

82　83

2012 年，Murakami[36]等使用含有二硅烷结构的环丁酮 **86** 作为底物，通过钯催化剂实现了碳–碳 σ 键的活化断裂，以较高产率的方式得到了含硅杂环骨架化合物 **90**［式(3.15)］。在该反应过程中，硅–硅 σ 键首先对钯进行氧化加成反应生成二硅基钯中间体 **87**，随后环丁酮结构中的羰基碳–碳 σ 键对二价钯金属中心再次进行氧化加成形成四价钯物种 **88**。**88** 先后发生两次还原消除反应，分别形成 C(sp^3)–Si 和 C(sp^2)–Si 共价键，从而得到酰基硅产物 **90**，并且再生零价钯催化剂。

5 mol% [CpPd(π-allyl)], 20 mol% P(n-Bu)$_3$
p- 二甲苯, 130 °C, 60 h
R^1 = Me, Ph, $(CH_2)_3OBn$
R^2 = H, OMe, F
86　**90**
9 examples
70%~81%
氧化加成　还原消除
87　氧化加成　**88**　还原消除　**89**

(3.15)

在上述工作基础上，Murakami 等[37]进一步研究了 Pd(0)催化配体控制的带有环丁硅烷结构的环丁酮底物 **91** 的重排反应过程［式(3.16)］。当使用空间位阻很大的二金刚烷基正丁基膦配体时，双环［5.2.1］癸硅烷 **96** 为主要产物，产率在 76%~87%之间；然而，当使用空间位阻较小的三甲基膦配体时，带有醛官能团的环戊硅烷产物 **97** 为主要产物，产率在 72%以上。反应历程如式(3.16)所示，环丁硅烷结构对钯进行氧化加成反应生成五元环金属中间体 **92**，随后环丁酮结构中的羰基碳–烷基碳 σ 键对二价钯金属中心再次进行氧化加成形成四价钯物种 **93**。四价钯物种 **93** 经还原消除反应生成中间体 **94** 后，在空间位阻较大膦配体存在条件下，β-氢消除反应得到抑制，经还原消除反应生成双环［5.2.1］癸硅烷 **96** 主产物；但在空间位阻较小膦配体存在条件下，β-氢消除为主要反应途径，后经还原消除即生成醛产物 **97**。

[Pd], L; 或; 91; 96 8 examples 76%~87%; 97 7 examples 72%~86%; 氧化加成; 92; 还原消除; L = P(Ad)$_2$(n-Bu); 还原消除; 氧化加成; 93; 还原消除; 94; L = PMe$_3$ β-氢消除; 95

R^1 = H, Me, Ph, $(CH_2)_3OBn$
R^2 = Me, Ph

(3.16)

3.3 环丁烯酮或苯并环丁烯酮参与的化学反应

除环丁酮外，环丁烯酮和苯并环丁烯酮已经被作为能与过渡金属直接发生氧化加成而使碳–碳 σ 键发生断裂的反应底物[3]。在环丁烯酮或苯并环丁烯酮底物中存在两种性质不同的碳–碳 σ 键，其中一个为 C(sp^2)–C(羰基)共价键，另一个为 C(sp^3)–C(羰基)共价键，因此，碳–碳 σ 键断裂的位置选择性成为该类物质参与反应时所需要解决的一个挑战性问题。环丁烯酮 **5** 能经过热电环化开环反应可逆地形成烯酮 **98**[38]，C^1–C^4 σ 键断裂生成金属五元杂环中间体 **99** 是一种优势路径(路径 A)。然而，C^1–C^2 σ 键断裂生成金属五元杂环中间体 **100** 在热力学上也是有利的路径(路径 B)，其原因在于路径 B 生成的 C(sp^2) –M 键比通过路径 A 生成的 C(sp^3) –M 键更为稳定，键能也更高。此外，中间体 **99** 和 **100** 都存在脱出一氧化碳生成金属环丁烯中间体 **101** 的可能性，因此，环丁烯酮或苯并环丁烯酮衍生物既可以作为四碳合成子，也可以作为三碳合成子应用到有机合成中(图 3-8)。

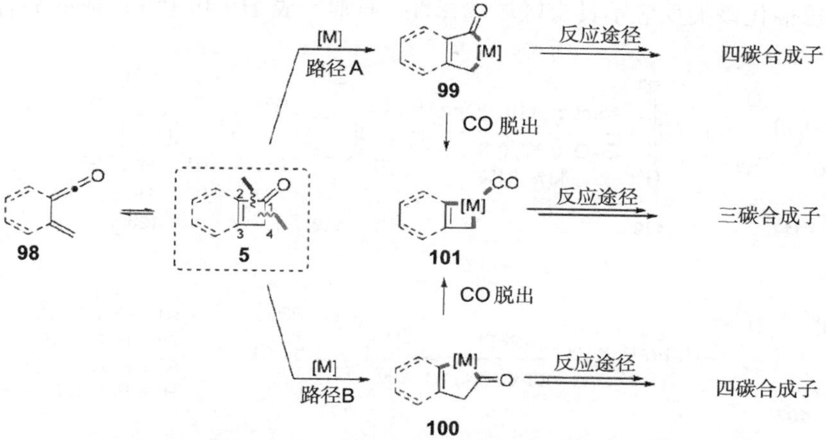

图 3-8　金属催化环丁烯酮或苯并环丁烯酮反应途径及在有机合成中的应用

Liebeskind 等[39-41]报道了化学当量过渡金属活化断裂环丁烯酮底物中碳–碳 σ 键的开创性研究工作。当环丁烯酮 **102** 与等当量 $Rh(PPh_3)_3Cl$ 反应时，C^1–C^4 σ 键断裂而生成含铑五元杂环产物 **103**(图 3-9)，连有吸电子取代基团的环丁烯酮底物反应活性更高，铑金属络合物 **103** 的结构也经单晶 X 射线衍生加以确证。相同的化学反应过程在苯并环丁烯酮底物上也能发生，如 **104** 与等当量 $Rh(PPh_3)_3Cl$ 反应 5 h 后，C^1–C^4 和 C^1–C^2 σ 键皆能发生断裂，分别生成产物 **105** 和 **106**(**105**：**106** = 1：2)；当延长反应时间到 5 天时，混合产物 **105** 和 **106** 的比例为 1：30，C^1–C^2 σ 键断裂生成的 **106** 为主要产物，此外，通过将反应温度提高至 130℃，**105** 能异构化为 **106**。上述实验结果充分表明，**105** 是动力学控制的产物，而 **106** 是热力学稳定的产物。Liebeskind 等[40]尝试通过炔烃对形成的含铑五元杂环产物 **103** 进行迁移插入反应，但没有成功。除铑金属外，等当量钴金属络合物 **107**[39]也能实现环丁烯酮或苯并环丁烯酮底物中碳–碳 σ 键的活化断裂(图 3-10)。当 **107** 与环丁烯酮 **112** 反应时，含钴环戊酮产物 **113** 能成功地获得，但该反应的产率仅有 26%，低收率可能是由于乙氧基取代的环丁烯酮底物 **112** 亲电性能降低导致的。当使用路易斯酸 $ZnCl_2$ 增强反应活性时，C^1–C^2 σ 键断裂生成的区域异构体 **111** 能以 36%的收率获得。在该过程中，$ZnCl_2$ 活化环丁烯酮 **108** 中的羰基官能团，使得钴金属络合物 **107** 对羰基进行亲核加成得到中间产物 **109**，随后通过 *α*-消除反应实现了碳–碳 σ 键断裂反应生成区域异构体 **111**。当 **107** 与苯并环丁烯酮 **114** 等当量反应时，两种碳–碳 σ 键断裂形成的氧化加成产物 **115** 和 **116** 分别以 40%和 20%的收率获得。与含铑环戊酮金属络合物不同，上述含钴环戊酮产物皆能与炔烃进行化学计量反应生成苯酚衍生物。在此基础上，以过渡金属催化的方式[42]实现环丁烯酮 **117** 和炔烃 **118** 的偶联反应得以实现[式(3.17)]。对于非对称取代的内炔，镍催化该类反应不具有区域选择性，通常生成 **119** 和 **120** 组成的混合产物。

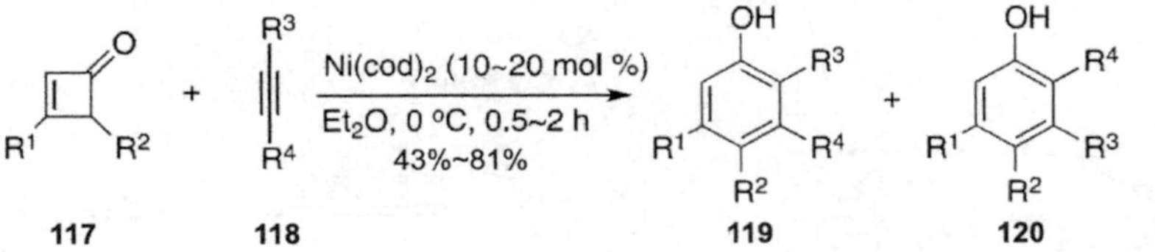

117 + 118 (R³—≡—R⁴) $\xrightarrow[\text{Et}_2\text{O, 0 °C, 0.5~2 h; 43\%~81\%}]{\text{Ni(cod)}_2\ (10\text{~}20\ \text{mol \%})}$ 119 + 120　　(3.17)

102 + $Rh(PPh_3)_3Cl$ $\xrightarrow[\text{60 °C或90 °C}]{\text{PhCl}}$ 103

R^1 = Et, R^2 = Et　75%
R^1 = H, R^2 = Bu　71%
R^1 = H, R^2 = OEt　92%
R^1 = PhCO, R^2 = H　89%

104 + $Rh(PPh_3)_3Cl$ $\xrightarrow{\text{PhCl, 回流}}$ 105 + 106

105 $\xrightarrow{\text{PhCl-}d_5\text{, 130 °C}}$ 106

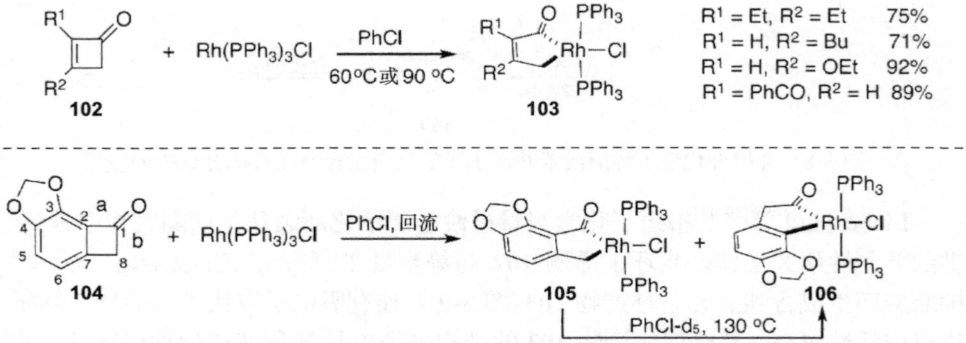

图 3-9　化学计量铑金属促进环丁烯酮和苯并环丁烯酮中碳–碳键活化

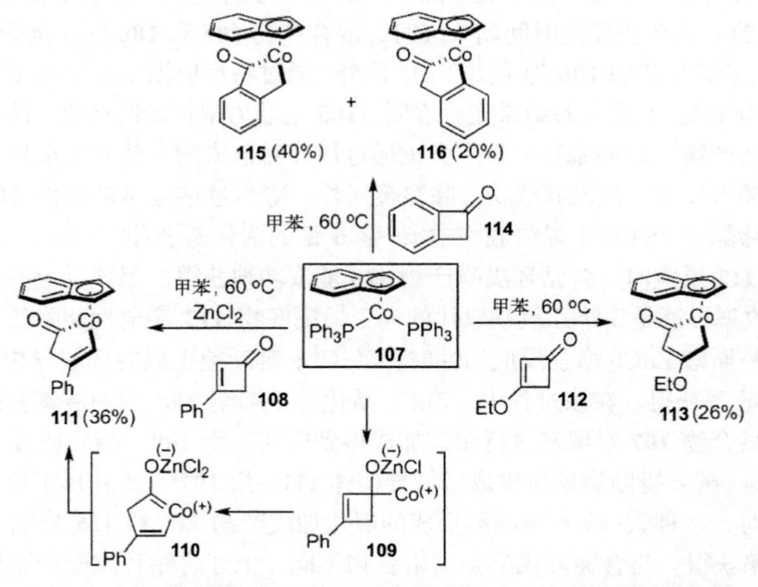

图 3-10　化学计量钴金属促进环丁烯酮和苯并环丁烯酮中碳–碳键活化

2004 年，Kondo 和 Mitsudo 等[43]报道了钌和铑催化环丁烯酮开环二聚立体选择性合成 2-吡喃酮的方法(图 3-11)。环丁烯酮 **121** 与 5 mol% $\{RuCl_2(CO)_2\}_2$ 在甲苯溶液中于 110℃下反应 12 h 能高产率和高立体选择性地生成 6-烯基-2-吡喃酮衍生物(*Z*)-**125**。有趣的是，将催化剂改变成$\{RhCl(CO)_2\}_2$ 后，反应的立体选择性完全翻转，铑催化反应高产率专一性地生成吡喃产物(*E*)-**125**。从机理的角度而言，环丁烯酮 **121** 与过渡金属发生区域选择性氧化加成开环反应生成五元杂环中间体 **122**，其可逆性转变成 η^4-烯基烯酮金属络合物 **123**，并且彼此形成动态平衡体系，**123** 与等当量的烯基取代的烯酮发生杂 Diels-Alder 反应生成中间体 **124**。金属催化烯烃异构化反应将中间体 **124** 转变成 2-吡喃酮衍生物 **125**。

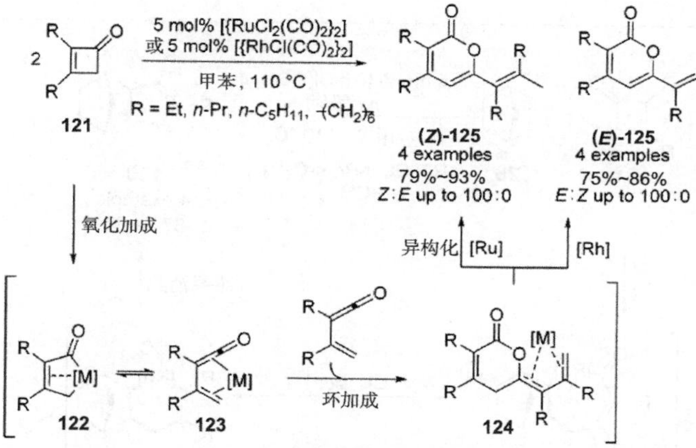

图 3-11　钌和铑催化环丁烯酮开环二聚反应

在上述工作的基础上，Kondo 和 Mitsudo 等[43]进一步实现了铑催化环丁烯酮 **121** 与降冰片烯 **126** 直接偶联[式(3.18)]和脱羰偶联反应过程[式(3.19)]。在 30 atm 一氧化碳存在条件下，环丁烯酮与降冰片烯通过[4+2]环加成反应能高产率地获得环己烯酮产物 **128**；与之不同的是，当反应在氩气气氛下进行时，环丁烯酮与降冰片烯发生脱羰偶联反应，环戊烯衍生物 **130** 能以 67%~84%产率分离得到。环丁烯酮 **121** 与$\{RhCl(CO)_2\}_2$ 首先发生 C^1–C^4 σ 键断裂的氧化加成反应得到含铑环戊烯酮中间体 **122**，降冰片烯与之配位后，通过烯烃对 C(sp^3)–Rh 键的迁移插入生成含铑环庚烯酮中间体 **127**，在一氧化碳存在条件下，脱羰生成含铑环己烯 **129** 得到抑制，中间体 **127** 只能通过还原消除反应生成环己烯酮产物 **128**。但是，在惰性气体氛围下，脱羰过程与还原消除构成一对竞争反应，脱羰反应速率更快，后经还原消除过程之后生成环戊烯衍生物 **130**。

121 + 126 —— 5 mol% $[\{RhCl(CO)_2\}_2]$, 30 atm CO, 甲苯, 110 °C, R = Et, *n*-Pr, *n*-C_5H_{11}, $-(CH_2)_6-$ ——> 128 (4 examples, 78%~94%)

氧化加成 → [123 ⇌ 122 —— 迁移插入 ——> 127] → 还原消除 → 128

(3.18)

121 + 126 —— 5 mol% $[\{RhCl(CO)_2\}_2]$, Ar 气氛, 甲苯, 110 °C, R = Et, *n*-Pr, *n*-C_5H_{11}, $-(CH_2)_6-$ ——> 130 (4 examples, 67%~84%)

→ [127 —— CO 脱出 ——> 129] → 还原消除 → 130

(3.19)

Kondo 和 Mitsudo 等[44]进一步将活泼的降冰片烯底物扩展到单取代的烯烃底物，实现了高度区域选择性的环化反应过程，再经脱氢氧化和异构化步骤最终得到了多取代苯酚衍生物 **135**(图 3-12)，在该反应过程中，三环己膦配体的使用抑制了铑催化环丁烯酮开环二聚副反应过程[43](图 3-11)，使反应具有较高的化学选择性。就反应历程而言，环丁烯酮 **121** 可能首先通过电环化开环反应实现 C^1–C^4 σ键断裂，生成烯基取代烯酮后与铑金属形成 η^4-络合物 **123**，随后与贫电子烯烃发生高度区域选择性的[4+2]环加成反应，形成环己烯酮配位的铑金属络合物 **132**。芳构化驱动的脱氢氧化过程使得 **132** 生成中间体 **133** 或 **134**，它们都能通过酮与烯醇之间的互变异构过程得到相同的苯酚类产物 **135**。另外一种生成金属络合物 **132** 的可能途径是，首先区域选择性的环丁烯酮 C^1–C^4 σ 键与铑金属发生氧化加成生成含铑环戊烯酮 **122**，烯烃随后对 **122** 中的 C(sp^3)–Rh 键进行高度区域选择性的迁移插入，经还原消除后形成环己烯酮中间体。

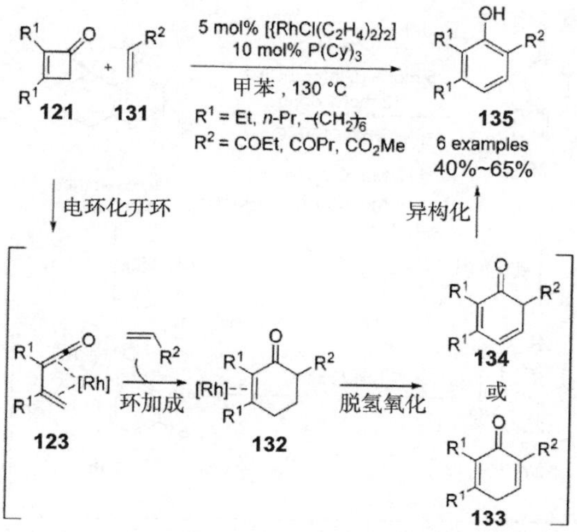

图 3-12　铑催化环丁烯酮与烯烃分子间偶联反应

2012 年，Dong 等[45]实现了铑催化分子内烯烃与苯并丁烯酮区域选择性的[4+2]环加成反应过程，构建了多环稠合的分子骨架 **139**[式(3.20)]。首先，在烯烃配位导向作用下，铑金属催化剂对苯并丁烯酮结构中的 C(sp^2)–C(酰基) σ 键进行高度区域选择性的氧化加成反应，生成的含铑苯并环戊酮中间体 **137** 经分子内烯烃对芳基–铑共价键的迁移插入后获得含铑七元环金属络合物 **138**，最后经还原消除反应形成 C(sp^3)–C(酰基) σ 键完成了环己酮结构片段的构建。在该反应过程中，通过使用与金属中心形成大咬合角的双膦配体(dppb)可以有效减少因脱羰过程所形成的副产物，极大提高了主反应的产率。烯烃的适应范围比较广泛，端烯、二取代及三取代烯烃都能顺利地发生该环加成反应得到相应的产物。$ZnCl_2$ 等路易斯酸共催化剂的加入，能极大提高化学反应的活性，扩大了底物的适应范围。在上述工作基础上，通过使用轴手性双膦配体 DTBM-Segphos (**L2**)，Dong 等[46]进一步实现了铑催化烯烃对苯并环戊酮的不对称[4+2]环加成反应，*ee* 值变化范围为 92%~99%，产率最高可达 97%[式(3.21)]。文献中报道的稠合环萜天然产物 cycloinumakiol **142** 分子中具有化合物 **139** 的核心骨架结构片段，Dong 等[47]以苯并环丁烯酮 **140** 为原料，通过[$\{Rh(CO)_2Cl\}_2$]/P(C_6F_5)$_3$ 催化体系成功实现了分子内环己烯对苯并环丁烯酮的[4+2]环加成，得到了稠合四环产物 **141**，产率为 66%[式(3.22)]。在此基础上，通过一系列化学转化反应，Dong 等合成得到了文献报道中的天然产物 cycloinumakiol **142**，但 **142** 的核磁谱图与实际天然产物的核磁谱图不一致，为此，Dong 等对报道的天然产物结构进行了修正。

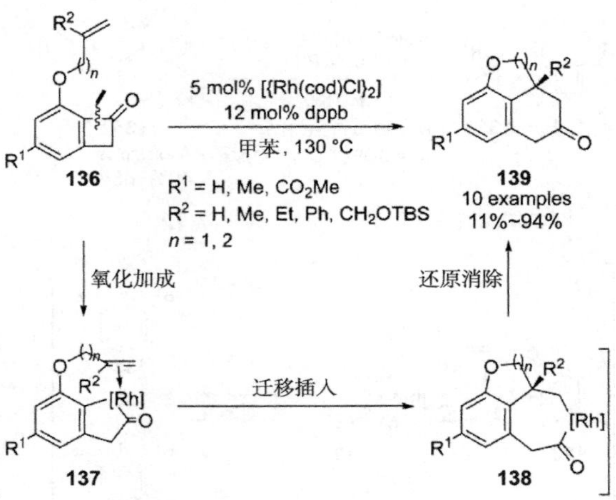

(3.20)

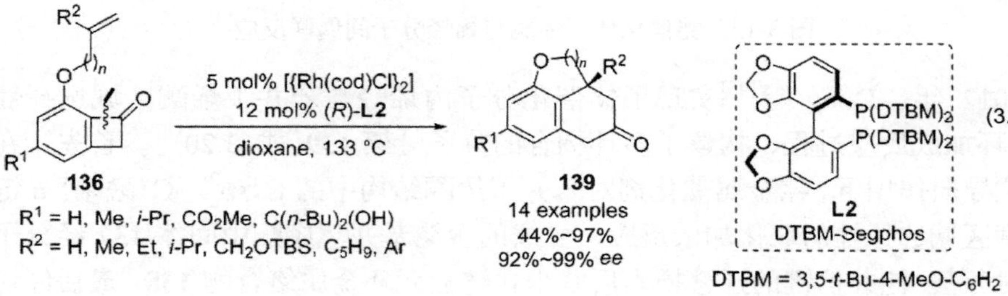

(3.21)

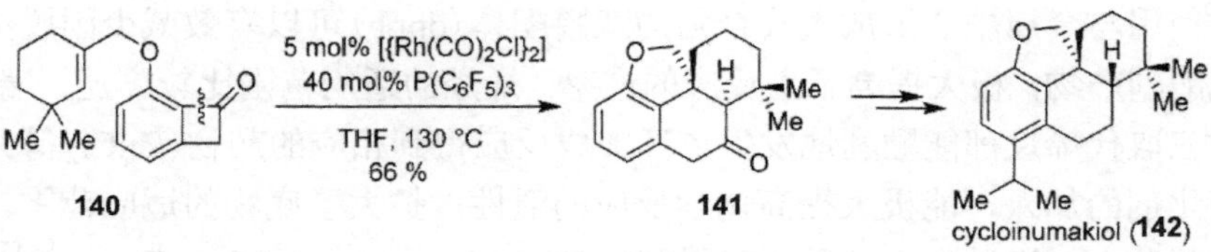

(3.22)

铑催化分子内苯并环丁烯酮与烯烃之间的脱羰偶联反应[48]成功地实现了螺环骨架结构 **147** 的构建(图 3-13)。苯并环丁烯酮底物 **143** 中的烯烃官能团与铑金属的配位导向作用使得 C^1–C^2 σ 键得到选择性的活化并与 $[\{Rh(CO)_2Cl\}_2]/P(C_6F_5)_3$ 催化剂通过氧化加成反应生成铑金属络合物 **144**，经分子内烯烃对芳基–铑共价键的迁移插入反应后获得七元杂环铑金属络合物 **145**。通过 *β*-氢消除和 CO 脱出反应，**145** 能转变成烯烃配位的烷基铑金属化合物 **146**，最后，经还原消除反应和烯烃异构化过程，螺环骨架结构 **147** 得以形成。值得一提的是，贫电子 $\{Rh(CO)_2Cl\}_2$ 前体催化剂和 $P(C_6F_5)_3$ 配体组成的体系，能使铑金属络合物 **145** 发生还原消除反应的速率大为降低，竞争性的 *β*-氢消除过程得以有效实现。

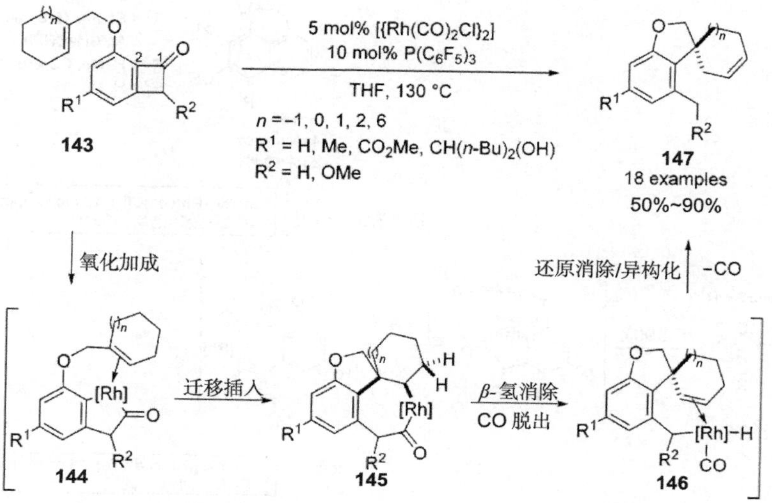

图 3-13　铑催化苯并环丁烯酮与烯烃分子内脱羰偶联反应

除烯烃能对五元含铑杂环中间体 **100** 进行猝灭反应外，炔烃也可以对碳–铑共价键进行迁移插入，铑催化分子内炔烃对苯并环丁烯酮的直接及脱羰偶联反应构建稠合杂环的合成方法得到了发展[49]（图 3-14）。与含有烯烃官能团苯并环丁烯酮底物类似，炔烃与铑金属的配位导向作用使得苯并环丁烯酮结构中芳基和羰基之间的碳–碳共价键选择性地活化断裂生成铑金属杂环化合物 **149**，经分子内炔烃对芳基–铑共价键的迁移插入反应后获得七元杂环铑金属络合物 **150**。在不同的反应条件下，**150** 可经还原消除反应生成 *β*-萘酚产物 **151**；也可经脱羰反应生成六元杂金属环 **152** 后，最终通过还原消除反应得到茚衍生物 **153**。双膦配体 Dppp 是最为有效的能促进铑金属络合物 **150** 迅速发生还原消除反应的配体；脱羰偶联反应过程需要在惰性气体存在条件下或敞开体系下进行，DTBM-Segphos 双膦配体对该脱羰反应过程表现出高度活性。碳氮双键也能起到类似于烯烃和炔烃的作用[50]，如甲基肟底物 **154** 就可以在铑催化剂存在条件下，实现对苯并环丁烯酮不对称迁移插入反应生成手性内酰胺产物 **155**［式(3.23)］。为了使铑催化分子内不对称杂[4+2]环加成反应有效进行，双手性膦配体混合体系被使用，其中螺手性双膦配体(*R*)-xylyl-SDP 控制反应具有高的对映选择性，轴手性双膦配体(*S*)-xylyl-BINAP 保证了催化剂的转化率更高。

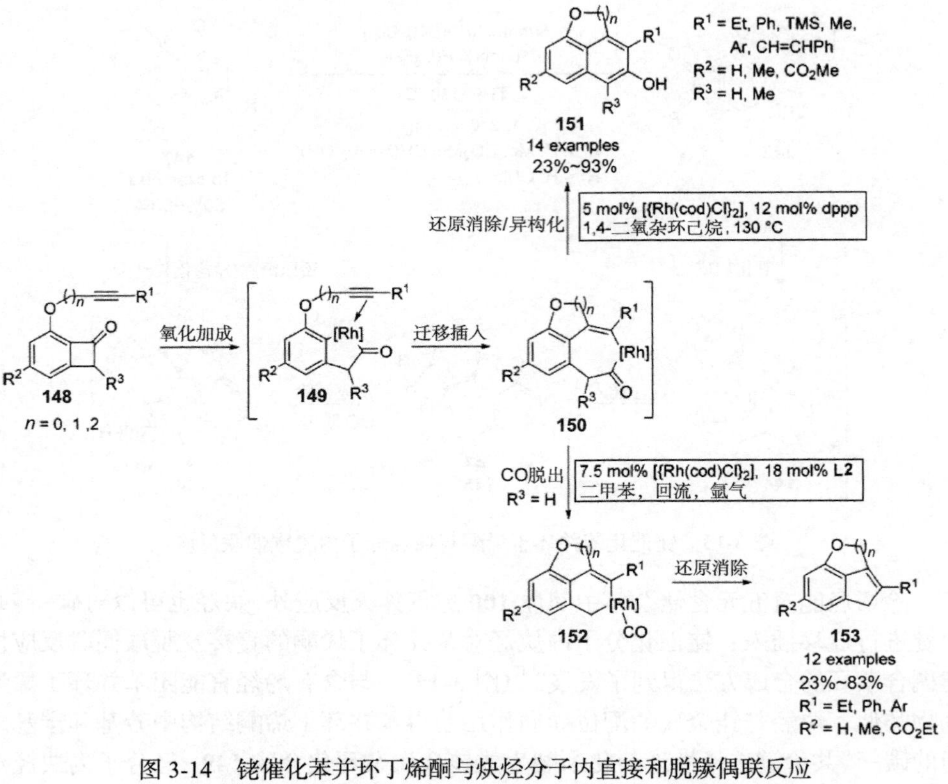

图 3-14　铑催化苯并环丁烯酮与炔烃分子内直接和脱羰偶联反应

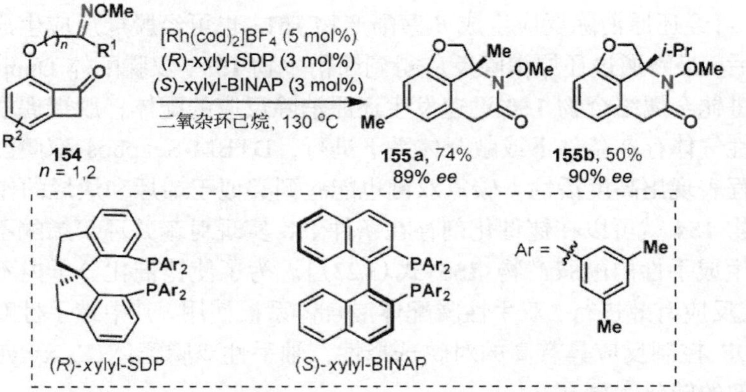

(3.23)

3.4　环丁烯二酮或(和)苯并环丁烯二酮参与的化学反应

前面已详细阐述了多种含羰基官能团的环丁烷底物参与的碳–碳共价键活化断裂反应，但环丁烯二酮却是最早用于碳–碳键活化断裂研究的底物类型。一方面是由于环丁烯二酮具有高的张力能且相对稳定和易得；另一方面，它展现了更高的反应活性，与过渡金属发生氧化加成后生成的酰基碳–金属键相对烷基–金属键而言，键能更高，也更加稳定。环丁烯二酮和苯并环丁烯二酮 **5** 与过渡金属发生氧化加成有两种途径，其一，烯烃碳和羰基碳之间的 σ 键发生断裂生成五元酰基金属杂环化合物 **156**(图 3-15 路径 A)；其二，两羰基碳之间的 σ 键发生断裂生成五元二酰基金属杂环化合物 **157**(图 3-15 路径 B)。形成的氧化加成产物 **156** 或 **157** 存在着脱出一氧化碳生成金属环丁烯酮物种 **158** 的可能性，因此，环丁烯二酮或苯并环丁烯二酮衍生物既可以作为四碳合成子，也能作为三碳合成子应用到有机合成之中(图 3-15)。

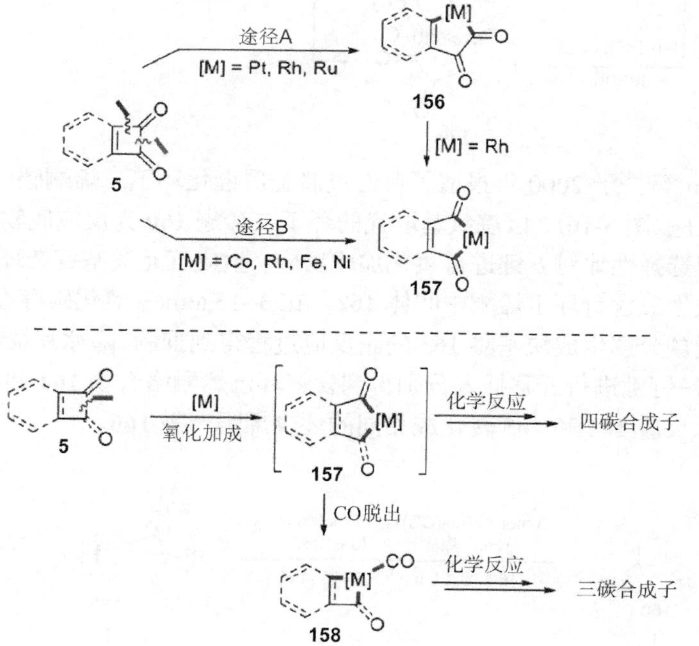

途径A
[M] = Pt, Rh, Ru
156
[M] = Rh
5
途径B
[M] = Co, Rh, Fe, Ni
157
[M]
氧化加成
化学反应
四碳合成子
CO脱出
158
化学反应
三碳合成子

图 3-15　金属催化(苯并)环丁烯二酮反应途径及在有机合成中的应用

早在 1973 年，Kemmitt 等[51, 52]首次实现了环丁烯二酮碳–碳 σ 键的活化断裂反应，苯并环丁烯二酮 **5** 在室温条件下就可以与四三苯基膦合铂发生反应，生成红色晶态物种含铂环戊烯二酮络合物 **159**[式(3.24)]，随后，其他过渡金属与环丁烯二酮当量化学反应相继得到报道[53-63]。例如，Liebeskind 等[53, 54]发现苯并环丁烯二酮 **5** 分别与 $Rh(PPh_3)_3Cl$、$Co(PPh_3)_3Cl$ 或 $Fe(CO)_5$ 等过渡金属络合物反应都能获得相应的五元金属杂环络合物 **157**(图 3-15 路径 B)。对于铑金属络合物参与的氧化加成反应，首先生成动力学控制的含铑环戊二酮产物 **156**，其能异构化为热力学上更加稳定的产物 **157**［式(3.25)］。

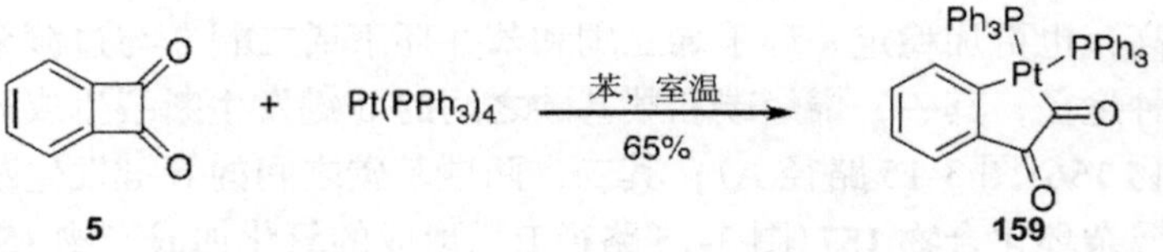

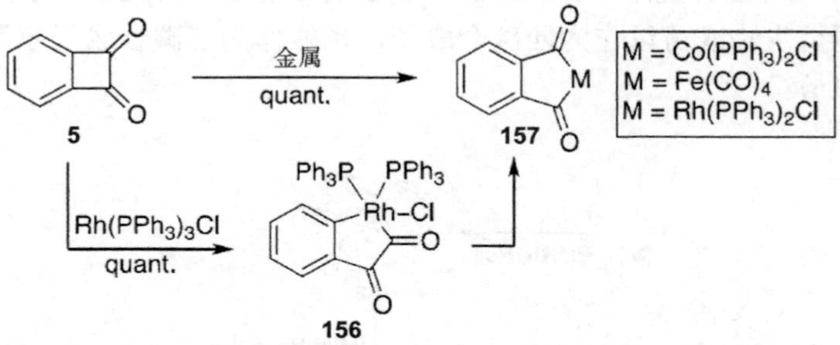

Mitsudo 等[64]于 2000 年报道了首例过渡金属催化环丁二烯酮碳–碳 σ 键活化/烯烃插入反应(图 3-16)。以烷氧基取代的环丁二烯酮 **160** 为反应底物，$Ru_3(CO)_{12}$ 催化剂区域选择性地对 *b* 键进行氧化加成反应，生成五元酰基钌杂环化合物 **161**，脱一氧化碳生成含钌环丁烯酮中间体 **162**。在 3~15 atm 一氧化碳存在条件下，中间体 **162** 脱羰分解生成炔基醚 **163** 的副反应过程得到抑制，降冰片烯对烯基碳–钌键或酰基碳–钌键进行迁移插入分别得到含钌环己烯酮络合物 **164** 和 **165**，最后，经还原消除反应 **164** 和 **165** 转化成相同的环戊烯酮产物 **166**。

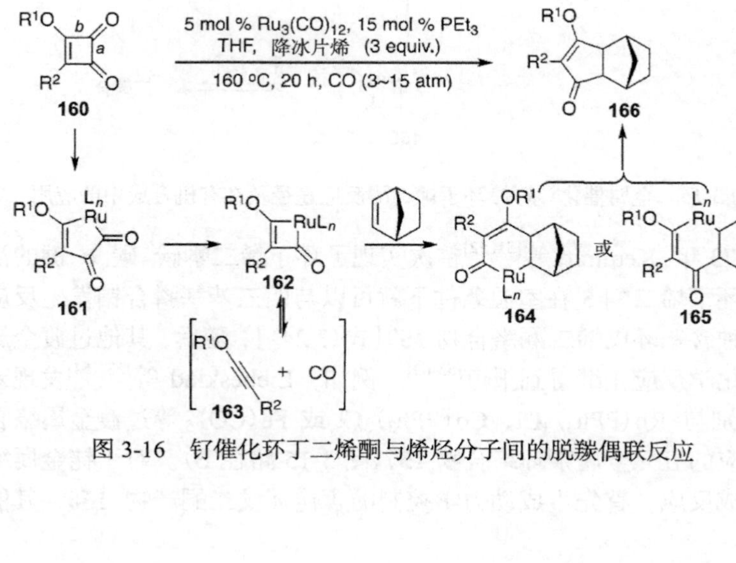

图 3-16　钌催化环丁二烯酮与烯烃分子间的脱羰偶联反应

2006 年，Yamamoto 等[65]成功实现了铑催化分子内烯烃与环丁烯二酮脱羰偶联反应过程，为获得氮杂环稠合环戊烯酮衍生物提供了一条新颖的合成路线(图 3-17)。底物分子 **167** 中氨基和羰基与铑金属的螯合配位导向作用使得烯基和羰基之间的碳–碳共价键得到选择性的活化断裂，生成铑金属杂环化合物 **169**，脱羰生成含铑环丁烯酮金属络合物 **170**，经分子内烯烃对烯基–铑共价键的迁移插入反应后获得六元杂环铑金属络合物 **172**，最后经还原消除反应生成吡咯烷稠合环戊烯酮产物 **173**，收率在 29%~75%。

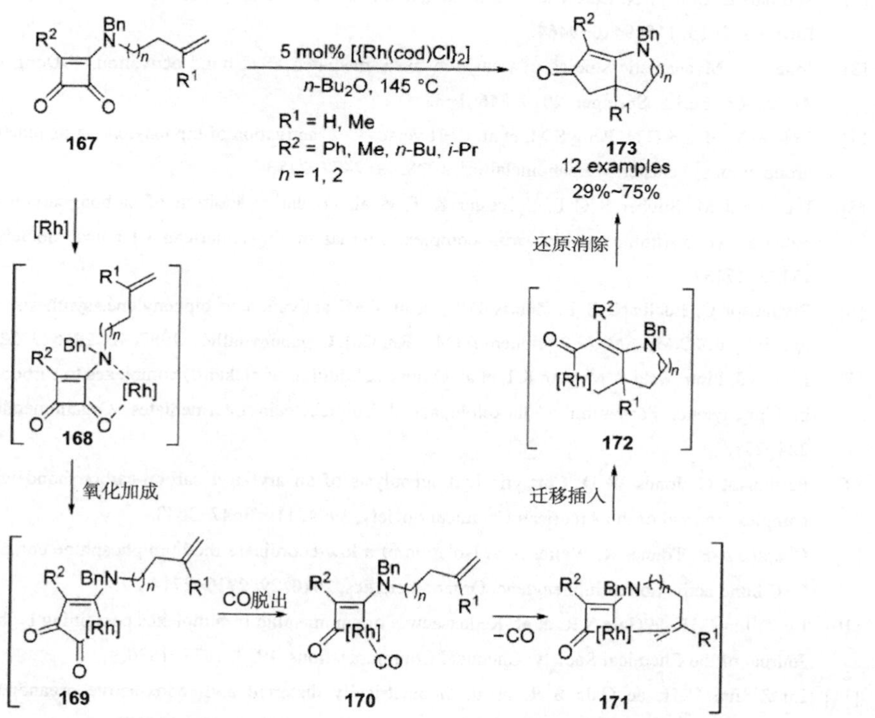

5 mol% [{Rh(cod)Cl}$_2$]
n-Bu$_2$O, 145 °C
R^1 = H, Me
R^2 = Ph, Me, n-Bu, i-Pr
n = 1, 2
167 → 173
12 examples
29%~75%
[Rh] → 168
氧化加成 → 169
CO脱出 → 170
−CO → 171
迁移插入 → 172
还原消除 → 173

图 3-17　铑催化分子内烯烃对环丁二烯酮的脱羰迁移插入偶联反应

3.5　本 章 小 结

过渡金属催化四元环碳–碳键活化断裂反应已经逐步发展成为一种可靠实用的合成方法，为高效构建通过传统方法难以合成的分子结构提供了新的思路及可行方案。含有羰基官能团的环丁烷底物具有活性高且易得等特点，这为从简单原料出发构建复杂环状分子结构提供了新颖的合成策略。但是，必须清晰地认识到，该领域的发展仍旧存在许多需要解决的问题，如反应条件苛刻、催化剂用量较大、底物范围较窄及缺乏实际应用等。因此，该领域将来的研究工作将集中在高效催化体系的开发、底物适用范围更广的新颖合成方法的探索及对复杂功能分子的合成方面。

参考文献

[1] Perthuisot C, Edelbach B L, Zubris D L, et al. Cleavage of the carbon−carbon bond in biphenylene using transition metals. Journal of Molecular Catalysis A: Chemical, 2002, 189: 157−168.

[2] Souillart L, Cramer N. Catalytic C−C bond activations via oxidative addition to transition metals. Chemical Reviews, 2015, 115: 9410−9464.

[3] Jones W. Mechanistic studies of transition metal-mediated C−C bond activation. // Dong G. C-C Bond Activation; Berlin: Springer, 2014, 346: 1−32.

[4] Yeh W Y, Hsu S C N, Peng S M, et al. C−H versus C−C activation of biphenylene in its reactions with iron group carbonyl clusters. Organometallics, 1998, 17: 2477−2483.

[5] Darmon J M, Stieber S C E, Sylvester K T, et al. Oxidative addition of carbon−carbon bonds with a redox-active bis(imino)pyridine iron complex. Journal of the American Chemical Society, 2012, 134: 17125−17137.

[6] Perthuisot C, Edelbach B L, Zubris D L, et al. C−C activation in biphenylene. synthesis, structure, and reactivity of $(C_5Me_5)_2M_2$ (2,2′-biphenyl) (M = Rh, Co). Organometallics, 1997, 16: 2016−2023.

[7] Eisch J J, Piotrowski A M, Han K I, et al. Oxidative addition of nickel(0) complexes to carbon-carbon bonds in biphenylene: Formation of nickelole and 1,2-dinickelecin intermediates. Organometallics, 1985, 4: 224−231.

[8] Perthuisot C, Jones W D. Catalytic hydrogenolysis of an aryl-aryl carbon-carbon bond with a rhodium complex. Journal of the American Chemical Society, 1994, 116: 3647−3648.

[9] Chaplin A B, Tonner R, Weller A S. Isolation of a low-coordinate rhodium phosphine complex formed by C−C bond activation of biphenylene. Organometallics, 2010, 29: 2710−2714.

[10] Lu Z, Jun C H, de Gala S R, et al. Redox-active organometallic Ir complexes containing biphenyl-2,2′-diyl. Journal of the Chemical Society, Chemical Communications, 1993, 1877−1880.

[11] Lu Z, Jun C H, de Gala S R, et al. Geometrically distorted and redox-active organometallic iridium complexes containing biphenyl-2,2′-diyl. Organometallics, 1995, 14: 1168−1175.

[12] Edelbach B L, Lachicotte R J, Jones W D. Mechanistic Investigation of Catalytic carbon−carbon bond activation and formation by platinum and palladium phosphine complexes. Journal of the American Chemical Society, 1998, 120: 2843−2853.

[13] Simhai N, Iverson C N, Edelbach B L, et al. Formation of phenylene oligomers using platinum−phosphine complexes. Organometallics, 2001, 20: 2759−2766.

[14] Schwager H, Spyroudis S, Vollhardt K P C. Tandem palladium-, cobalt-, and nickel-catalyzed syntheses of polycyclic π-systems containing cyclobutadiene, benzene, and cyclooctatetraene rings. Journal of Organometallic Chemistry, 1990, 382: 191−200.

[15] Edelbach B L, Lachicotte R J, Jones W D. Catalytic carbon−carbon bond activation and functionalization by nickel complexes. Organometallics, 1999, 18: 4040−4049.

[16] Edelbach B L, Lachicotte R J, Jones W D. Catalytic carbon–carbon and carbon–silicon bond activation and functionalization by nickel complexes. Organometallics, 1999, 18: 4660–4668.

[17] Müller C, Lachicotte R J, Jones W D. Catalytic C–C bond activation in biphenylene and cyclotrimerization of alkynes: Increased reactivity of P,N- versus P,P-substituted nickel complexes. Organometallics, 2002, 21: 1975–1981.

[18] Schaub T, Radius U. Efficient C-F and C-C activation by a novel *N*-heterocyclic carbene–nickel(0) complex. Chemistry–A European Journal, 2005, 11: 5024–5030.

[19] Schaub T, Backes M, Radius U. Nickel(0) complexes of nalkyl-substituted *N*-heterocyclic carbenes and their use in the catalytic carbon–carbon bond activation of biphenylene. Organometallics, 2006, 25: 4196–4206.

[20] Iverson C N, Jones W D. Rhodium-catalyzed activation and functionalization of the C–C bond of biphenylene. Organometallics, 2001, 20: 5745–5750.

[21] Korotvicka A, Císarova I, Roithova J, et al. Synthesis of aromatic compounds by catalytic C-C bond activation of biphenylene or angular phenylene. Chemistry - A European Journal, 2012, 18: 4200–4207.

[22] Shibata T, Nishizawa G, Endo K. Iridium-catalyzed enantioselective formal [4+2] cycloaddition of biphenylene and alkynes for the Construction of Axial Chirality. Synlett, 2008, 765–768.

[23] Satoh T, Jones W D. Palladium-catalyzed coupling reactions of biphenylene with olefins, arylboronic acids, and ketones involving C–C bond cleavage. Organometallics, 2001, 20: 2916–2919.

[24] Masselot D, Charmant J P H, Gallagher T. Intercepting palladacycles derived by C–H insertion. A mechanism-driven entry to heterocyclic tetraphenylenes. Journal of the American Chemical Society, 2006, 128: 694–695.

[25] Murakami M, Amii H, Ito Y. Selective activation of carbon-carbon bonds next to a carbonyl group. Nature, 1994, 370: 540–541.

[26] Murakami M, Amii H, Shigeto K, et al. Breaking of the C–C bond of cyclobutanones by rhodium(I) and its extension to catalytic synthetic reactions. Journal of the American Chemical Society, 1996, 118: 8285–8290.

[27] Matsuda T, Shigeno M, Murakami M. Activation of a cyclobutanone carbon-carbon bond over an aldehyde carbon-hydrogen bond in the rhodium-catalyzed decarbonylation. Chemistry Letters, 2006, 35: 288–289.

[28] Masuda Y, Hasegawa M, Yamashita M, et al. Oxidative addition of a strained C–C bond onto electron-rich rhodium(I) at room temperature. Journal of the American Chemical Society, 2013, 135: 7142–7145.

[29] Murakami M, Itahashi T, Ito Y. Catalyzed intramolecular olefin insertion into a carbon–carbon single bond. Journal of the American Chemical Society, 2002, 124: 13976–13977.

[30] Parker E, Cramer N. Asymmetric rhodium(I)-catalyzed C–C activations with zwitterionic bis-phospholane ligands. Organometallics, 2014, 33: 780–787.

[31] Souillart L, Parker E, Cramer N. Highly enantioselective rhodium(I)-catalyzed activation of enantiotopic cyclobutanone C–C bonds. Angewandte Chemie International Edition, 2014, 53: 3001–3005.

[32] Souillart L, Cramer N. Highly enantioselective rhodium(I)-catalyzed carbonyl carboacylations initiated by C–C bond activation. Angewandte Chemie International Edition, 2014, 53: 9640–9644.

[33] Ko H M, Dong G. Cooperative activation of cyclobutanones and olefins leads to bridged ring systems by a catalytic [4 + 2] coupling. Nature Chemistry, 2014, 6: 739–744.

[34] Zhou X, Dong G. (4+1) *vs* (4+2): Catalytic intramolecular coupling between cyclobutanones and

trisubstituted allenes via C–C activation. Journal of the American Chemical Society, 2015, 137: 13715–13721.

[35] Matsuda T, Fujimoto A, Ishibashi M, et al. Eight-membered ring formation via olefin insertion into a carbon-carbon single bond. Chemistry Letters, 2004, 33: 876–877.

[36] Ishida N, Ikemoto W, Murakami M. Intramolecular σ-bond metathesis between carbon–carbon and silicon–silicon bonds. Organic Letters, 2012, 14: 3230–3232.

[37] Ishida N, Ikemoto W, Murakami M. Cleavage of C–C and C–Si σ-bonds and their intramolecular exchange. Journal of the American Chemical Society, 2014, 136: 5912–5915.

[38] Danheiser R L, Gee S K. Regiocontrolled annulation approach to highly substituted aromatic compounds. The Journal of Organic Chemistry, 1984, 49: 1672–1674.

[39] Huffman M A, Liebeskind L S. Insertion of (η^5-indeny)cobalt(I) into cyclobutenones: The first synthesis of phenols from isolated vinylketene complexes. Journal of the American Chemical Society, 1990, 112: 8617–8618.

[40] Huffman M A, Liebeskind L S, Pennington W T. Synthesis of Metallacyclopentenones by insertion of rhodium into cyclobutenones. Organometallics, 1990, 9: 2194–2196.

[41] Huffman M A, Liebeskind L S, Pennington W T. Reaction of cyclobutenones with low-valent metal reagents to form η^4- and η^2-vinylketene vomplexes. Reaction of η^4-vinylketene complexes with alkynes to form phenols. Organometallics, 1992, 11: 255–266.

[42] Huffman M A, Liebeskind L S. Nickel(0)-catalyzed synthesis of substituted phenols from cyclobutenones and alkynes. Journal of the American Chemical Society, 1991, 113: 2771–2772.

[43] Kondo T, Taguchi Y, Kaneko Y, et al. Ru- and Rh-catalyzed C–C bond cleavage of cyclobutenones: Reconstructive and selective synthesis of 2-pyranones, cyclopentenes, and cyclohexenones. Angewandte Chemie International Edition, 2004, 43: 5369–5372.

[44] Kondo T, Niimi M, Nomura M, et al. Rhodium-catalyzed rapid synthesis of substituted phenols from cyclobutenones and alkynes or alkenes via C–C bond cleavage. Tetrahedron Letters, 2007, 48: 2837–2839.

[45] Xu T, Dong G. Rhodium-catalyzed regioselective carboacylation of olefins: A C–C bond activation approach for accessing fused-ring systems. Angewandte Chemie International Edition, 2012, 51: 7567–7571.

[46] Xu T, Ko H M, Savage N A, et al. Highly enantioselective Rh-catalyzed carboacylation of olefins: Efficient syntheses of chiral poly-fused rings. Journal of the American Chemical Society, 2012, 134: 20005–20008.

[47] Xu T, Dong G. Coupling of sterically hindered trisubstituted olefins and benzocyclobutenones by C–C activation: Total synthesis and structural revision of cycloinumakiol. Angewandte Chemie International Edition, 2014, 53: 10733–10736.

[48] Xu T, Savage N A, Dong G. Rhodium(I)-catalyzed decarbonylative spirocyclization through C–C bond cleavage of benzocyclobutenones: An efficient approach to functionalized spirocycles. Angewandte Chemie International Edition, 2014, 53: 1891–1895.

[49] Chen P H, Xu T, Dong G. Divergent syntheses of fused β-naphthol and indene scaffolds by rhodium-catalyzed direct and decarbonylative alkyne-benzocyclobutenone couplings. Angewandte Chemie International Edition, 2014, 53: 1674–1678.

[50] Deng L, Xu T, Li H, et al. Enantioselective Rh-catalyzed carboacylation of C=N bonds via C–C activation of benzocyclobutenones. Journal of the American Chemical Society, 2016, 138: 369–374.

[51] Evans J A, Everitt G F, Kemmitt R D W, et al. Reaction of 1,2-benzocyclobutadienequinone with zerovalent platinum: Preparation and structure of (1,1-Bistriphenylphosphine)-platinabenzocyclopentenedione. Journal of the Chemical Society, Chemical Communications, 1973, 158–159.

[52] Hamner E R, Kemmitt R D W, Smith M A R. Ring opening of Cyclobutenedione derivatives with zerovalent platinum. Journal of the Chemical Society, Chemical Communications, 1974, 841–842.

[53] Liebeskind L S, Baysdon S L, South M S, et al. Simple route to metalla-2-indane-1,3-diones. Journal of Organometallic Chemistry, 1980, 202: C73–C76.

[54] Liebeskind L S, Baysdon S L, South M S. Binding in subunit systems. Journal of the American Chemical Society, 1980, 102, 7398–7400.

[55] Hoberg H, Herrera A. Nickel-induced coupling and cleavage of C–C bonds. Angewandte Chemie International Edition, 1981, 20: 876–877.

[56] Baysdon S L, Liebeskind L S. Synthesis and reaction studies of phthaloylcobalt cations. Application to nathoquinone synthesis. Organometallics, 1982, 1: 771–775.

[57] South M S, Liebeskind L S. Regiospecific total synthesis of (±)-nanaomycin A using phthaloylcobalt complexes. Journal of the American Chemical Society, 1984, 106: 4181–4185.

[58] Liebeskind L S, Leeds J P, Baysdon S L, et al. Regioselective synthesis of substituted benzoquinones from maleoylcobalt complexes and alkynes. Journal of the American Chemical Society, 1984, 106: 6451–6453.

[59] Jewell C F Jr, Liebeskind L S, Williamson M. Synthesis, structure, and reactions of a η^5-CpCo(η^4-bisketene) complex. Journal of the American Chemical Society, 1985, 107: 6715–6716.

[60] Liebeskind L S, Baysdon S L, Goedken V, et al. Phthaloylcobalt complexes in synthesis. Ligand modifications leading to a practical naphthoquinone synthesis. Organometallics, 1986, 5: 1086–1092.

[61] Iyer S, Liebeskind L S. Regiospecific synthesis of 2-methoxy-3-methyl-1,4-benzoquinones from maleoylcobalt complexes and alkynes via lewis acid catalysis. A highly convergent route to isoquinoline quinones. Journal of the American Chemical Society, 1987, 109: 2759–2770.

[62] Liebeskind L S, Chidambaram R. A formal 4 + 1 Route to alkylidenecyclo pentenediones. A synthetic application of the transition-metal-catalyzed terminal alkyne in equilibrium with vinylidene rearrangement. Journal of the American Chemical Society, 1987, 109: 5025–5026.

[63] Cho S H, Wirtz K R, Liebeskind L S. Synthesis of (η^4–1,4-naphthoquinone) (η^5-pentamethylcyclopentadienyl) cobalt complexes. Organometallics, 1990, 9: 3067–3072.

[64] Kondo T, Nakamura A, Okada T, et al. Ruthenium-catalyzed reconstructive synthesis of cyclopentenones by unusual coupling of cyclobutenediones with alkenes involving carbon-carbon bond cleavage. Journal of the American Chemical Society, 2000, 122: 6319–6320.

[65] Yamamoto Y, Kuwabara S, Hayashi H, et al. Convergent synthesis of azabicycloalkenones using squaric acid as platform. Advanced Synthesis & Catalysis, 2006, 348: 2493–2500.

第 4 章　环张力促进的 *β*-碳消除反应

金属有机化合物 *β*-原子或基团消除反应是实现非活性化学键选择性切断的有效方法之一，这些非活性化学键包括碳–氢、碳–碳和碳–杂原子键。在这些非活性化学键断裂反应中，处于金属 *β* 位的原子或基团从原配体上迁移到金属中心，同时产生一个不饱和体系。特别地，当 X 为碳原子时，发生了切断碳–碳单键的 *β*-碳消除反应；*β* 位和 *γ* 位之间的碳–碳单键断裂后，*α* 碳原子与 *β* 碳原子之间会形成不饱和键［式(4.1)］。

$$\text{X—C}_\beta\text{—C}_\alpha\text{—ML}_n \xrightarrow{\beta\text{-碳消除}} \text{C=C}\cdots\text{XML}_n \qquad (4.1)$$

X = 碳原子

相对于其他 *β*-消除（如 *β*-氢或 *β*-烷氧基消除），*β*-烃基消除过程要少见得多。一方面，烃基碳与 *β*-碳之间的 *σ* 键很难与金属中心形成分子内元结相互作用。另一方面，碳–金属键和碳–碳键被转化成新的碳–金属键和与金属中心存在配位作用的 *π* 键，该反应过程通常情况下是吸热的，在能量上不利于此消除反应的发生。

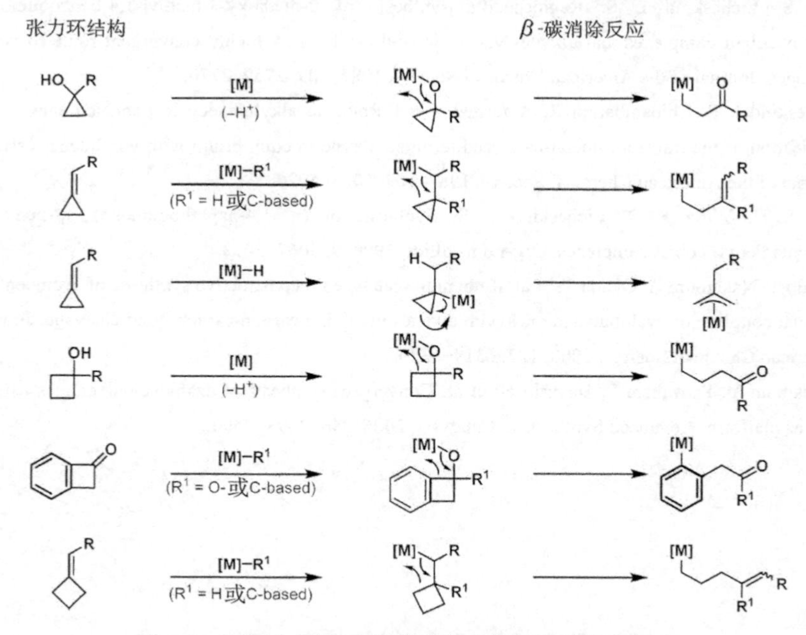

图 4-1　环张力促进 *β*-碳消除发生的底物结构与途径

尽管如此，β-烃基消除反应在特殊结构的底物中是能够发生的。例如，在金属催化张力环参与的化学反应中，环张力的释放会促进 β-碳消除反应的发生[1]。如第 2 章和第 3 章所述，三元、四元小环存在着高度张力能，环上碳−碳单键能与过渡金属通过氧化加成反应发生断裂，从而使环张力得到释放。另外一种使环上 σ 键断裂的有效方式是 β-碳消除反应，引发 β-碳消除过程发生的各种策略如图 4-1 所示，使用的底物结构类型包括环丙基或丁基醇、亚烃基环丙烷或丁烷及(苯并)环丁酮等。本章将根据底物结构的差异，分别对其反应的具体途径及在合成中的应用加以归纳总结。

4.1　环丙醇参与的化学反应

Nakamura 等[2]将环丙基硅醚 **1** 作为高烯醇等价物加以利用，在钯催化的化学反应中，他们认为二价钯进攻环丙基硅醚 **1** 中的边角碳原子[3]，形成环丙基钯物种 **2** 后再引发环上碳−碳单键的断裂，最终生成 γ-羰基烷基钯化合物 **5**［式(4.2a)］。后来，Park 等[4]发现环丙基醇 **3** 也能发生钯催化碳−碳单键的断裂。在碱性条件下，环丙基醇 **3** 与 Pd(II)形成烷氧基钯络合物 **4**，经 β-碳消除反应得到烷基钯产物 **5**［式(4.2b)］。

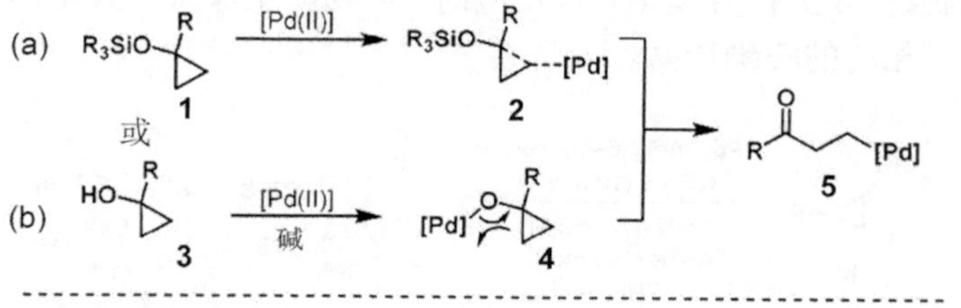

(a) R_3SiO **1** —[Pd(II)]→ R_3SiO **2** (--[Pd])
或
(b) HO **3** —[Pd(II)], 碱→ [Pd] **4**
→ **5** (R, O, [Pd])　(4.2)

在上述工作基础上，Rosa 和 Orellana[5]实现了钯催化环丙基硅醚 **6** 与卤代芳烃分子间和分子内开环芳基化反应，分别获得产物 **7** 和 **8**［式(4.3)］。芳基卤代烃与 Pd(0)氧化加成生成二价芳基钯物种，四丁基氟化铵(TBAF)去硅保护基原位生成环丙基醇后，在碱性条件下与芳基钯(II)生成环丙基醇钯(II)，经 β-碳消除反应得到烷基芳基钯中间产物，最后经还原消除反应得到芳基化开环产物 **7** 和 **8**。1-芳基取代环丙基硅醚 **9** 在此条件下能发生氧化芳基化开环反应[6]，生成苯并环戊酮产物 **13**，收率高达 86%［式(4.4)］。类似地，在 TBAF 作用下，硅醚去保护后于碱性条件下与 Pd(II)形成烷氧基钯络合物 **10**，经 β-碳消除反应得到烷基钯(II)中间体 **11**。分子内芳烃 C−H 键断裂钯化，生成的六元钯环 **12** 经还原消除过程形成碳−碳键，此时需要在氧化剂作用下将生成的 Pd(0)氧化成催化剂 Pd(II)，完成催化循环。在此过程中，为保证反应正常进行，需要生成烷基钯(II)中间体 **11**，其无法

发生 β-氢消除反应，但这使得反应的产物仅局限生成 α-三取代芳基酮产物 **13**。

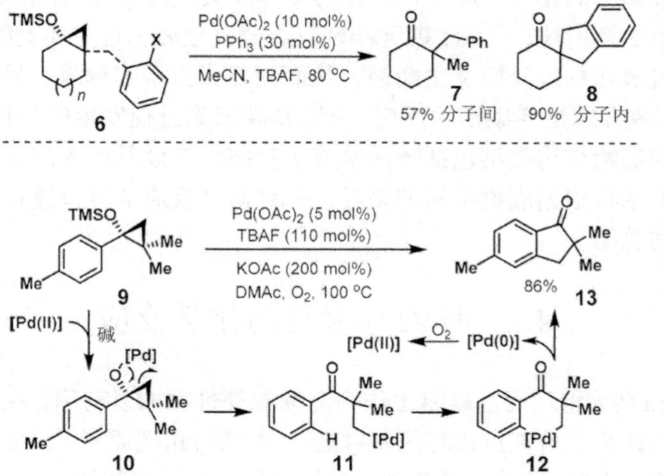

(4.3)

(4.4)

为解决上述反应在产物结构上的限制问题，Cheng 和 Walsh[7]通过使用QPhos 作为配体，实现了室温条件下钯催化环丙基醇 **14** 与溴代芳烃之间的开环反应过程，得到的醛 **15** 和酮 **16** 产物 α 位无需三取代[式(4.5)]。值得一提的是，当使用光学纯底物 **14** 进行芳基化开环反应时，产物完全保持了其立体化学，立体专一性地生成了相应的醛酮产物。

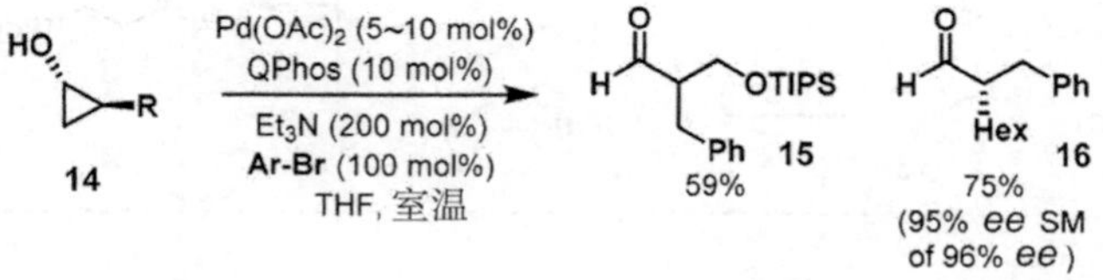

(4.5)

除芳基卤代烃外，其他亲电物种也能实现环丙烷的开环偶联。例如，炔基溴作为亲电试剂的开环过程可生成 β-炔基羰基化合物[8]。此外，Cha 等[9]发现在钯催化剂存在条件下，酰氯和原位生成的环丙基醇锌 **18** 可发生酰基化开环反应，生成 1,4-二羰基化产物 **19**，收率在 51%~78%范围内[式(4.6)]。对于不对称取代的环丙基醇底物 **17**，β-碳消除过程选择空间位阻小的碳–碳单键进行断裂。

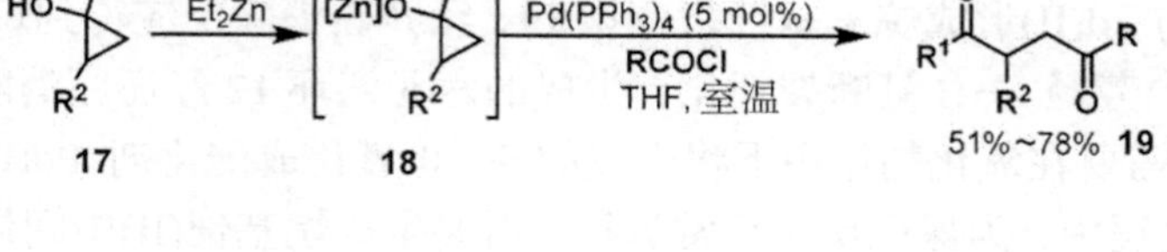

(4.6)

分子内芳基卤代烃对环丙基醇开环反应，已经发展成为一种有效构建碳环的方法，Ydhyam 等[10]通过卤代或类芳烃对 Pd(0)的氧化加成反应，引发了环丙基醇 **20** 分子内芳基化开环反应，挑战性地构建了七元环分子体系[式(4.7)]。

Pd(OAc)$_2$ (10 mol%), dppb (20 mol%), Cs$_2$CO$_3$ (200 mol%), MeCN, 80 °C; X = Br, OTf; **20** → **21** (95%), **22** (68%)　(4.7)

4.2　亚烃基小环烷烃参与的化学反应

如第 2 章 2.3 节所述，亚烃基环丙烷衍生物和金属的反应过程可以归纳为两种反应方式。其一，亚烃基环丙烷与金属 M 通过氧化加成的方式实现环丙烷上碳–碳 σ 键的断裂；其二，亚烃基环丙烷中的碳–碳不饱和键与金属物种 M−Y（Y =H 或 C）发生金属化反应，生成的中间体再通过 β-碳消除反应，形成高烯丙基金属化合物或 π-烯丙基金属化合物（图 4-1）。

亚烃基环丙烷不饱和键氢金属化反应是最为常见产生 β-碳消除前体的策略，基于这种策略而发展的合成方法近年来得到了长足发展。Simaan 和 Marek[11]报道了铑催化亚烃基环丙烷 **23** 的氢甲酰化反应过程，高产率地合成了各种在 β 位带有季碳中心的 γ,δ-不饱和醛衍生物 **26** 和 **27**[式(4.8)]。当使用光学纯的手性亚烃基环丙烷底物 **23** 时，反应立体专一性地得到产物，不会改变手性中心的绝对构型。反应过程是通过亚烃基环丙烷中的烯烃官能团氢铑化生成烷基铑物种 **24** 而引发的，再经过 β-碳消除过程生成高烯丙基铑(I)化合物 **25**。烷基铑物种 **25** 在 CO 和 H_2 存在条件下，通过甲酰化过程（CO 迁移插入、H_2 氧化加成、还原消除）得到 γ,δ-不饱和醛产物。

Rh(acac)(CO)$_2$ (0.04 mol%), dppf (0.08 mol%), 1:1 H_2/CO (2.7 atm), PhMe, 70 °C; **23** → **26**（产率85%, >15:1 E:Z）, **27**（产率90%, 1:1 E:Z）; **23** → **24** → [**25**] → CO, H_2　(4.8)

Aïssa 等[12]发展了铑催化分子内亚烃基环丙烷氢甲酰化开环反应过程，巧妙地实现了七元环骨架的构建[式(4.9)]。以带有醛基官能团的亚烃基环丙烷 **28** 为底物，醛基 C–H 键对 Rh(I)氧化加成生成酰基铑化合物 **29**。分子内烯烃对铑–氢键迁移插入，形成五元铑环中间体 **30**，随后经 β-碳消除反应生成环辛烯酮酰基铑化合物 **31**。最后，铑化合物 **31** 经还原消除过程生成环庚烯酮衍生物 **32** 及催化剂 Rh(I)。当 R^1 和 R^2 都不为 H 的底物参与该反应时，可以实现环庚烯酮产物 **32** α 为季碳中心的引入。

[Rh(BINAP)]BF$_4$ (3~15 mol%)，丙酮，21~60 °C；28 → 32a，产率86%；32b，产率87%；氧化加成 → 29；迁移插入 → 30；β-碳消除 → 31；还原消除 (4.9)

M–Y (Y = H 或 C) 对亚烃基环丙烷进行金属化时，存在着化学和区域选择性。当亚烃基环丙烷结构上具有其他不饱和键，如烯烃或炔烃，在不饱和键进行金属化时，其他不饱和键优先反应。M–Y 对亚烃基金属化时还存在区域选择性，即亚烃基 π 键断裂后，金属既可与远离三元环的碳原子形成碳–金属键，如式(4.8)和式(4.9)所示的反应过程，金属也可与三元环上的碳原子形成碳–金属键，例如，Mascareñas 等[13]以芳基取代的亚烃基环丙烷 **33** 和端炔 **34** 为底物，通过钯催化的方式实现了这种区域选择性[式(4.10)]。首先，端炔 **34** 与 Pd(0)通过氧化加成形成炔基钯(II)物种，随后，炔基钯对亚烃基环丙烷 **33** 中的双键进行区域选择性的碳–钯化，生成环丙基钯络合物 **35**。中间体 **35** 经 β-碳消除反应过程，实现了亚烃基环丙烷远端碳–碳 σ 键断裂，得到了 π-烯丙基钯络合物 **36**。最后经还原消除反应过程，**36** 转变成非共轭烯炔产物 **37**，反应具有优异的区域选择性[式(4.10)]。

33 + 34 (250 mol%)，Pd$_2$(dba)$_3$ (6 mol%)，P(O-2,4-(t-Bu)$_2$C$_6$H$_3$)$_3$ (20 mol%)，二氧杂环己烷，回流；37a，产物65%；37b，产物89%，2:1 rr；碳–钯化 H–[Pd]≡R → 35；β-碳消除 → 36；还原消除 (4.10)

亚烃基除通过与金属氢化物通过氢金属化形成β-碳消除反应的前体外，烃基金属化合物也能进行类似的化学反应过程，即通过对亚烃基的碳金属化过程，形成可发生β-碳消除反应中间体。例如，Saito 等[14]以炔二烯 **38** 与亚烃基环丙烷 **39** 为底物，通过镍催化方式实现了九元碳环的有效构建[式(4.11)]。首先，炔二烯 **38** 与 Ni(0)的环化氧化加成生成含镍七元环 **40**，极性亚烃基环丙烷 **39** 中的碳碳双键对烯基碳–镍键进行迁移插入，即发生亚烃基的 1,2-碳金属化反应，生成九元镍环中间体 **41**。**41** 通过β-碳消除反应实现了近端碳–碳 σ 键的断裂，生成新的镍环化合物 **42**，最后，经还原消除反应构建了九元碳环产物 **43**。该反应充分利用了β-碳消除过程，实现了由小环构建具有挑战性大环化合物的化学合成过程，与之类似的大环构建策略得到了迅速发展。例如，Yu 等[15]通过苯并环丁烯 **44** 的热促开环反应，原位生成亚烃基环丙烷中间产物 **45**；在铑催化剂作用下，经环化氧化加成生成五元铑环 **46**，经β-碳消除产生八元铑环中间体 **47**，随后经 CO 迁移插入与还原消除后构建了苯并环辛烯酮产物 **48**[式(4.12)]。

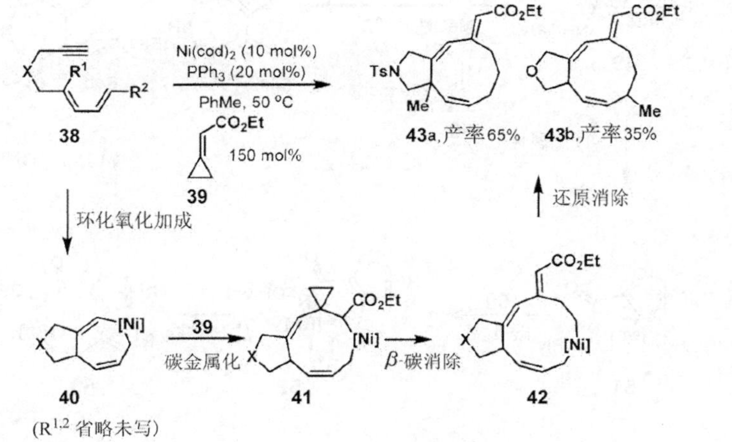

(4.11)

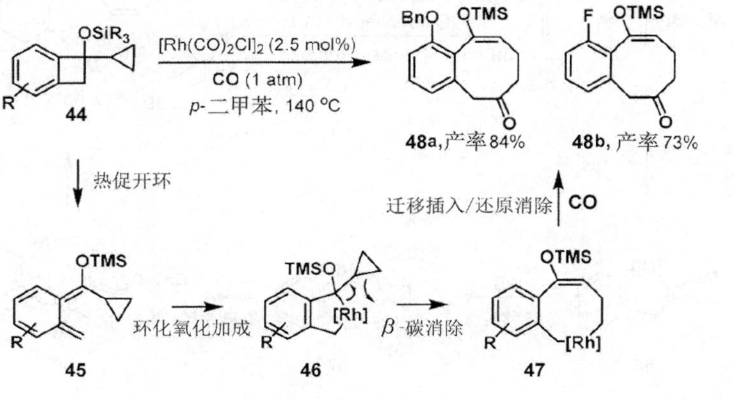

(4.12)

惰性 C–H 键活化也能参与到构建大环的合成策略之中，例如，Cui 等[16]以 α-呋喃酰胺 **49** 和亚烃基环丙烷 **50** 为底物，通过 Rh(III)催化的方式实现了呋喃并七元内酰胺环骨架 **54** 的构建[式(4.13)]。酰胺配位导向下，Rh(III)催化剂实现呋喃环 C–H 键活化断裂生成五元铑环中间体 **51**，随后经碳–铑化/β-碳消除/还原消除等过程生成产物 **54**。需要指出的是，α-呋喃酰胺分子中的 N–O 键作为氧化剂实现 Rh(I)到 Rh(III)的转变；贫电子呋喃环底物不能发生该化学反应。Saito 等[17]通过类似的金属环状中间体，实现了含杂原子大环的构建[式(4.14)]。在镍催化条件下，苯并含硅环丁烯 **55** 中的芳基碳–硅键对 Ni(0)进行氧化加成，生成含硅和镍的五元杂环中间体 **56**，极性亚烃基环丙烷 **39** 对硅–镍键进行迁移插入，生成烯烃硅镍双官能化中间产物七元镍环 **57**。**57** 经 β-碳消除实现环丙烷中近端碳–碳键断裂，生成的八元镍环化合物 **58** 经还原消除反应，构建了苯并七元硅杂环结构 **59**。

$[Cp^*RhCl_2]_2$ (2 mol%)
CsOAc (100 mol%)
MeOH, 60 °C
49　**50**　200 mol%
54a, 产率73%　**54b**, 产率45%
C–H 金属化　还原消除
51　**50** 碳–铑化　**52**　β-碳消除　**53**

(4.13)

$Ni(cod)_2$ (10 mol%)
P(*O*-*o*-biphenyl)$_3$ (40 mol%)
PhMe, 100 °C
55　**39**　120 mol%
59, 产率 63%, 1:1 *E*:*Z*
氧化加成　还原消除
56　**39** 迁移插入　**57**　β-碳消除　**58**

(4.14)

式(4.13)和式(4.14)中的反应都是建立在双环结构的金属杂环通过 β-碳消除，得到了扩环产物。此外，金属单环中间体也能通过类似的 β-碳消除反应过程。Ogata 等[18]通过镍催化反应方式实现了亚烃基环丙烷 **60**、α,β-不饱和酮 **61** 和三乙基硼三组分偶联反应，合成得到了 1,1-二取代烯烃产物 **64**[式(4.15)]。亚烃基环丙烷、α,β-不饱和羰基化合物和 Ni(0)通过环化氧化加成反应，首先生成五元镍环中间体 **62**，经 β-碳消除反应形成六元镍环络合物 **63**，在三乙基硼还原作用下，六元镍环络合物 **63** 能转变成 1,1-二取代烯烃产物 **64**。

$Ni(cod)_2$ (10 mol%)
PPh_3 (20 mol%)
BEt_3 (200 mol%)
THF: 己烷 :MeOH, 室温
60
64a, 产率72%　**64b**, 产率56%
环化氧化加成　**61**　200 mol%
β-碳消除
62　**63**
(R = Et 或 MeO)
$R^{2,3}$ 省略未写

(4.15)

Wan 等[19]将亚烃基环丙烷底物范围扩展至氮杂环丙烷 **66**，实现了其与二炔底物 **65** 之间的化学反应，得到了吡咯衍生物 **70**[式(4.16)]。亚烃基氮杂环丙烷 **66**、炔和 Ni(0)通过环化氧化加成反应，首先生成五元镍环中间体 **67**，经 β-碳消除反应形成氮杂六元镍环化合物 **68**，还原消除生成 **69** 后经异构化得产物 **70**。

$Ni(cod)_2$ (10 mol%)
二氧杂环己烷，室温
65　**66** 250 mol%
70a 产率 50%　**70b** 产率 81%
[Ni] 环化氧化加成
异构化
β-碳消除
还原消除 −[Ni]
67　**68**　**69**

(4.16)

Zhou 等[20]利用金属卡宾中间体的碳–碳成键重排反应，构建了可发生 β-碳消除反应的中间体，并基于此策略合成了氮杂及氧杂苯并环庚三烯产物[式(4.17)]。含有环丙烷结构的腙底物 **71** 与芳基钯物种反应生成钯卡宾中间体 **72**，芳基 1,2-迁移反应生成苄基钯络合物 **73**，经 β-碳消除反应形成 **74**，最后经 β-氢消除得到氮杂及氧杂苯并环庚三烯产物 **75**。

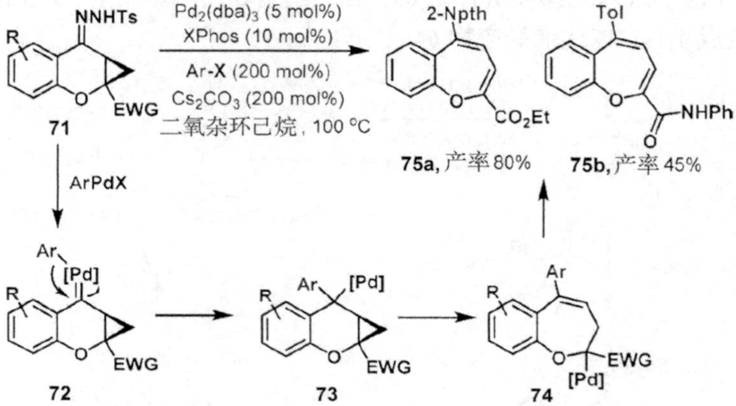

(4.17)

除亚烃基环丙烷外，其环丁烷类似物也能通过 β-碳消除反应过程实现环的构建[21]。例如，Aïssa 等[22]通过铑催化方式实现了亚烃基环丁烷 **76** 分子内氢酰基化开环反应，得到了八元碳环产物 **79**[式(4.18)]。以带有醛基官能团的亚烃基环丁烷 **76** 为底物，醛基 C–H 键对 Rh(I)氧化加成生成酰基铑化合物后经分子内烯烃对铑–氢键迁移插入，形成五元铑环中间体 **77**，随后经 β-碳消除反应生成环壬烯酮酰基铑化合物 **78**。最后，铑化合物 **78** 经还原消除过程生成环辛烯酮衍生物 **79** 及催化剂 Rh(I)。亚烃基氮杂环丁烷底物 **80** 经过相同的反应过程，生成氮杂苯并环辛烯酮产物 **81**[式(4.19)]。

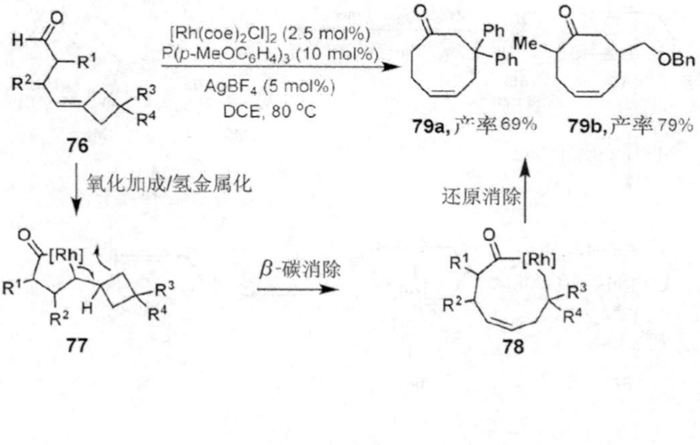

(4.18)

$[Rh(nbd)_2]BF_4$ (10 mol%), BINAP (10 mol%), 丙酮, 56 °C; 80 → 81, 产率 70%　(4.19)

通过芳基铑对极性亚烃基环丁烷中不饱和双键的碳金属化反应，Matsuda 等[23]实现了螺环骨架结构的构建[式(4.20)]。铑催化剂与四芳基硼化钠原通过转金属化过程原位生成芳基铑物种，然后对 α,β-不饱和羧酸酯 **82** 共轭加成形成芳铑化中间产物 **83**，经 β-碳消除反应后生成烷基铑化合物 **84**。**84** 经 1,4-铑迁移反应将烷基铑转变成更加稳定的芳基铑金属化合物 **85**，随后发生分子内芳基铑对 α,β-不饱和羧酸酯的亲核加成，形成烯醇负离子型铑化合物 **86**。再次通过 1,4-铑迁移反应过程，烷基铑 **86** 转变成芳基铑物种 **87**，最后经分子内亲核加成/消除生成螺环产物 **88**。为了验证上述历程的合理性，Matsuda 等[24]使用芳基硼酸酯直接制备得到了芳基铑中间体 **85**，发现 **85** 能经过后续反应过程最终转变成相同的螺环产物 **88**。

$[Rh(cod)Cl]_2$ (5 mol%), $NaBAr_4$ (100 mol%), PhMe, 110 °C; 82 → 88a 产率 80%, 88b 产率 51%

82 →(共轭加成, [Rh]-Ar, (Ar = Ph)) 83 →(β-碳消除) 84 →(1,4-铑迁移) 85 →(共轭加成) 86 →(1,4-铑迁移) 87 →(亲核加成/消除) 88　(4.20)

4.3　环丁醇参与的化学反应

β-碳消除反应过程同样也适用于环丁醇底物，而且在铑或钯催化剂存在条件下[25, 26]，对映选择性的 β-碳消除反应过程可以得到实现，其反应途径如图 4-2 所示。环丁醇底物 **89** 首先与过渡金属形成烷氧基金属化合物 **90**，经 β-碳消除反应形成烷基金属中间体 **91**，随后 **91** 参与到后续的化学反应之中。手性配体的使用使 β-碳消除反应过程具有对映选择性，从而诱导出构型确定的季碳手性中心。

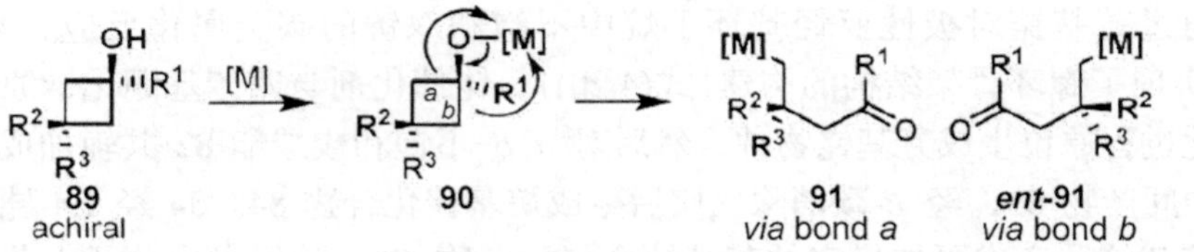

OH R1 R2 R3 [M] O [M] a b R1 R2 R3 [M] R1 R2 R3 O R1 [M] O R2 R3

89 achiral **90** **91** *via* bond *a* ***ent*-91** *via* bond *b*

图 4-2 金属催化环丁醇 β-碳消除反应途径

烷基金属中间体 **91** 最简单的猝灭方式是质子去金属化过程，例如，在 2010 年 Seiser 和 Cramer [27]就报道了铑催化环丁醇不对称质子化开环反应过程。以手性 DTBM-SEGPHOS 为配体，环丁醇底物 **89** 在铑催化作用下发生开环，高产率和高对映选择性地生成了酮产物 **93**[式(4.21)]。值得一提的是，通过简单改变手性配体的构型，*trans*- 或 *cis*-环丁基叔醇能获得相同的对映异构体产物。氘代实验表明，质子去金属化反应过程并不是直接从烷基金属中间体 **91** 发生的，相反，**91** 需要经过 1,3-铑迁移生成烯醇铑化合物 **92** 后才发生脱金属质子化反应。

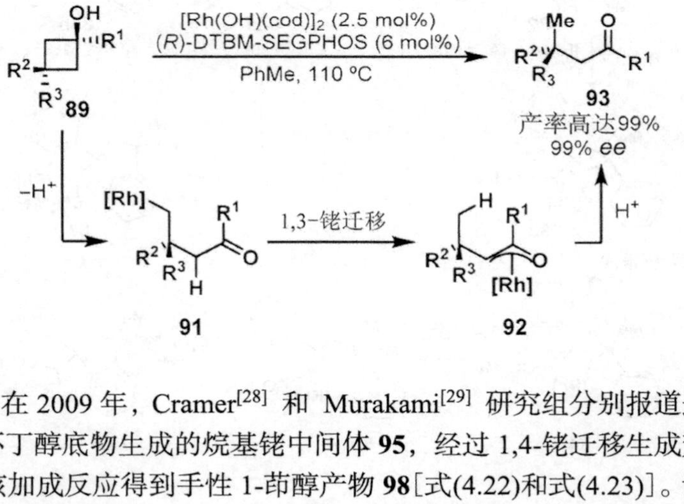

OH R1 R2 R3 **89**

$[Rh(OH)(cod)]_2$ (2.5 mol%)
(*R*)-DTBM-SEGPHOS (6 mol%)
PhMe, 110 °C

Me O R2 R3 R1 **93** 产率高达99% 99% *ee*

$-H^+$ [Rh] R1 R2 R3 H O **91** 1,3-铑迁移 H R1 R2 R3 O [Rh] **92** H^+

(4.21)

实际上，在 2009 年，Cramer[28] 和 Murakami[29] 研究组分别报道过类似的反应过程，从环丁醇底物生成的烷基铑中间体 **95**，经过 1,4-铑迁移生成芳基铑化合物 **96**，经亲核加成反应得到手性 1-茚醇产物 **98**[式(4.22)和式(4.23)]。该反应具有高度的非对映选择性，通过改变环丁基叔醇底物的顺反构型，产物的相对构型也会发生改变[式(4.22)]。在 Murakami 不对称催化条件下，两个手性中心的构型都是由催化体系决定的，即产物 **100** 的季碳手性中心由碳–碳单键的对映选择性断裂决定，而此立体中心对随后进行的亲核加成反应的非对映选择性影响很小，底物 **99** 取代基的相对立体化学才会决定哪一种非对映异构体的生成。

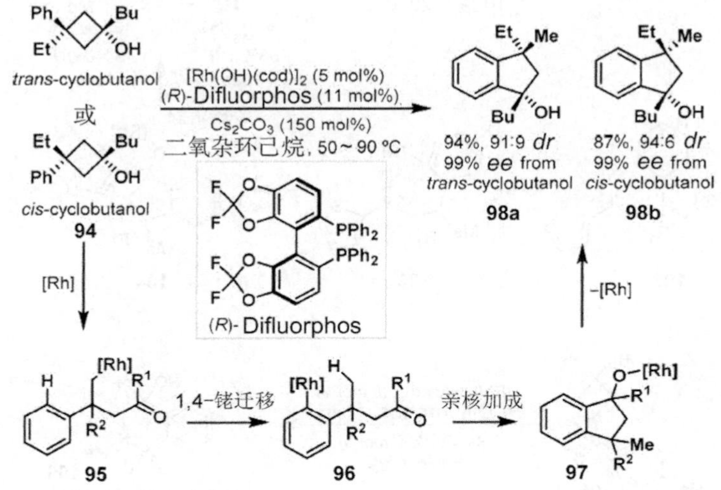

(4.22)

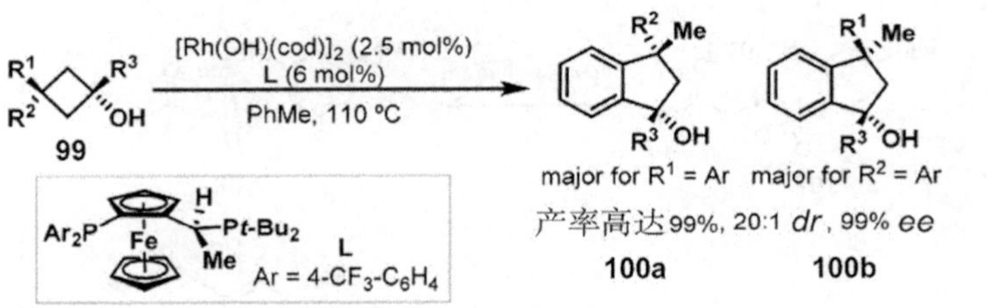

(4.23)

将上述反应底物中的 R^3 变为芳基时，Cramer 等[30]扩展了反应的范围，实现了 1-茚酮衍生物 **105** 的对映选择性合成[式(4.24)]。在这类反应中，中间体 **104** 发生 β-碳消除得到产物 **105**，同时生成的芳基铑物种经质子去金属化后完成催化循环。对于 R^3 为富电子芳基取代基团的底物，反应更为有效，其中效果最好的取代基团是 2-噻吩基团。Murakami 研究组[31]通过选择性地活化断裂远端碳–碳键也实现了 1-茚酮衍生物的合成。

β-碳消除/1,5-铑迁移过程也被随即发展起来，Murakami 等[32]报道了氮杂环丁醇 **106** 的重排反应过程，高收率地生成了苯并内磺酰胺产物 **109**[式(4.25)]。在该反应中，β-碳消除反应得到烷基铑化合物 **107**，经 1,5-铑迁移过程实现芳基 C–H 键的活化断裂生成更加稳定的芳基铑络合物 **108**，最后经分子内 1,2-亲核加成和质子去金属化，高对映选择性地得到产物 **109**。对于 C^2-取代的氮杂环丁醇底物 **110**，反应能获得专一的非对映选择性，底物顺反构型的改变能使产物的相对构型随之发生改变[式(4.26)]。

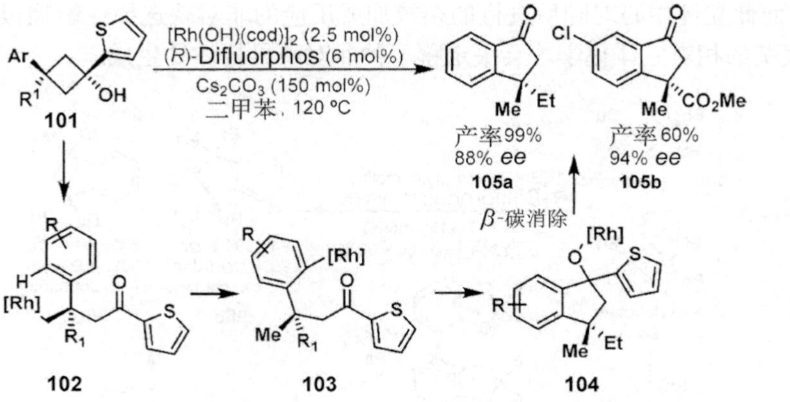

[Rh(OH)(cod)]$_2$ (2.5 mol%)
(*R*)-Difluorphos (6 mol%)
Cs_2CO_3 (150 mol%)
二甲苯，120 ºC

101 → 105a：产率 99%，88% *ee*；105b：产率 60%，94% *ee*

101 → 102 → 103 → 104 →（*β*-碳消除）→ 105

(4.24)

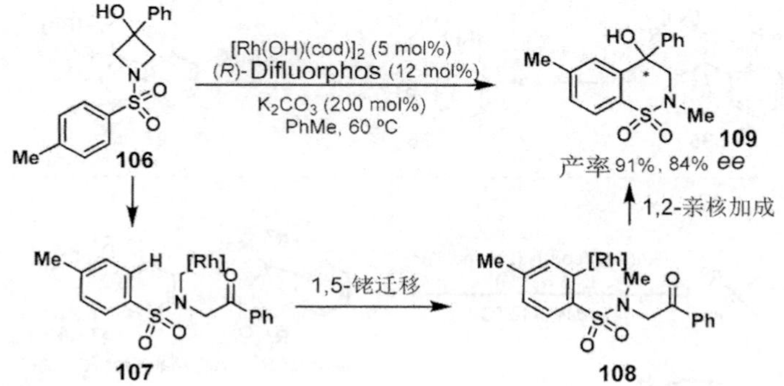

[Rh(OH)(cod)]$_2$ (5 mol%)
(*R*)-Difluorphos (12 mol%)
K_2CO_3 (200 mol%)
PhMe, 60 ºC

106 → 109：产率 91%，84% *ee*

106 → 107 →（1,5-铑迁移）→ 108 →（1,2-亲核加成）→ 109

(4.25)

[Rh(OH)(cod)]$_2$ (2 mol%)
rac-Xylyl-BINAP (5 mol%)
PhMe, 60 ºC

110 → 111a：产率 99%；111b：产率 99%

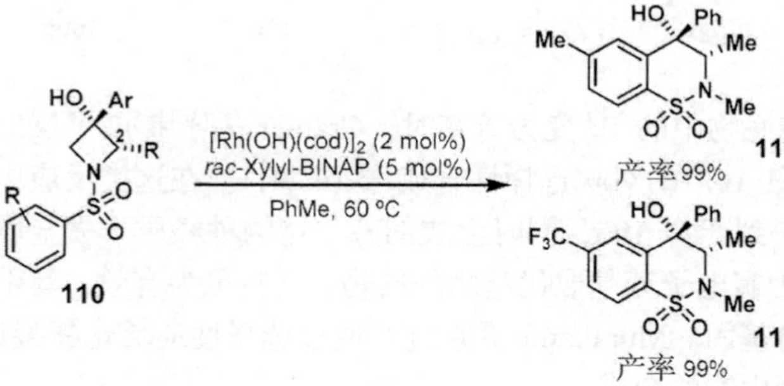

(4.26)

Seiser 和 Cramer [33]以联二烯基取代的环丁叔醇 **112** 为底物，实现了铑催化共轭环己烯酮 **116** 的不对称合成[式(4.27)]。环丁醇 **112** 在手性铑催化剂作用下，发生对映选择性的 *β*-碳消除反应给出烷基铑中间体 **113**，随后与烯酮发生分子内 1,4-共轭加成转变成烯丙基铑中间产物 **114**，质子去金属化生成 *β*, *γ*-不饱和环己酮 **115** 后，经异构化反应最终得到共轭环己烯酮产物 **116**。在该反应中，DTBM-MeO-BIPHEP 和 DTBM-SEGPHOS 轴手性双膦配体在控制对映选择性上最为有效。反应底物适用范围广泛，在产物 **116** 的 C^3 上可以引入各种取代基团，如甲基、环己基和异丙基等。当反应体系中无 Cs_2CO_3 时，反应停留在生成 β, γ-不饱和环己酮中间产物 **115** 阶段，不会进一步异构化转变成 **116**。上述铑催化环丁醇开环重排/质子化过程也适用于烯基取代的环丁醇底物 **117**，但反应存在更多竞争性的转变途径[33][式(4.28)]。β-碳消除形成的烷基铑中间体 **119** 除了能发生分子内共轭加成生成环己酮产物 **118** 外，其能通过烯烃对烷基碳–铑键的迁移插入/质子去金属化过程形成环戊酮产物 **120**。而对于连有芳基取代基团的环丁醇底物，**119** 还能发生 1,4-铑迁移过程生成芳基铑物种 **121**，其能与烯酮发生 1,4-或 1,2-加成，分别生成苯并环庚烯酮 **122** 和 1-茚醇 **123**。手性双膦配体 DTBM-MeO-BIPHEP 在改善该反应的化学选择性的同时，也能极大提高反应的对映选择性。

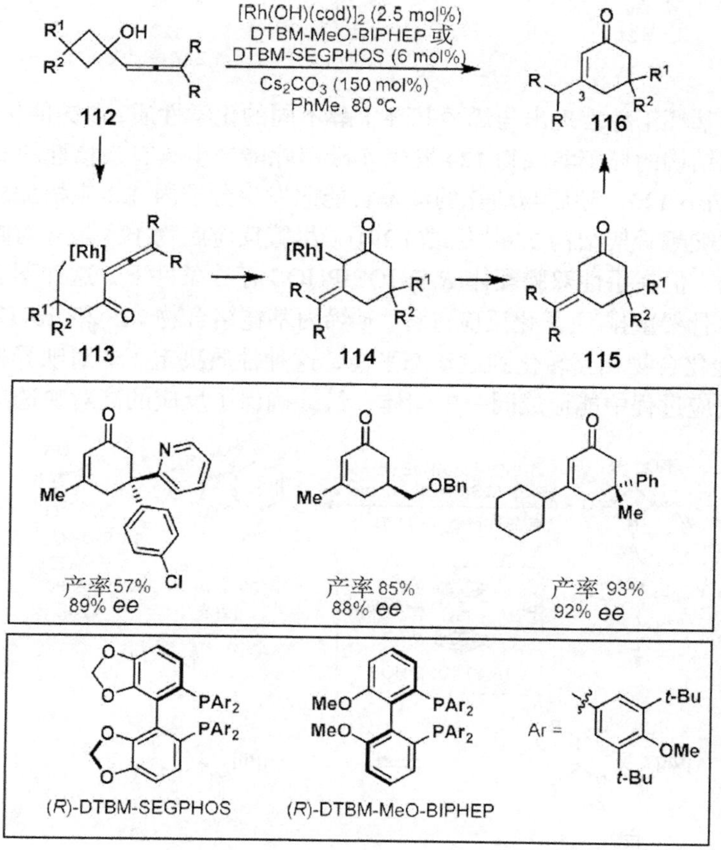

$[Rh(OH)(cod)]_2$ (2.5 mol%)
DTBM-MeO-BIPHEP 或
DTBM-SEGPHOS (6 mol%)
Cs_2CO_3 (150 mol%)
PhMe, 80 °C

112　**116**

113　**114**　**115**

(4.27)

产率 57%
89% *ee*

产率 85%
88% *ee*

产率 93%
92% *ee*

(*R*)-DTBM-SEGPHOS　(*R*)-DTBM-MeO-BIPHEP　Ar =

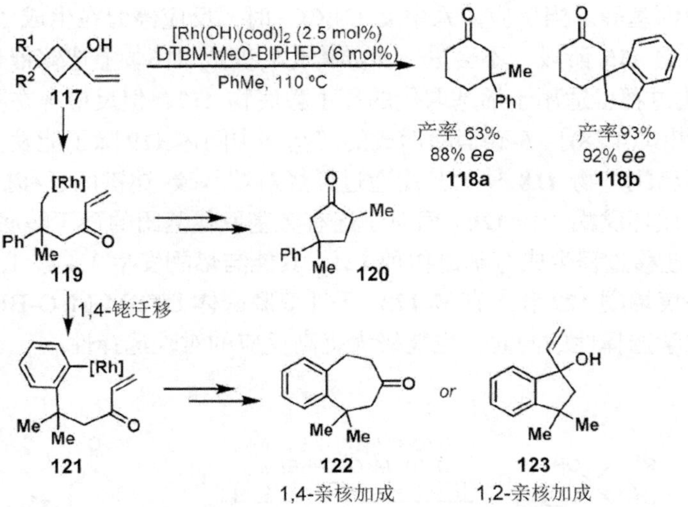

[Rh(OH)(cod)]2 (2.5 mol%)
DTBM-MeO-BIPHEP (6 mol%)
PhMe, 110 °C
117 118a 产率 63% 88% *ee* 118b 产率93% 92% *ee*
119 120 (4.28)
1,4-铑迁移
121 122 1,4-亲核加成 123 1,2-亲核加成

高烯丙基环丁醇表现出与烯丙基环丁醇不同的化学性质，在铑催化条件下，β-内酰胺骨架结构的环丁醇底物 **124** 发生 β-碳消除能产生具有亲核性的 π-烯丙基铑络合物 **125**/*iso*-**125**，随后与活化的羰基官能团发生分子内 1,2-亲核加成反应，最终构建了哌啶酮骨架结构 **126**[34][式(4.29)]。尽管反应底物 **124** 是非对映异构体组成的混合物，但在手性双膦配体(*R,S*)-JOSIPHOS 存在条件下，这并不会影响铑催化的不对称骨架重排/质子化反应过程。π-烯丙基铑络合物 **125** 和 *iso*-**125**，能通过 η^1-烯丙基铑化合物相互转化到达动态平衡，这种性质决定了非对映异构体混合物原料能在反应过程中能形成同一中间体，最终确保了反应的高对映选择性。

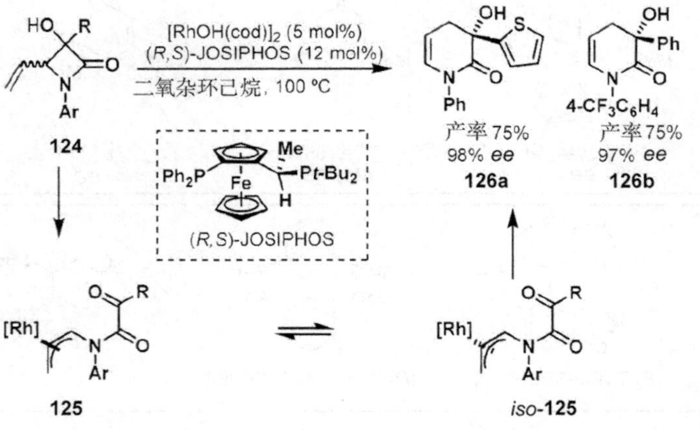

[RhOH(cod)]2 (5 mol%)
(*R,S*)-JOSIPHOS (12 mol%)
二氧杂环己烷, 100 °C
124 (*R,S*)-JOSIPHOS
126a 产率 75% 98% *ee* 126b 产率 75% 97% *ee* (4.29)
125 *iso*-125

将环丁醇 β-碳消除和分子内 C–X 键对过渡金属的氧化加成步骤组合起来，能形成铑杂茚环中间体，对该中间体参与到后续的化学反应中就能构建新颖的环状结构。例如，Souillart 和 Cramer[35]以烯基取代的环丁醇 **127** 为底物，通过铑催化

不对称合成的方式构建了桥环结构[式(4.30)]。碱性条件下，环丁氧基铑发生 β-碳消除生成烷基铑化合物 **128**，分子内芳基碳–卤键对铑氧化加成形成阳离子铑环中间体 **129**，分子内烯烃对烷基碳–铑键迁移插入生成烯烃碳铑化产物 **130**，经还原消除后得到桥环产物 **131**。为了提高反应的对映选择性并抑制烷基铑 **128** 对烯酮发生分子内共轭加成副反应，需要在式(4.30)所示的优化条件下进行。非烯丙基环丁叔醇底物 **132**，经 β-碳消除/C–X 氧化加成/σ 键复分解过程生成烷基铑中间体 **134**，最后经质子化去金属过程生成苯并环己烯酮产物[式(4.31)]。如下的反应路径也不能排除：β-碳消除生成的烷基铑中间体 **133** 经 1,5-铑迁移过程，生成新的伯烷基铑化合物 **136**，再发生分子内 C–X 键对铑中心的氧化加成过程生成铑环 **137**，经还原消除过程得到最终重排环化产物 **138**。Souillart 和 Cramer[35]对详细研究了上述反应的底物适用范围，并适用轴手性双膦配体(*R*)-SEGPHOS 控制了反应的对映选择性。受 σ 键复分解反应过程的限制，底物范围仅局限于 α-甲基环丁醇衍生物。

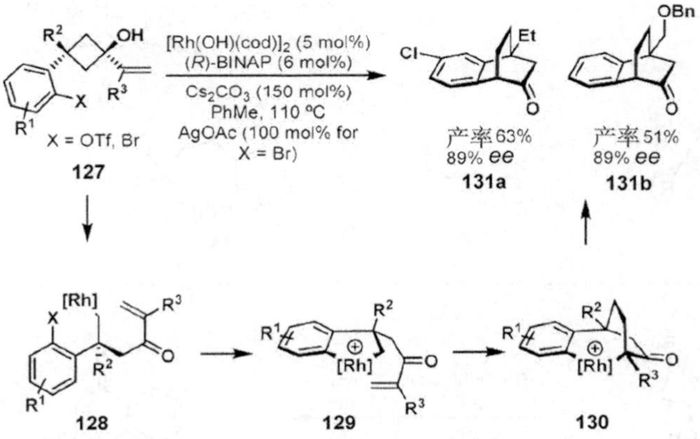

[Rh(OH)(cod)]$_2$ (5 mol%)
(*R*)-BINAP (6 mol%)
Cs_2CO_3 (150 mol%)
PhMe, 110 °C
AgOAc (100 mol% for X = Br)

X = OTf, Br
127

产率 63%, 89% *ee*, **131a**
产率 51%, 89% *ee*, **131b**

128　**129**　**130**

(4.30)

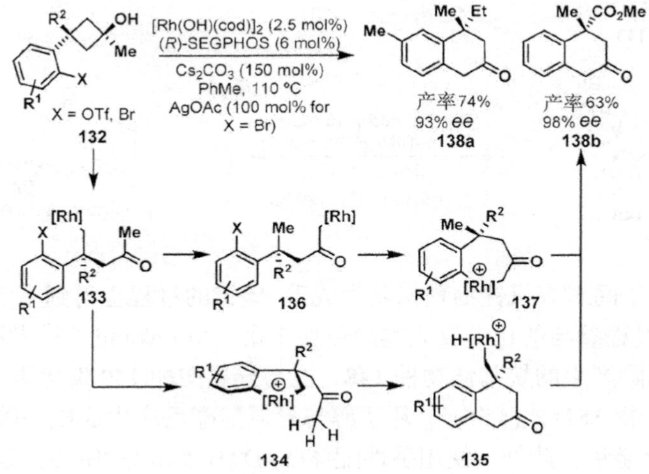

[Rh(OH)(cod)]$_2$ (2.5 mol%)
(*R*)-SEGPHOS (6 mol%)
Cs_2CO_3 (150 mol%)
PhMe, 110 °C
AgOAc (100 mol% for X = Br)

X = OTf, Br
132

产率 74%, 93% *ee*, **138a**
产率 63%, 98% *ee*, **138b**

133　**136**　**137**　**134**　**135**

(4.31)

Murakami 等[36]则利用 C–X 键活化断裂/β-碳消除串联过程实现了苯并环己烯酮结构的构建。带有邻溴代芳基取代基团的环丁醇底物 **139**，在烷氧导向作用下发生 C–Br 键对 Rh(I)的氧化加成反应，生成的铑环中间体产物 **140** 通过 β-碳消除开环反应生成七元铑环化合物 **141**，最后经还原消除反应过程生成苯并环己烯酮产物 **142**［式(4.32)］。反应对富电子和贫电子芳烃底物都能有效进行，并且通过轴手性双膦配体(*R*)-Tol-BINAP 的使用，反应的对映选择性最高可达到 87% *ee*［式(4.33)］。反应的对映选择性发生在 Rh(III)中间体 **140** β-碳消除这一步，非对映异构体底物 **143** 和 **145** 通过同一手性配体将得到构型相反的一对对映异构体产物 **144** 和 **146**［式(4.33)和式(4.34)］。

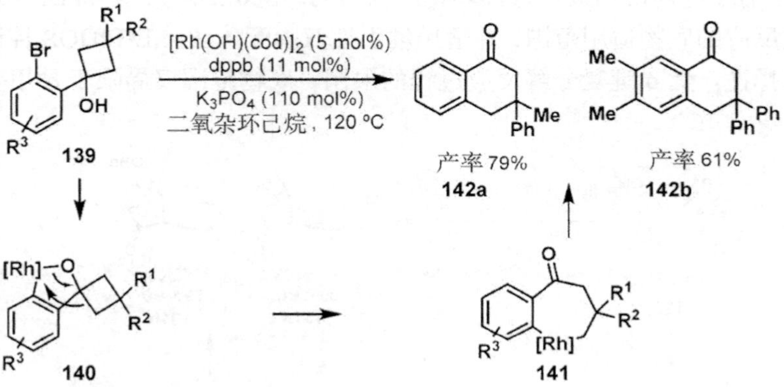

(4.32)

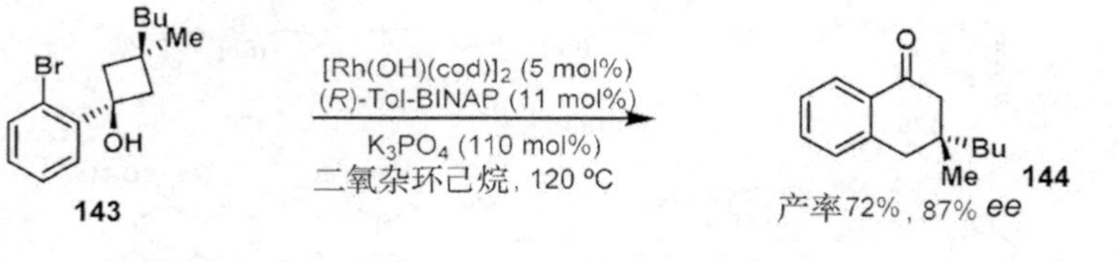

(4.33)

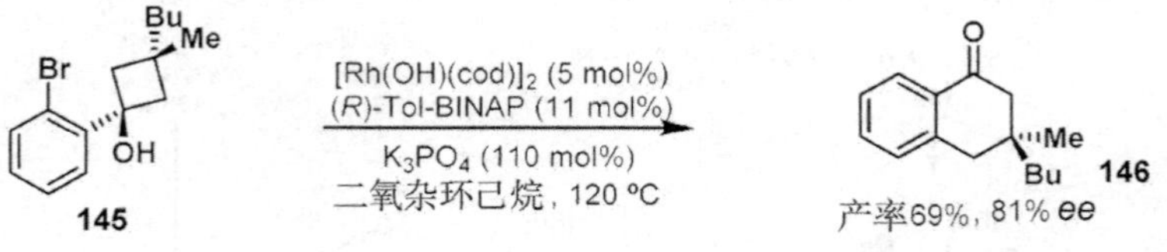

(4.34)

最近，分子间对有机铑物种捕获生成碳–碳键的过程也得到了实现，这使得通过 β-碳消除过程参与的化学反应类型更加丰富。Murakami 等[37]发现，通过环丁醇 **147** β-碳消除产生的烷基铑物种 **148**，能与异氰酸酯 **149** 发生碳–碳键形成反应并得到酰胺产物 **151**［式(4.35)］。环丁醇与异氰酸酯反应生成氨基碳酸酯的副反应过程可以完全避免，此外，使用手性配体(*S*)-DTBM-SEGPHOS，该反应的对映选择性高达 96% *ee*[式(4.36)]。

$[Rh(OH)(cod)]_2$ (5 mol%), dppf (10 mol%), 均三甲苯, 85 ºC; 147 + 148 (120 mol%) → 151 (产率 89%)　(4.35)

$[Rh(OH)(cod)]_2$ (5 mol%), (*S*)-DTBM-SEGPHOS (10 mol%), 均三甲苯, 85 ºC; 152 + $(4\text{-}MeOC_6H_4)$—NCO → 153 (产率64%, 96% *ee*)　(4.36)

重氮化合物对环丁醇经β-碳消除产生的烷基铑中间体进行捕获，可发生环加成反应[38][式(4.37)]。例如，烷基铑中间体 **155** 被原位生成的重氮化合物 **157** 捕获，生成铑卡宾化合物 **158**。经 1,2-烷基迁移重排，伯烷基铑卡宾 **158** 中间体转变成为仲烷基铑化合物 **159**，经分子内 1,2-亲核加成反应得到环戊氧基铑 **160**，最后与环丁醇底物 **154** 发生质子去金属化生成产物 **161**[式(4.37)]。通过使用不同类型的手性配体，该反应能获得优异的产率、非对映选择性和对映选择性。对式(4.38)所

Rh(I); *t*-BuONa; 1,2-加成; 154 → 155; 156 → 157; 158 → 159 → 160 → 161　(4.37)

示的不对称催化体系而言，分子内 1,2-亲核加成闭环反应步骤中，对羰基官能团的面选择性决定了产物的非对映选择性，而铑卡宾中间体 1,2-烷基迁移重排过程决定了反应的对映选择性。对式(4.39)所示的不对称催化体系而言，手性配体同时控制着 β-碳消除和 1,2-烷基迁移重排两步反应的对映选择性，高立体选择性地合成得到了多取代环戊醇主产物 **166**。

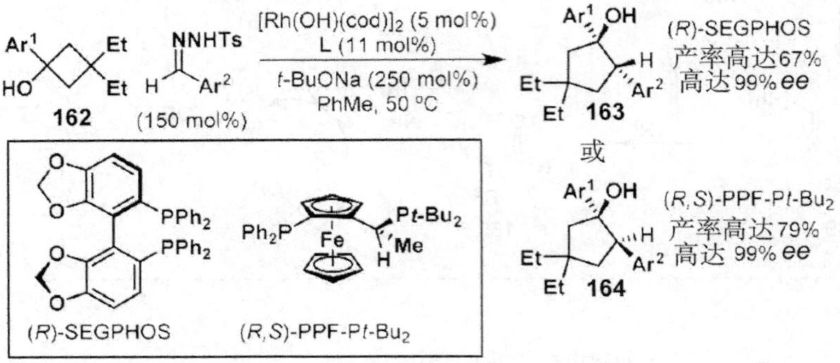

(4.38)

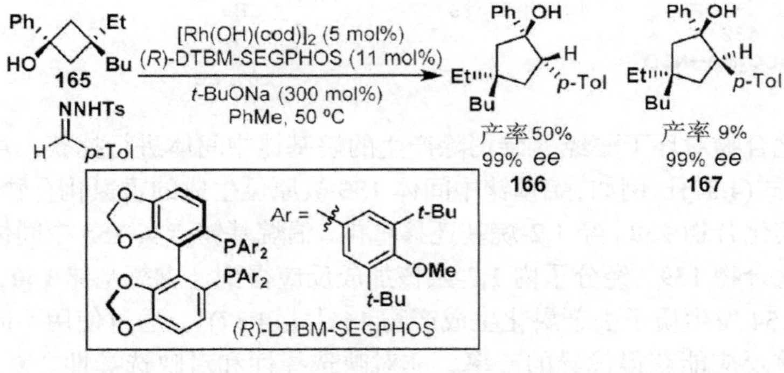

(4.39)

Murakami 等[39]使用苯并环丁烯醇 **168** 作为发生 β-碳消除反应的底物，选择性地断裂 C(sp^2)–C(sp^3)键生成芳基铑中间体 **169**，**169** 被炔烃所捕获最终生成苯并环己烯醇产物 **172**［式(4.40)］。计算化学结果表明[40]，在烷氧基铑中间体 **169** 中存在着芳烃对铑金属中心的配位作用，使得 β-碳消除反应选择性地发生在 C(sp^2)–C(sp^3)之间，生成芳基铑中间体 **170**。炔烃对芳基碳–铑键迁移插入生成烯基铑物种 **171**，经分子内 1,2-亲核加成/质子化去金属过程，**171** 最终生成苯并环己烯醇产物 **172**。值得一提的是，铑催化环丁醇与炔烃之间反应的区域选择性可与热[41]或光[42]促进的逆环加成/[4+2]环加成反应过程的区域选择性彼此互补，生成不同结构苯并环己醇产物［式(4.41)］。最近，He 等[43]使用联二烯作为捕获试剂实现了与苯并环丁醇之间的[4+2]环加成反应，得到了亚烃基苯并环基醇产物。

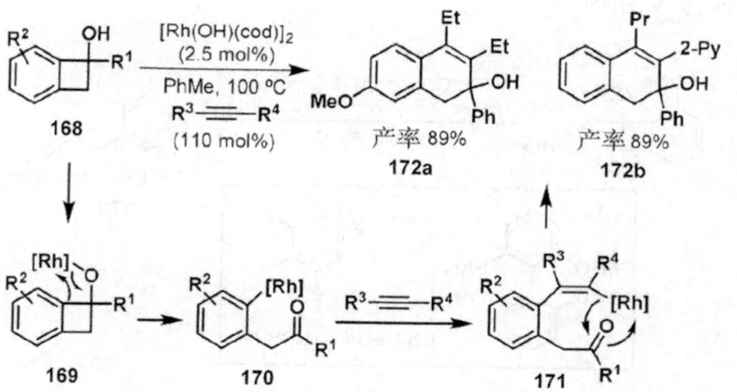

(4.40)

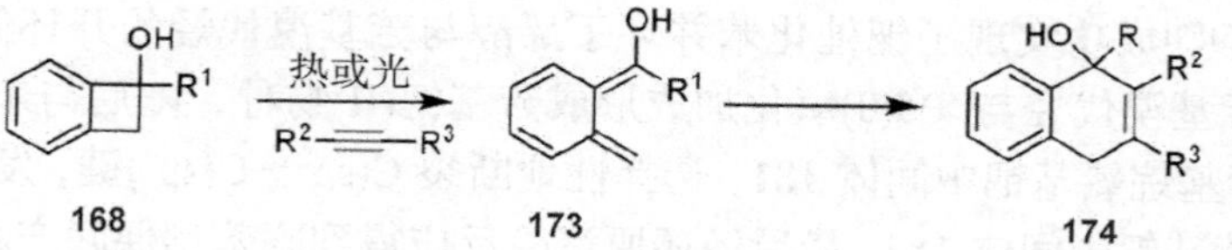

(4.41)

除炔烃外，其他类型的不饱和烃与苯并环丁醇间的环加成反应过程也得到了发展。例如，Murakami 等[44]实现了共轭烯酮 **175** 与苯并环丁醇 **168** 之间的[4+2]环加成反应，合成得到了苯并环己烯醇衍生物 **177**［式(4.42)］。在铑催化剂作用下，

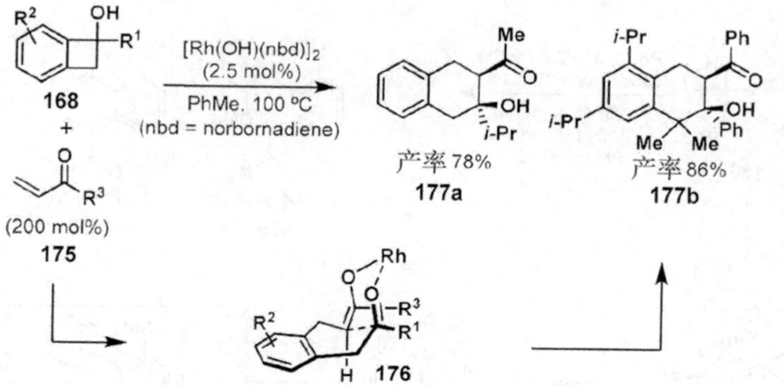

(4.42)

苯并环丁烯醇 **168** 选择性地断裂 C(sp^2)−C(sp^3)键发生 β-碳消除反应生成芳基铑中间体，被共轭烯酮 **175** 捕获后生成类椅式结构的烯醇铑络合物 **176**，分子内羟醛缩合/质子化去金属作用下，**176** 转变生成产物苯并环己烯醇衍生物 **177**［式(4.42)］。该[4+2]环加成反应具有优异的非对映选择性。当使用烯基取代的苯并环丁醇 **178** 作为底物时，在铑催化剂和轴手性双膦配体存在下，其能发生不对称重排反应生成分子内[4+2]环加成反应产物苯并环己烯酮 **179**，反应的对映选择性高达 98% *ee*［式(4.43)］。铑催化苯并环丁醇与烯酮的[4+2]环加成反应已被应用于

复杂分子的合成之中[45]。

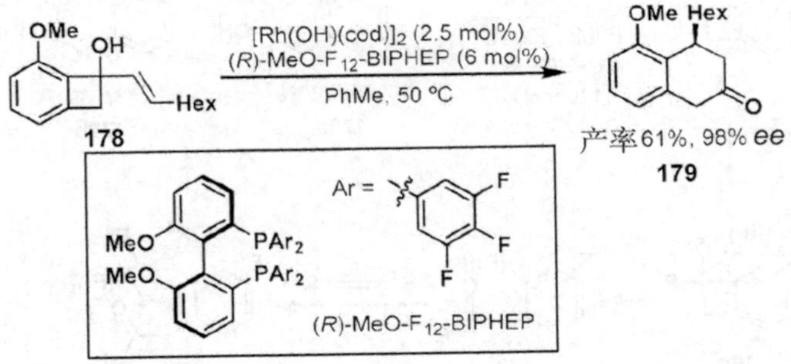

$$(4.43)$$

除铑催化外，钯催化环丁醇 β-碳消除反应过程也得到了快速的发展。例如，Orellana 等[46]成功实现了钯催化苯并环丁烯醇与芳基溴代烃的开环偶联反应[式(4.44)]。芳基溴代烃与 Pd(0)氧化加成形成芳基钯(II)物种，随后与苯并环丁烯醇 **180** 生成芳基烷氧基钯中间体 **181**，选择性地断裂 $C(sp^2)-C(sp^3)$键，发生 β-碳消除反应生成芳基钯中间体 **182**，最后经还原消除反应得到联苯型偶联产物 **183**。Ziadi 和 Martin[47]通过类似的反应过程，实现了钯催化环丁醇 **184** 与氯代芳烃的开环偶联反应，得到了 γ-芳基化的酮产物 **186**[式(4.45)]。需要指出的是，反应中间体 **185** 在钯/双膦配体催化体系下专一性地发生了还原消除反应，得到产物 **186**；竞争性的 β-氢消除副反应过程并没有发生。

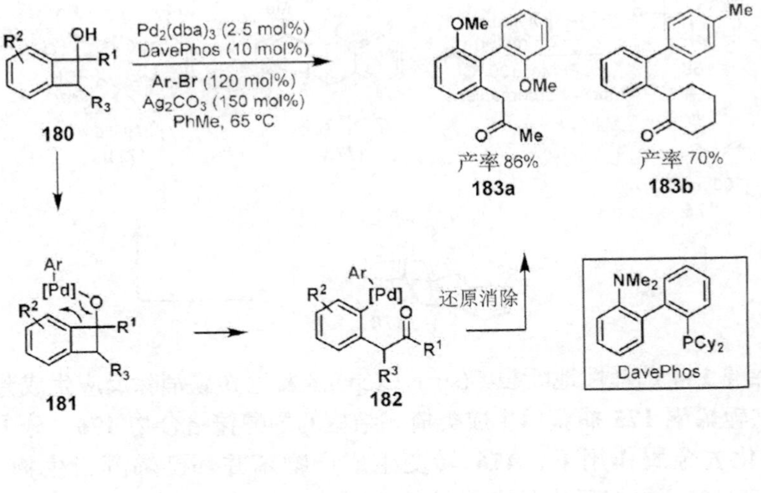

$$(4.44)$$

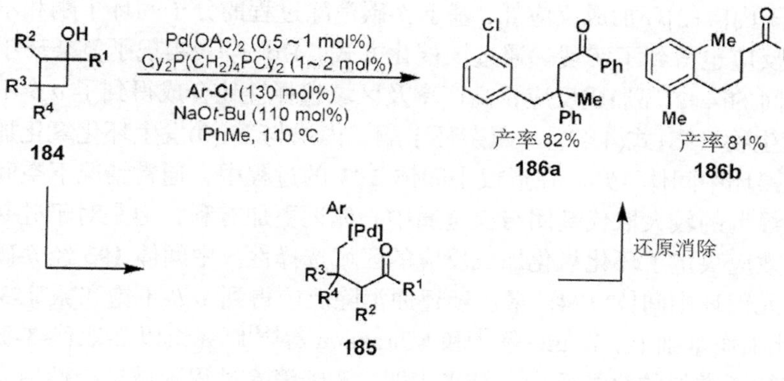

(4.45)

4.4 （苯并）环丁酮参与的化学反应

如第 3 章所述，环丁酮中的碳–碳单键可以通过与低价铑发生氧化加成反应而实现断裂；其单键的另一种断裂方式可通过 β-碳消除反应得到实现。即在镍催化剂存在条件下[48, 49]，环丁酮结构中的羰基能参与到环化氧化加成过程中生成镍环中间体，随后通过 β-碳消除实现环丁烷开环反应。

2012 年，Murakami 等[50]报道了镍催化环丁酮 **187** 分子内[4+2]不对称环加成反应，合成得到了手性桥环化合物 **190**［式(4.46)］。带有烯烃官能团的环丁酮通过与 Ni(0)发生环化氧化加成反应生成氧杂镍环中间体 **188**，在轴手性亚磷酰胺配体条件下，经立体选择性的 β-碳消除反应形成镍桥环化合物 **189**，最后经还原消除反应给出手性双环[2.2.2]辛烷结构产物 **190**。需要指出的是，当环丁酮底物烯烃上连有多取代基团时，反应受空间位阻效应的影响很难发生。

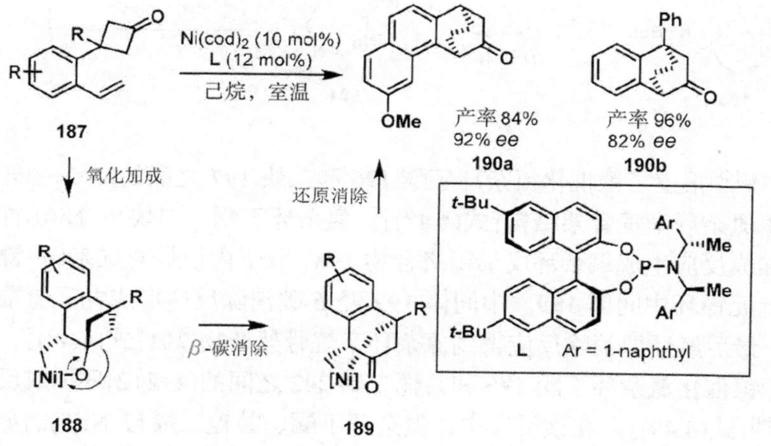

(4.46)

除分子内[4+2]环加成反应外，基于 β-碳消除过程的分子间环丁酮和不饱和烃的环加成反应也得到了实现。通过镍催化方式，Ho 等[51]实现了氮杂环丁酮 **191** 与内炔之间的[4+2]环加成反应，高产率及区域选择性地合成得到了 α,β-不饱和哌啶-3-酮衍生物 **195**［式(4.47)］。氮杂环丁酮、内炔与 Ni(0)发生环化氧化加成反应生成氧杂镍环中间体 **193**。在形成中间体 **193** 的过程中，通常情况下空间位阻效应使得炔烃上的较大取代基团与镍金属中心靠近更加有利，但是对于硅基取代基团，电子效应决定了环化氧化加成反应的区域选择性。中间体 **193** 经 β-碳消除反应形成七元镍环中间体 **194**，最后经还原消除反应得到 α,β-不饱和哌啶-3-酮产物 **195**。在此工作基础上，Louie 等[52]和 Murakami 等[53]研究组以 2-取代-3-氮杂丁酮为底物进行了类似的化学反应，结果表明，β-碳消除过程区域选择性地发生在空间位阻小的碳–碳间进行，并且 2 位碳原子上的立体化学得到完全保持，此外，相应的立体化学研究结果也支持环化氧化加成反应过程[54, 55]。但需指出的是，Lin 等[56]计算化学结果更加支持羰基 C−C(sp^3)直接与 Ni(0)发生氧化加成断裂机理。最近，Harrity 等[57]以环丁烯酮和炔烃为底物，通过镍催化[4+2]环加成反应实现了苯酚衍生物的合成，机理类似于式(4.47)。

(4.47)

Louie 等[58]报道了镍催化氮杂环丁酮 **196** 和二炔 **197** 之间的[4+2+2]环加成反应，构建了氮杂环辛烷骨架结构［式(4.48)］。氮杂环丁酮、二炔与 Ni(0)首先发生环化氧化加成反应生成氧杂环戊烯镍络合物 **198**，分子内炔烃对烯基碳–镍键迁移插入生成七元镍环中间体 **199**。中间体 **199** 经 β-碳消除反应形成九元氮杂镍环化合物 **200**，最后经还原消除反应得到氮杂环辛烷骨架产物 **201**［式(4.48)］。在此工作基础上，镍催化氮杂环丁酮 **196** 和共轭二烯 **202** 之间的[4+2+2]环加成反应也得到了实现[59]［式(4.49)］。在该反应中，氮杂环丁酮、共轭二烯与 Ni(0)的氧化加成反应生成 η^3-π-烯丙基镍中间体 **203**，经 β-碳消除反应形成新的 η^3-π-烯丙基镍化合

物 **204**，最后经异构化/还原消除反应过程得到氮杂环辛烯酮产物 **206**。

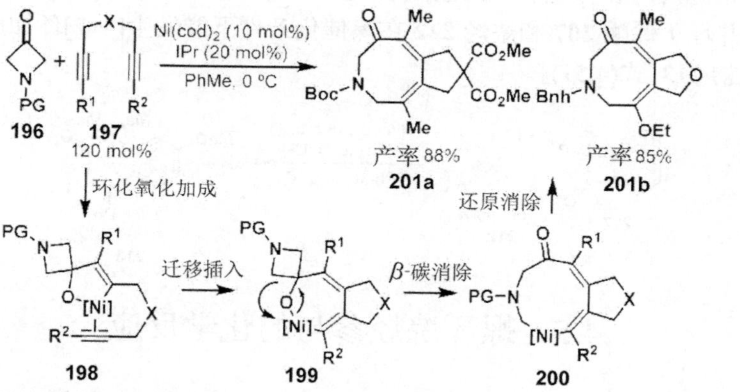

(4.48)

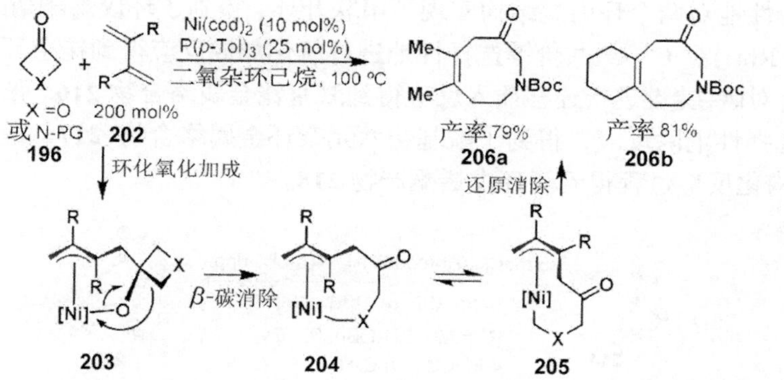

(4.49)

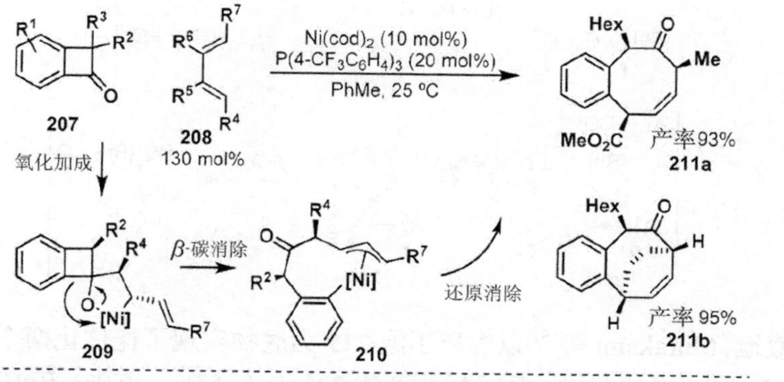

(4.50)

Martin 等[60]则报道了镍催化苯并环丁烯酮 **207** 和二烯烃 **208** 之间的[4+2+2]环加成反应，构建了苯并环辛烷烯酮结构[式(4.50)]。首先，苯并环丁烯酮、共轭二烯与 Ni(0)的氧化加成反应生成氧杂环戊烯镍络合物 **209**；其次，经区域选择性

β-碳消除反应实现 C(sp^2)–C(sp^3)单键断裂形成 η^3-π-烯丙基镍化合物 **210**；最后，通过还原消除反应在芳基和烯丙基间形成 σ 键，生成苯并环辛烷烯酮产物 **211**。此外，苯并环丁烯酮 **207** 和炔烃 **212** 在镍催化条件下能发生[4+2]环加成反应生成萘酚衍生物 **213**［式(4.51)］。

$$\textbf{207} + \textbf{212}\ (150\ \text{mol\%}) \xrightarrow[\text{PhMe, 100 °C}]{\text{Ni(cod)}_2\ (5\ \text{mol\%}),\ \text{PPh}_3\ (5\ \text{mol\%})} \textbf{213}\ (\text{产率 } 78\%) \tag{4.51}$$

4.5　螺环烷烃参与的化学反应

以螺[2.2]戊烷衍生物 **214** 为反应底物，Murakami 等[61]通过铑催化的方式高度区域选择性地对两个环丙烷结构实现了串联开环，得到了环戊烯酮衍生物 **218**［式(4.52)］。Rh(I)对 C^4–C^5 共价键选择性地进行氧化加成反应得到铑杂环丁烷中间体 **215**，CO 对碳–铑键进行迁移插入反应得到酰基铑金属络合物 **216**。张力驱动的 β-碳区域选择性消除反应，得到了酰基铑六元杂环金属络合物 **217**。最后，经还原消除/异构化反应过程得到了环戊烯酮产物 **218**。

$$\textbf{214} \xrightarrow[\text{1 atm CO, } p\text{-二甲苯, 130°C}]{\text{5 mol\% [\{Rh(cod)Cl\}}_2\text{], 10 mol\% dppp}} \textbf{218}\ (\text{8 examples, } 37\% \sim 82\%) \tag{4.52}$$

R^1 = Me, CH_2OBn, Ph, Cy, 4-MeC_6H_4, n-C_5H_{11}
R^2 = CH_2OBn
R^1 = R^2 = $-(CH_2)_6-$
R^3 = Me, H

[Rh] 氧化加成：**214** → **215**；CO 迁移插入：**215** → **216**；β-碳消除：**216** → **217**；还原消除/异构化：**217** → **218**

类似地，Murakami 等[62]以螺环丁酮 **219** 为底物实现了铑催化两个四元环串联开环反应，高产率地获得了环己烯酮产物 **222**［式(4.53)］。首先，Rh(I)对环丁酮中酰基碳–碳共价键选择性地进行氧化加成反应得到铑杂环戊酮中间体 **220**；其次，张力驱动的 β-碳消除反应，得到七元杂金属环络合物 **221**；最后，经还原消除/异构化反应过程得到了环己烯酮产物 **222**。

5 mol% [{Rh(dppp)Cl}$_2$]
二甲苯，140 °C
R^1 = Ph, n-Oct
R^2, R^3 = H, Me

219　　222
5 examples
55%~89%

(4.53)

氧化加成　　还原消除/异构化

[Rh^{III}]　β-碳消除　[Rh^{III}]

220　　221

4.6 本 章 小 结

环张力驱动的 β-碳消除反应是实现碳–碳单键断裂的一种重要模式，利用这模式设计的新颖化学反应过程得到了快速的发展，为对映选择性和原子经济性合成结构复杂的环状有机化合物提供了新的策略和方法。尽管适用于此类反应的底物类型偏少，但发现的新化学反应呈现出多样化特点，并能有效地将 β-碳消除过程设计在串联反应中，为中等大小环的合成提供了一种强有力的手段。该领域今后需要解决的问题及发展趋势包括：开发更高效的催化体系以扩大张力环的适用范围；探索由小环结构引发的新的化学反应途径，并将其应用到复杂分子的高效合成上；基于对映选择性 β-碳消除的新合成方法学的开发及其在天然产物合成中的应用。

参 考 文 献

[1] Fumagalli G, Stanton S, Bower J F. Recent methodologies that exploit C−C single-bond cleavage of strained ring systems by transition metal complexes. Chemical Reviews, 2017, 117: 9404−9432.

[2] Nakamura E, Kuwajima I. Homoenolate anion precursor. Reaction of ester homoenol silyl ether with carbonyl compounds. Journal of the American Chemical Society, 1977, 99: 7360−7362.

[3] Fujimura T, Aoki S, Nakamura E. Synthesis of 1,4-keto esters and 1,4-diketones *via* palladium-catalyzed acylation of siloxycyclopropanes. Synthetic and mechanistic studies. The Journal of Organic Chemistry, 1991, 56: 2809−2821.

[4] Park S B, Cha J K. Palladium-mediated ring opening of hydroxycyclopropanes. Organic Letters, 2000, 2: 147−149.

[5] Rosa D, Orellana A. Palladium-catalyzed cross-coupling of cyclopropanols with aryl halides under mild conditions. Organic Letters, 2011, 13: 110–113.

[6] Rosa D, Orellana A. Synthesis of α-indanones *via* intramolecular direct arylation with cyclopropanol-derived homoenolates. Chemical Communications, 2012, 48: 1922–1924.

[7] Cheng K, Walsh P J. Arylation of aldehyde homoenolates with aryl bromides. Organic Letters, 2013, 15: 2298–2301.

[8] Murali R V N S, Rao N N, Cha J K. C-alkynylation of cyclopropanols. Organic Letters, 2015, 17: 3854–3856.

[9] Parida B B, Das P P, Niocel M, et al. C-acylation of cyclopropanols: Preparation of functionalized 1,4-diketones. Organic Letters, 2013, 15: 1780–1783.

[10] Ydhyam S, Cha J K. Construction of seven-membered carbocycles *via* cyclopropanols. Organic Letters, 2015, 17: 5820–5823.

[11] Simaan S, Marek I. Hydroformylation reaction of alkylidenecyclopropane derivatives: A new pathway for the formation of acyclic aldehydes containing quaternary stereogenic carbons. Journal of the American Chemical Society, 2010, 132: 4066–4067.

[12] Crépin D, Tugny C, Murray J H, et al. Facile and chemoselective rhodium-catalysed Iintramolecular hydroacylation of α,α-disubstituted 4-alkylidenecyclopropanols. Chemical Communications, 2011, 47: 10957–10959.

[13] Villarino L, López F, Castedo L, et al. Palladium-catalyzed hydroalkynylation of alkylidenecyclopropanes. Chemistry–A European Journal, 2009, 15: 13308–13312.

[14] Saito S, Maeda K, Yamasaki R, et al. Synthesis of nine-membered carbocycles by the [4+3+2] cycloaddition reaction of ethyl cyclopropylideneacetate and dienynes. Angewandte Chemie International Edition, 2010, 49: 1830–1833.

[15] Fu X F, Xiang Y, Yu Z X. Rh^{I}-catalyzed benzo/[7+1] cycloaddition of cyclopropyl-benzocyclobutenes and CO by merging thermal and metal-catalyzed C–C bond cleavages. Chemistry–A European Journal, 2015, 21: 4242–4246.

[16] Cui S, Zhang Y, Wu Q. Rh(III)-catalyzed C–H activation/cycloaddition of benzamides and methylenecyclopropanes: Divergence in ring formation. Chemical Science, 2013, 4: 3421–3426.

[17] Saito S, Yoshizawa T, Ishigami S, et al. Ring expansion reactions of ethyl cyclopropylideneacetate and benzosilacyclobutenes: Formal σ bond cross metathesis. Tetrahedron Letters, 2010, 51: 6028–6030.

[18] Ogata K, Shimada D, Furuya S, et al. Nickel-catalyzed ring-opening alkylative coupling of enone with methylenecyclopropane in the presence of triethylborane. Organic Letters, 2013, 15: 1182–1185.

[19] Pan B, Wang C, Wang D, et al. Nickel-catalyzed [3 + 2] cycloaddition of diynes with methyleneaziridines *via* C–C bond cleavage. Chemical Communications, 2013, 49: 5073–5075.

[20] Xie Y, Zhang P, Zhou L. Regiospecific synthesis of benzoxepines through Pd-catalyzed carbene migratory insertion and C–C bond cleavage. The Journal of Organic Chemistry, 2016, 81: 2128–2134.

[21] Brandi A, Cicchi S, Cordero F M, et al. Progress in the synthesis and transformations of alkylidenecyclopropanes and alkylidenecyclobutanes. Chemical Reviews, 2014, 114: 7317–7420.

[22] Crépin D, Dawick J, Aïssa C. Combined rhodium-catalyzed carbon-hydrogen activation and β-carbon elimination to access eight-membered rings. Angewandte Chemie International Edition, 2010, 49: 620–623.

[23] Matsuda T, Suda Y, Takahashi A. Double 1,4-rhodium migration cascade in rhodium-catalysed arylative

ring-opening/spirocyclisation of (3-arylcyclobutylidene)acetates. Chemical Communications, 2012, 48: 2988–2990.

[24] Matsuda T, Yasuoka S, Watanuki S, et al. Rhodium-catalyzed addition-spirocyclization of arylboronic esters containing β-aryl α,β-unsaturated ester moiety. Synlett, 2015, 26: 1233–1237.

[25] Matsuda T, Shigeno M, Murakami M. Asymmetric synthesis of 3,4-dihydrocoumarins by rhodium-catalyzed reaction of 3-(2-hydroxyphenyl)cyclobutanones. Journal of the American Chemical Society, 2007, 129: 12086–12087.

[26] Matsumura S, Maeda Y, Nishimura T, et al. Palladium-catalyzed asymmetric arylation, vinylation, and allenylation of *tert*-cyclobutanols *via* enantioselective C–C bond cleavage. Journal of the American Chemical Society, 2003, 125: 8862–8869.

[27] Seiser T, Cramer N. Rhodium-catalyzed C–C bond cleavage: Construction of ayclic methyl substituted quaternary stereogenic centers. Journal of the American Chemical Society, 2010, 132: 5340–5341.

[28] Seiser T, Roth O A, Cramer N. Enantioselective synthesis of indanols from *tert*-cyclobutanols using a rhodium-catalyzed C–C/C–H activation sequence. Angewandte Chemie International Edition, 2009, 48: 6320–6323.

[29] Shigeno M, Yamamoto T, Murakami M. Stereoselective restructuring of 3-arylcyclobutanols into 1-indanols by sequential breaking and formation of carbon-carbon bonds. Chemistry–A European Journal, 2009, 15: 12929–12931.

[30] Seiser T, Cathomen G, Cramer N. Enantioselective construction of indanones from cyclobutanols using a rhodium-catalyzed C–C/C–H/C–C bond activation process. Synlett, 2010, 1699–1703.

[31] Matsuda T, Shigeno M, Makino M, et al. Enantioselective C–C bond cleavage creating quaternary carbon centers. Organic Letters, 2006, 8: 3379–3381.

[32] Ishida N, Shimamoto Y, Yano T, et al. 1,5-Rhodium shift in rearrangement of *N*-arenesulfonylazetidin-3-ols into benzosultams. Journal of the American Chemical Society, 2013, 135: 19103–19106.

[33] Seiser T, Cramer N. Rhodium(I)-catalyzed enantioselective activation of cyclobutanols: Formation of cyclohexane derivatives with quaternary stereogenic centers. Chemistry–A European Journal, 2010, 16: 3383–3391.

[34] Ishida N, Nečas D, Masuda Y, et al. Enantioselective construction of 3-hydroxypiperidine scaffolds by sequential action of light and rhodium upon *N*-allylglyoxamides. Angewandte Chemie International Edition, 2015, 54: 7418–7421.

[35] Souillart L, Cramer N. Exploitation of Rh(I)-Rh(III) cycles in enantioselective C–C bond cleavages: Access to β-tetralones and benzobicyclo[2.2.2]octanones. Chemical Science, 2014, 5: 837–840.

[36] Ishida N, Sawano S, Murakami M. Synthesis of 3,3-disubstituted α-tetralones by rhodium-catalysed reaction of 1-(2-haloaryl)cyclobutanols. Chemical Communications, 2012, 48: 1973–1975.

[37] Ishida N, Nakanishi Y, Murakami M. Reactivity change of cyclobutanols towards isocyanates: Rhodium favors C-carbamoylation over *O*-carbamoylation. Angewandte Chemie International Edition, 2013, 52: 11875–11878.

[38] Yada A, Fujita S, Murakami M. Enantioselective insertion of a carbenoid carbon into a C–C bond to expand cyclobutanols to cyclopentanols. Journal of the American Chemical Society, 2014, 136: 7217–7220.

[39] Ishida N, Sawano S, Masuda Y, et al. Rhodium-catalyzed ring opening of benzocyclobutenols with site-selectivity complementary to thermal ring opening. Journal of the American Chemical Society, 2012,

134: 17502–17504.

[40] Ding L, Ishida N, Murakami M, et al. sp^3-sp^2 *vs* sp^3-sp^3 C–C site selectivity in Rh-catalyzed ring opening of benzocyclobutenol: A DFT study. Journal of the American Chemical Society, 2014, 136: 169–178.

[41] Kitaura Y, Matsuura T. Photoinduced reactions-XLVIII: Steric and substituent effects on photoreactions of 2,4,6-trialkylphenyl ketones. Tetrahedron, 1971, 27: 1597–1606.

[42] Caubere P, Derozier N, Loubinoux B. Condensations Aryniques d'Énolates de Cétones Cycliques; Synthèse de Benzocyclobuténols. Bulletin de la Societe Chimique de France, 1971: 302.

[43] Zhao C, Liu L C, Wang J, et al. Rh(I)-catalyzed insertion of allenes into C–C bonds of benzocyclobutenols. Organic Letters, 2016, 18: 328–331.

[44] Ishida N, Ishikawa N, Sawano S, et al. Construction of tetralin skeletons based on rhodium-catalyzed site-selective ring opening of benzocyclobutenols. Chemical Communications, 2015, 51: 1882–1885.

[45] Ishida N, Sawano S, Murakami M. Stereospecific ring expansion from orthocyclophanes with central chirality to metacyclophanes with planar chirality. Nature Communications, 2014, 5(3111): 1-9.

[46] Chtchemelinine A, Rosa D, Orellana A. Palladium-catalyzed selective carbometallation and cross-coupling reactions of benzocyclobutanols with aryl bromides. The Journal of Organic Chemistry, 2011, 76: 9157–9162.

[47] Ziadi A, Martin R. Ligand-accelerated Pd-catalyzed ketone γ-arylation *via* C–C cleavage with aryl chlorides. Organic Letters, 2012, 14: 1266–1269.

[48] Murakami M, Ashida S, Matsuda T. Nickel-catalyzed intermolecular alkyne insertion into cyclobutanones. Journal of the American Chemical Society, 127: 6932–6933.

[49] Murakami M, Ashida S. Nickel-catalyzed intramolecular alkene insertion into cyclobutanones. Chemical Communications, 2006, 42: 4599–4601.

[50] Liu L, Ishida N, Murakami M. Atom- and step-economical pathway to chiral benzobicyclo[2.2.2]octenones through carbon-carbon bond cleavage. Angewandte Chemie International Edition, 2012, 51: 2485–2488.

[51] Ho K Y T, Aïssa C. Regioselective cycloaddition of 3-azetidinones and 3-oxetanones with alkynes through nickel-catalysed carbon-carbon bond activation. Chemistry–A European Journal, 2012, 18: 3486–3489.

[52] Kumar P, Louie J. A single step approach to piperidines *via* Ni-catalyzed β-carbon elimination. Organic Letters, 2012, 14: 2026–2029.

[53] Ishida N, Yuhki T, Murakami M. Synthesis of enantiopure dehydropiperidinones from α-amino acids and alkynes *via* azetidin-3-ones. Organic Letters, 2012, 14: 3898–3901.

[54] Ogoshi S, Oka M, Kurosawa H. Direct observation of oxidative cyclization of η^2-alkene and η^2-aldehyde on Ni(0) center. Significant acceleration by addition of Me_3SiOTf. Journal of the American Chemical Society, 2004, 126: 11802–11803.

[55] Ohashi M, Saijo H, Arai T, et al. Nickel(0)-catalyzed formation of oxaaluminacyclopentenes *via* an oxanickelacyclopentene key intermediate: Me_2AlOTf-assisted oxidative cyclization of an aldehyde and an alkyne with nickel(0). Organometallics, 2010, 29: 6534–6540.

[56] Li Y, Lin Z. Theoretical studies on nickel-catalyzed cycloaddition of 3-azetidinone with alkynes. Organometallics, 2013, 32: 3003–3011.

[57] Stalling T, Harker W R R, Auvinet A L, et al. Investigation of alkyne regioselectivity in the Ni-catalyzed benzannulation of cyclobutenones. Chemistry–A European Journal, 2015, 21: 2701–2704.

[58] Kumar P, Zhang K, Louie J. An expeditious route to eight-membered heterocycles by nickel-catalyzed

cycloaddition: Low-temperature Csp^2- Csp^3 bond cleavage. Angewandte Chemie International Edition, 2012, 51: 8602−8606.

[59] Thakur A, Facer M E, Louie J. Nickel-catalyzed cycloaddition of 1,3-dienes with 3-azetidinones and 3-oxetanones. Angewandte Chemie International Edition, 2013, 52: 12161−12165.

[60] Juliá-Hernández F, Ziadi A, Nishimura A, et al. Nickel-catalyzed chemo-, regio- and diastereoselective bond formation through proximal C−C cleavage of benzocyclobutenones. Angewandte Chemie International Edition, 2015, 54: 9537−9541.

[61] Matsuda T, Tsuboi T, Murakami M. Rhodium-catalyzed carbonylation of spiropentanes. Journal of the American Chemical Society, 2007, 129: 12596−12597.

[62] Murakami M, Takahashi K, Amii H, et al. Rhodium(I)-catalyzed successive double cleavage of carbon−carbon bonds of strained spiro cyclobutanones. Journal of the American Chemical Society, 119: 9307−9308.

第 5 章　无张力碳–碳单键的断裂反应

第 2~4 章主要就张力碳–碳单键的活化断裂模式及在合成中的应用加以了分析讨论，从本章起将讨论无张力碳–碳单键活化方式、策略及在新合成方法开发中的应用。

无张力碳–碳单键广泛存在于各类有机化合物中，该类型共价键断裂反应的研究是有机合成中最重要同时也是最具有挑战性的课题之一[1-4]。过渡金属催化断裂是最主要方式之一，近年来取得了重大进展，已广泛用于各类有机化学反应之中。过渡金属催化无张力碳–碳单键断裂的常见类型包括弱极性碳–碳单键活化断裂[5]、脱羰活化断裂[6]及配位导向氧化加成[7, 8]等(图 5-1)。根据断裂碳–碳单键的类型以及与惰性键邻近官能团的不同，本章将分节加以介绍。

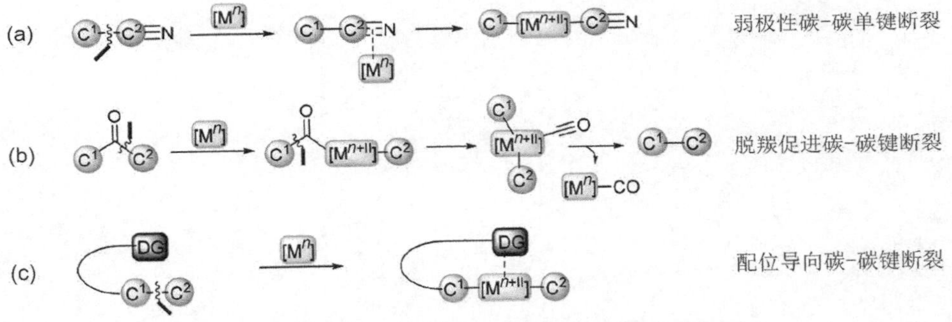

图 5-1　过渡金属催化无张力碳–碳单键断裂的常见类型

5.1　C–C(sp)单键断裂反应

5.1.1　C–C≡N 单键断裂反应

C–CN 作为一种常见的共价键广泛存在于诸多有机分子之中，过渡金属催化 C–CN 键断裂反应在有机合成中发挥着越来越重要的作用[9]。尽管 C–CN 键离解能高达 100 kcal/mol 以上，但过渡金属络合物能对其进行活化断裂。自早期发现铑催化芳酰基腈脱羰 [10]、铂催化烯基 C–CN 键断裂[11]和 $Pt(PPh_3)_4$ 催化三氰基乙烷烷基 C–CN 键断裂反应[12]以来，各种过渡金属，如铂[13]、钯[14]、镍[15]、铜[16, 17]、钼[18]、铑[19]、钴[20]、铁[21, 22]、铱[23]、锌[24]、铀[25]和银[26]已经被用于 C–CN 键的活化。这些过渡金属催化体系主要按两种方式对 C–CN 键进行活化断裂。① 氧化加成途径：过渡金属与氰基官能团首先通过 η^1-或 η^2-方式配位在一起生成络合物，但绝大多数 C–CN 键催化活化是通过 η^2-型配合物进行的，接着 C–CN 键直接与过渡金属发生氧化加成生成氰基金属化合物。按照这种途径发生的过渡金属主要包括铂、镍、钯、钴和铑等［式(5.1)］。② 硅基异腈脱出反应途径：硅基铁或铑络合物能与腈发生反应，首先生成氰基官能团硅金属化中间产物，随后发生碳–碳键断裂脱硅基异腈反应，得到烃基金属化合物［式(5.2)］。此外，C–H 活化[27]、β-碳消除[28]和光氧化还原[29, 30]引发 C–CN 键断裂历程也见诸文献报道。在所有这些过渡金属中，仅镍、铁、铑、钯、铜和铱被成功地开发成催化反应。

氧化加成

R–C≡N —(M)→ R–C≡N(–M) ⟶ R–M–C≡N　(5.1)

M = Pt, Ni, Pd, Co, Rh

硅基异腈脱出

R–C≡N —(M-Si)→ R–C=N–Si (M) ⟶ R–M–CNSi ⟶ R–M (SiNC ⇌ SiCN)　(5.2)

M = Fe, Rh

1. 镍和钯催化

早在 1971 年，DuPont 公司就报道了在室温条件下苯甲腈对 Ni(0)的氧化加成反应过程[31]。后来该公司利用零价镍催化 C–CN 键活化断裂实现了 2-甲基-3-丁腈 **2** 的异构化反应过程，并最终合成得到了已二腈产物 **5**［式(5.3)］。HCN 与丁二烯 **1** 发生加成反应生成支链和直链混合产物 **2** 和 **3**。通过镍催化 C–CN 键断裂反应，支链产物 **2** 可转变生成直链产物 **3**，由氧化加成生成的 π-烯丙基氰基镍络合物是实现上述转变的关键中间体[32]［式(5.3)］。自此，镍催化 C–CN 键活化断裂参与的化学反应得到了快速发展。

1 —(cat. Ni^0, HCN)→ **2** (CN) + **3** (CN)；**2** —(cat. Ni (0))→ **3**　(5.3)

—(cat. Ni^0, 路易斯酸, HCN)→ [**4** (CN)] ⟶ NC–(CH₂)₄–CN **5**

1) 偶联反应

芳基腈能看作类卤代芳烃而用于过渡金属催化的偶联反应之中，但 C_{Ar}–CN

键的离解能比 C_{Ar}–X 键的离解能要高，由低到高的顺序依次为 I＜Br＜Cl＜CN＜F[33]。

Miller[34]以芳基腈 **6** 为底物，通过 $NiCl_2(PMe_3)_2$ 催化 C–CN 键活化断裂实现了其与格氏试剂 **7** 的偶联反应，高产率和选择性地合成得到了不对称取代的联苯产物 **8**［式(5.4)］。Dankwardt 等[35]改进了上述反应过程，报道了 $NiCl_2(PMe_3)_2$ 催化的(杂)芳基腈与烷基、烯基格氏试剂间的偶联反应。为了避免格氏试剂对芳基腈的亲核加成副反应，LiO-*t*-Bu 或 PhSLi 等添加剂被使用来调节格氏试剂的反应活性。

$$\underset{\mathbf{6}}{Ar^1CN} + \underset{\mathbf{7}}{Ar^2MgX / LiR} \xrightarrow{NiCl_2(PMe_3)_2\ (5.5\ mol\%)} \underset{\mathbf{8}}{Ar^1\text{–}Ar^2} \tag{5.4}$$

在上述工作基础上，镍催化芳基腈与其他亲核试剂，如炔基锌[36]、芳基或烯基硼酸酯[37]、芳基锰[14]、氨基锂[38]等之间的偶联反应相继得到了报道，如图 5-2 所示。

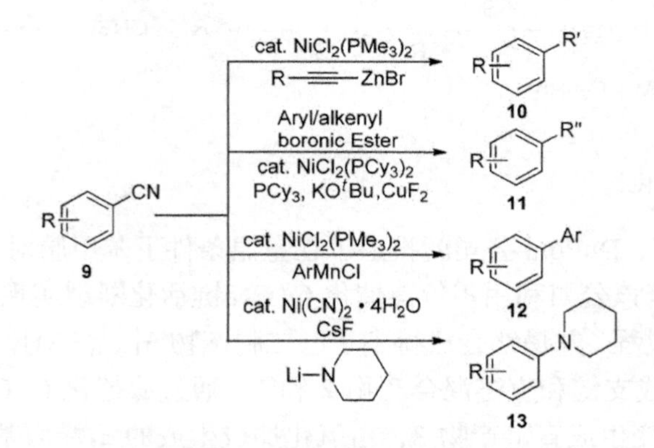

图 5-2 镍催化芳基腈与亲核试剂的偶联反应

2) 炔烃碳氰基化反应

碳氰基化反应是指在过渡金属催化下 C–CN 键发生活化断裂生成烃基金属氰化物后，对不饱和烃进行加成生成烃氰基化产物的反应过程。Nakao 等[39, 40]发现在零价镍催化作用下，芳基腈 **14** 可以对炔烃 **15** 进行加成反应，立体选择性地生成(*Z*)-*β*-芳基–丙烯腈产物 **20**［式(5.5)］。$Ni(cod)_2$ 和富电子三甲基膦配体组成的催化体系能有效促进碳氰基化反应发生，获得高的产率；反应的底物适用范围较广，各类芳基腈及对称或非对称取代的炔烃底物都能顺利发生该化学反应，生成相应的加成产物。DFT 理论计算表明[41]，镍首先和芳基腈配位生成络合物 **16**，随后发生氧化加成反应得到芳基镍氰化物 **17**，接着在炔烃配位作用下生成络合物 **18**。炔烃对芳基镍进行迁移插入，生成的烯基镍氰化物 **19** 经还原消除反应后得到加成产物 **20**。其中，氧化加成反应是决速步骤；在炔烃迁移插入步骤中，与镍配位的炔烃上空间位置大的取代基 R^3 与金属中心上的芳基在空间上的相互作用决定了插入反应的区域选择性。

10 mol% $[Ni(cod)_2]$
20 mol% PMe_3
甲苯, 100 °C
$R^2 < R^3$
14　**15**　**20**
R^1 = OMe, Me, Ph, F, CF_3, CN, CHO, COMe, CO_2Me, Bpin
R^2, R^3 = Me, Pr, *t*-Bu, CH_2OMe
22 examples
62%~96 %
[Ni] 配位　**16**　氧化加成　**17**　配位　**18**　迁移插入　**19**　还原消除

(5.5)

除芳基氰基化反应外，Nakao 等[42, 43]通过使用贫电子三芳基膦配体进一步实现了镍催化烯丙基腈 **21** 和炔烃 **22** 的烯丙基化氰基化反应[式(5.6)]。烯丙基腈 **21** 中的 C–CN 键首先对零价镍发生氧化加成生成 *π*-烯丙基镍氰化物中间体 **23**；随后，烯丙基伯碳原子迁移插入到空间位阻小的炔碳原子上生成烯基镍氰化物 **24**；最后，通过还原消除反应形成 C–CN 键得到丙烯腈产物 **25** 并再生零价镍催化物种。包括端炔在内的各种取代炔烃都能顺利发生该烯丙基氰基化反应。

10 mol% $[Ni(cod)_2]$
20 mol% $P(4\text{-}CF_3\text{-}C_6H_4)_3$
CH_3CN, 80 °C
21　**22**　**25**
R^1 = H, Me, *t*-Bu, Ph
R^2 = H, Me, $OSiMe_3$
R^3, R^4 = H, Me, Et, Pr, *t*-Bu, Hex, TMS, Ph, $(CH_2)_3Cl$, $(CH_2)_3CO_2Me$, $(CH_2)_3NHPhth$
18 examples
49%~81 %
Z:*E* up to >99:1
氧化加成　**23**　迁移插入　**24**　还原消除

(5.6)

研究表明[44]，路易斯酸共催化剂能有效促进镍催化发生碳氰基化反应，即路易斯酸通过与氰基官能团中的氮原子配位，使得C−CN键与Ni(0)更易发生氧化加成反应。例如，催化量的$AlMe_3$或$AlMe_2Cl$能有效地加快反应的速率，镍催化剂的用量能降低到1 mol%。在镍/路易斯酸协同催化体系条件下，芳氰基化产物**28**产率高达90%以上，该体系甚至可以耐受高活性的芳基卤代烃及空间位阻较大的反应底物[式(5.7)]。而且，不仅芳基腈底物**26**，烯基腈**29**[44]、烷基腈**32**[44]和苄基腈[45]都能参与此反应，分别生成相应的加成产物[式(5.8)、式(5.9)和式(5.10)]。尽管路易斯酸共催化剂能显著地促进碳氰基化反应，但对于丙腈参与的乙基氰基化反应而言，由于存在β-氢消除副反应过程，反应产率很低。通过加入大空间位阻的单齿配体，如Buchwald型S-Phos膦配体[46]，β-氢消除副反应过程可以得到抑制。

Ar−CN (**26**) + R^1−≡−R^2 (**27**, 1.2 equiv.) —[1 mol% $[Ni(cod)_2]$, 2 mol% $PPhMe_2$, 4 mol% $AlMe_3$ 或 $AlMe_2Cl$, 甲苯, 50 °C]→ **28** (Ar, CN / R^1, R^2) 10 examples 27%~96%　(5.7)

29 (R^3, R^5 / R^4, CN) + Pr−≡−Pr (**30**, 1.2 equiv.) —[2 mol% $[Ni(cod)_2]$, 4 mol% PMe_3, 8 mol% BPh_3, 甲苯, 80 °C]→ **31** (R^3, R^5, R^4, CN, Pr, Pr) 5 examples 78%~94%　(5.8)

Alk−CN (**32**) + R^1−≡−R^2 (**27**, 1.0 equiv.) —[5 mol% $[Ni(cod)_2]$, 10 mol% PPh_2t-Bu, 20 mol% $AlMe_3$ 或 $AlMe_2Cl$, 甲苯, 80°C]→ **33** (Alk, CN / R^1, R^2) 5 examples 24%~74%　(5.9)

R^6⌒CN (**34**) + R^1−≡−R^2 (**27**, 1.0 equiv.) —[2 mol% $[Ni(cod)_2]$, 4 mol% (2-Mes-C_6H_4)PCy_2, 8 mol% $AlMe_2Cl$, 甲苯, 80°C]→ **35** (R^6, CN / R^1, R^2) 19 examples 8%~96%　(5.10)

在γ位有杂原子的烷基腈底物**36**能与炔烃**37**发生立体和区域选择性的加成反应，生成丙烯腈产物**41**[47][式(5.11)]。该反应没有通过竞争性的β-氢消除反应过程而生成炔烃氰氢化副产物。γ位杂原子与镍金属中心配位形成五元环络合物

38，从而阻止了 β-氢消除副反应过程。**38** 经过氧化加成、迁移插入和还原消除过程，最终得到丙烯腈衍生物 **41**。

5~10 mol% $[Ni(cod)_2]$
5~10 mol% $P(2\text{-}OMe\text{-}C_6H_4)_3$
20~40 mol% $AlMe_3$
甲苯, 50 °C

36　**37**　**41**

X = NR, O, S
R^3, R^4 = H, Me, Pr, *i*-Pr, *t*-Bu, CH_2SiMe_3, Ph

21 examples
49%~94%

配位　氧化加成　迁移插入　还原消除

38　**39**　**40**

(5.11)

碳氰化反应中腈的底物范围可以扩展至炔基腈化合物 **42**，最终生成共轭烯炔产物 **44** [48, 49][式(5.12)]，在该反应中，三苯基硼作为路易斯酸共催化剂能高收率地形成目标产物 **44**。除炔烃外，炔基腈化合物 **46** 还能与端位联二烯底物 **47** 发生加成反应[48, 49][式(5.13)]。对于烷基取代的联二烯底物，加成反应的区域选择性发生在非端烯部位，生成烯炔产物 **51**。然而，对于硅基取代的联二烯底物，反应给出相反的区域选择性，加成反应发生在端烯位点上。在三苯基硼路易斯酸活化作用下，C−CN 键与 Ni(0)发生氧化加成反应生成炔基镍氰化物 **48**，端位联二烯底物与之配位生成络合物 **49**，炔基区域选择性迁移插入形成 η^3-π-烯丙基镍中间体 **50**，最后经还原消除反应过程得到共轭烯炔产物 **51** 和 **52**。

10 mol% $[Ni(cod)_2]$
10 mol% xantphos
30 mol% BPh_3
甲苯, 40 ~ 100 °C

42　**43**　**44**　**45**

xantphos

12 examples
54%~95%
44:45 up to 95:5

(5.12)

R^1 = Ar, *n*-Hex, $(CH_2)_3Cl$, $SiEt_3$, Si*t*-$BuMe_2$, cyclohex-1-ene
R^2 = H, *n*-Pr
R^3 = *n*-Pr, $(CH_2)_3Cl$, $(CH_2)_3CN$, $(CH_2)_3CO_2Me$, cyclohex-1-ene

2 mol% [Ni(cod)$_2$]
2 mol% xantphos
6 mol% BPh$_3$
甲苯, 50 °C
TBS　CN　46　47　R　51　52
R = *n*-Hex, Cy, (CH$_2$)$_2$Ph, (CH$_2$)$_2$SiMe$_2$*t*-Bu, SiMe$_2$*t*-Bu
5 examples
60%~82%
51:52 up to >95:5
氧化加成　还原消除
[Ni]　48　配位　49　迁移插入　NC–[Ni]　50

(5.13)

相对于前面所述的 C–CN 键，酰基腈 C(O)–CN 键与过渡金属之间的氧化加成反应更容易进行，生成酰基金属氰化物中间体 **54**[式(5.14)]。由于中间体 **54** 极易发生脱羰基化反应[50]形成烃基金属氰化物 **55**，故由酰基腈氧化加成得到的金属化合物比氰基酸酯或氰基酰胺形成的过渡金属类似物要更加活泼。炔烃与酰基金属氰化物中间体 **54** 发生迁移插入反应生成烯基金属氰化物 **56**，最后经还原消除反应形成 C–CN 键得到产物 **57**。

[M]　氧化加成　53　54　R^1—≡—R^2　迁移插入　脱羰　R–[M]　CN　CO　55　56　– [M]　还原消除　57
R = CR'$_2$, NR'$_2$, OR'
fast for R = CR'
R = NR'$_2$, OR'

(5.14)

为了抑制中间体 **54** 脱羰基副反应过程，分子内活泼炔烃进行的酰基氰基化反应最先得到了研究。例如，Nakao 和 Hiyama 等[51]使用镍/路易斯酸协同催化体系实现了炔烃分子内氰基化酯羰化和氰基化胺羰化反应过程。而且，Takemoto 等[52,53]实现了钯催化氰基酰胺底物 **58** 分子内炔烃氰基化胺羰化反应过程[式(5.15)]。反应专一性地按照 5-*exo* 环化模式进行，高(*Z*)-构型选择性地生成了内酰胺产物 **59**。此外，六元或七元环内酰胺产物也能高产率地生成。

10 mol% [Pd(PPh$_3$)$_4$]
二甲苯，130 °C
R^1 = Me, Bu, Ph, CH$_2$OTBS,
R^2, R^3 = Ph, H, pyrolidine
或 R^2 = OMe and R^3 = *i*-Pr
R^4 = Bn, Me; *n* = 1,2,3
58　59
10 examples
45%~99%

(5.15)

Douglas 等[54]实现了分子内钯催化炔烃 **60** 氰基化酯羰化反应过程，生成丁烯酸内酯产物 **63**，收率为 50%~96%[式(5.16)]。在碱性溶剂中采用微波加热到高温，这样可以缩短反应时间，极大降低了脱羰副产物的生成。对于富电子无空间阻碍的炔烃底物而言，反应能获得更高的产率。反应经过氧化加成、迁移插入、还原消除和异构化过程生成产物，其中，迁移插入反应是决速步骤。

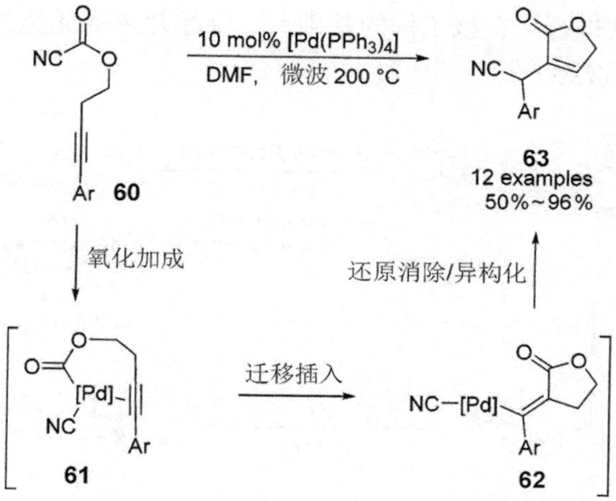

10 mol% $[Pd(PPh_3)_4]$
DMF，微波 200 °C
60　63
12 examples
50%~96%
氧化加成　还原消除/异构化
迁移插入
61　62
(5.16)

Nakao 和 Hiyama 等[55, 56]使用镍/路易斯酸协同催化体系实现了联二烯 **65** 分子间氰基化酯羰化反应过程[式(5.17)]。与上述反应过程类似，C–CN 键对 Ni(0)的氧化加成引发了加成反应的发生，生成中间产物 **66**。联二烯端位烯烃与金属中心配位，随后酯羰基转移到联二烯中间碳原子上生成 η^3-π-烯丙基镍中间体 **68**。最后经还原消除过程生成产物 **69**。

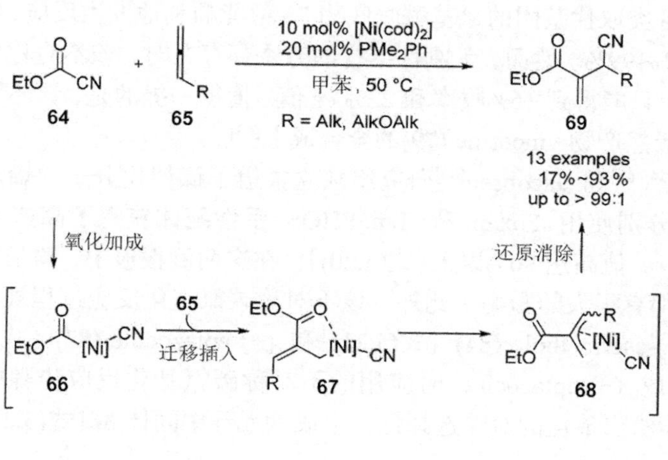

10 mol% $[Ni(cod)_2]$
20 mol% PMe_2Ph
甲苯，50 °C
R = Alk, AlkOAlk
64　65　69
13 examples
17%~93%
up to > 99:1
氧化加成　还原消除
65　迁移插入
66　67　68
(5.17)

3) 烯烃碳氰基化反应

除了炔烃和联二烯能与腈衍生物发生碳氰基化加成反应外，不饱和活化烯烃底物也能发生类似的加成反应。例如，Nishihara 等[57-59]报道了钯催化分子间降冰片烯或降冰片二烯 **71** 与氰基甲酸酯 **70** 进行的加成反应[式(5.18)]。该反应能耐受各种烷基取代的氰基甲酸酯 **70**，生成的官能化降冰片烯产物 **74** 具有高度的 *exo*-选择性，且产率较高。然而，该反应仅局限于活化的烯烃底物，对于非活化的烯烃而言，反应无法进行。在该工作的基础上，降冰片烯的此类加成反应通过镍催化的方式也得到了实现[60]。

RO(C=O)CN **70** + **71** —— 10 mol% $[Pd(PPh_3)_4]$，甲苯, 110 °C；R = Me, Et, *n*-Pr, *i*-Pr, *n*-Bu, Bn → **74**（COOR, CN）19 examples 22%~83%

70 ↓ 氧化加成 → **72** RO(C=O)–[Pd]–CN —— **71** 迁移插入 → **73**（COOR, [Pd]-CN）↑ 还原消除 → **74**

(5.18)

尽管分子间炔烃和活化烯烃碳氰基化反应能顺利地进行，但对于非活化烯烃只能通过分子内反应的方式得以实现。例如，Takemoto 等[52, 53]报道了钯催化分子内烯烃氰基酰胺化反应，得到了 3,3-二取代氧化吲哚衍生产物 **78**，在此工作基础上，Takemoto 等[61, 62]进一步实现了分子内不对加成反应过程[式(5.19)]。当使用联萘酚衍生的亚磷酰胺配体时，反应的 *ee* 值最高可达 86%。在烯烃片段和芳烃结构上连有各类取代基团的氰基酰胺底物 **75** 都能顺利地发生反应，生成产物的收率范围为 44%~99%。然而，无刚性结构的芳香环存在时，该不对称加成反应的效率极大降低，只能得到 15%收率和 22% *ee* 值。值得一提的是，该不对称合成方法已经应用到天然产物 vincorine (**79**)的全合成上[63]。

Hiyama[64, 65]和 Jacobsen[66]研究组独立报道了镍催化分子内烯烃不对称碳氰基化反应，分别使用 Foxap 和 TangPHOS 手性配体获得了高产率的茚衍生物 **81**，反应的 *ee* 值高达 90%以上[式(5.20)]。在这两例报道中，路易斯酸共催化剂对反应产率都有很大的影响。此外，该不对称碳氰基化反应过程被成功地应用到天然产物 (−)-esermethole (**84**) [式(5.21)]和 (−)-eptazocine (**87**) [式(5.22)]全合成中[64]。在合成 (−)-eptazocine 时应用的不对称碳氰基化反应步骤中，手性配体 ChiraPhos 能给出最佳的对映选择性，生成六元环中间体 **86**[式(5.22)]。

R^2 CN R^3 N R^1 O **75**

2 mol% [Pd(dba)$_2$]
8 mol% **L**
DMPU, 十氢化萘, 100 °C
R^1 = Me, Bn
R^2 = Alk, Ar
R^3 = OMe, Me, Cl

R^2 CN R^3 O N R^1 **78**
10 examples
44%~99%
60%~86% *ee*

CO_2Me N N vincorine (**79**)

氧化加成

Ph O P N Me O Me Ph **L**

还原消除

(5.19)

R^2 R^3 [Pd]−CN N R^1 O **76**

不对称羰钯化

R^2 −[Pd]−CN R^3 O N R^1 **77**

10 mol% [Ni(cod)$_2$], 20 mol% *i*Pr-Foxap
40 mol% Me_2AlCl, DME, 100 °C
Hiyama
Jacobsen
10 mol% $NiCl_2$·DME, 20 mol% Zn^0
18 mol% TangPhos
20 mol% BPh_3, 甲苯, 105 °C

CN R^1 X ( )$_n$ R^2 **80**

R^1 = F, Cl, OMe
R^2 = Alk, Ar
X = CH_2, O, NR
n = 1, 2

R^2 CN R^1 X ( )$_n$ **81**
47%~85%
up to 97% *ee*

(5.20)

O *i*-Pr N Ph_2P Fe *i*Pr-Foxap

H P H P *t*-Bu *t*-Bu TangPHOS

MeO CN N Me Me **82**

10 mol% [Ni(cod)$_2$]
20 mol% **L**
40 mol% Me_2AlCl
DME, 100 °C, 10 h

MeO Me CN N Me
产率 88%, 96% *ee*
83

MeO Me NMe N H Me
(−)-esermethole (**84**)
96% *ee*
产率 20%

(5.21)

Ph Ph O NH HN O PPh_2 Ph_2P **L**

MeO CN Me 85
5 mol% [Ni(cod)$_2$]
6 mol% ChiraPhos
20 mol% Me_2AlCl
120 °C, 1 h
PPh$_2$ PPh$_2$ ChiraPhos
MeO Me CN 86 产率98%, 92% *ee*
HO Me NMe (–)-eptazocine (**87**)

(5.22)

由于极易发生脱羰副反应，酰基腈为底物的碳氰基化反应过程极具挑战性。为了解决这个问题，Douglas 等[67]使用 α-亚胺腈 **88** 作为酰基腈的代替物，实现了钯催化分子内烯烃的酰氰基化反应，得到了茚酮产物 **90**，产率在 60%~90%之间[式(5.23)]。在反应过程中，α-亚胺腈不会发生脱羰反应，生成的亚胺产物 **89** 在酸性条件下水解即可获得相应的羰基化合物 **90**。该反应能耐受各种不同取代的芳烃结构以及 1,1-二烷基取代的烯烃结构。

R^1 N Ph CN R^2 88
15 mol% [Pd(PPh$_3$)$_4$]
20 mol% $ZnCl_2$
甲苯, 120 °C
R^1 = H, Me, Bu, OMe, F, Cl, CF$_3$
R^2 = Me, Et
[R^1 N Ph R^2 CN 89]
AcOH
H_2O/THF, RT
R^1 O R^2 CN 90
11 examples
60%~90%

(5.23)

4) 脱氰基反应

除偶联反应能脱掉氰基官能团外，C–CN 键还能被金属氢化物还原成 C–H 键，这使得氰基能成为一个可脱除的导向官能团。Maiti 等报道了镍催化芳基和烷基腈 **91** 的 C–CN 键还原反应过程，高产率地获得了脱官能团产物 **92**，四甲基二硅氧烷[68]或氢气[69]都能作为氢源加以使用[式(5.24)]。C–CN 键首先与镍发生氧化加成反应生成烃基镍氰化物 **93**，随后与四甲基二硅氧烷发生转金属化反应得到氢化镍中间产物 **96**，最后经还原消除反应得到还原产物 **92**。在反应过程中由于生成了催化惰性的 Ni-$(PCy_3)_2(CN)_2$ 物种，因此，镍催化 C–CN 键还原反应通常需要相对高的催化剂用量，三甲基铝路易斯酸共催化剂的使用能加速 C–CN 键的断裂。

上述转金属化过程还能应用到其他有机金属试剂中，极大拓展了脱氰基反应的范围。例如，以三甲基硅基膦 **98** 为试剂，Yang 等 [70]实现了 $NiCl_2(PPh_3)_2$ 催化芳基腈底物 **97** 的膦化反应过程，制备得到了各种取代的单膦配体 **99**[式(5.25)]。

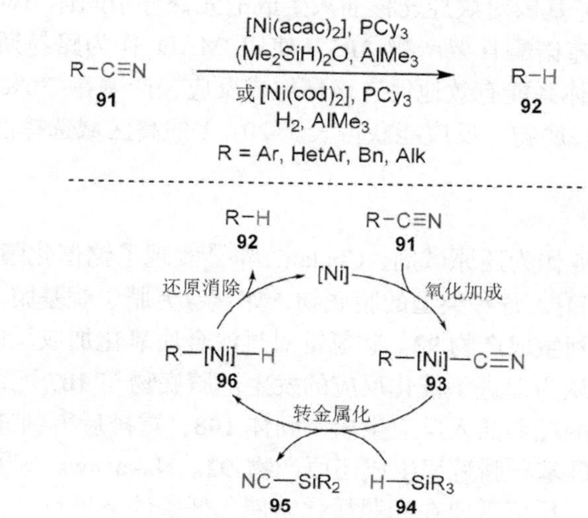

(5.24)

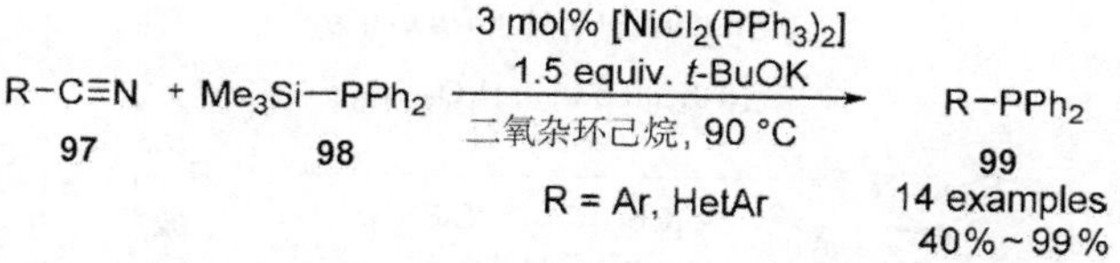

(5.25)

Kurahashi 和 Matsubara 等[71, 72]通过镍催化方式实现了芳香腈与炔烃之间的脱氰环加成反应[式(5.26)]。芳基腈 **100** 中的 C–CN 键对镍氧化加成生成芳基镍氰化物 **102**，随后分子内酰基–芳基 C–C 键活化断裂，脱除芳基腈后生成五元酰基

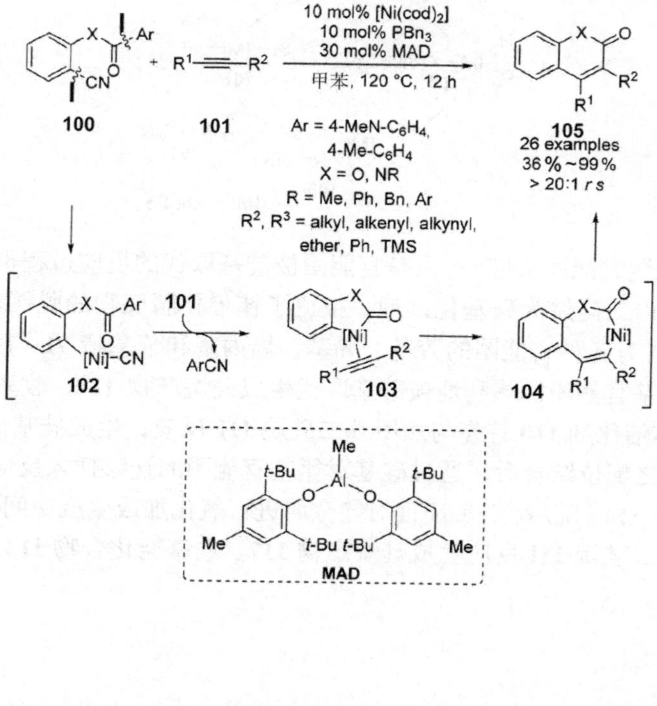

(5.26)

镍环中间体 **103**。芳基镍对炔烃迁移插入生成七元镍环中间体 **104**，经还原消除反应得到香豆素或喹诺酮骨架产物 **105**。使用 MAD 作为路易斯酸共催化剂，$Ni(cod)_2/PBn_3$ 催化体系能有效地促进该环加成反应，产率在 36%~99%之间；对于非对称取代的炔烃底物，反应能获得大于 20∶1 的高区域选择性。

2. 铑和铁催化

使用氢硅烷 **106** 作为还原试剂，Chatani 等[73]实现了铑催化腈底物 **91** 的脱氰基还原反应[式(5.27)]。各种类型的腈底物，如(杂)芳腈、烷基腈、叔腈等，在该反应条件下都能顺利生成产物 **92**。硅氢键对过渡金属氧化加成反应，生成的硅基金属氢化物 **107** 被认为促进了催化反应的发生。腈底物与 **107** 配位结合后，通过硅基对氰基官能团的迁移插入反应生成中间体 **108**，重排后得到硅基腈物种 **109**。最后，**109** 通过脱硅基异腈过程生成还原产物 **92**。Nakazawa 等[74]则报道了铁催化脱氰基还原过程，反应需要在光照活化铁催化剂条件下进行。

Chatani(Rh), Nakazawa(Fe)
[{RhCl(cod)}$_2$], P(O*i*-Pr)$_3$
(*i*-Pr)$_3$SiH
R−C≡N **91** ⟶ R−H **92**
或 [Cp(CO)$_2$Fe(SiEt$_3$)]
Et$_3$SiH, *hν*
R = Ar, HetAr, Bn, Alk　　　　(5.27)

R−H **92**　R$_3$Si—H **106**
[M]
R$_3$Si−[M]−H **107**
R−C≡N **91**
H−[M]−N−SiR$_3$ (R) **108**
H(R)[M]−C≡N−SiR$_3$ **109**
[M] = Rh, Fe

除了氢化脱官能团反应外，氰基官能团被硅基取代的反应过程也得到了实现。Chatani 等[75]以二硅烷为硅基化试剂，报道了铑催化腈底物的脱氰基化反应过程[式(5.28)]。含有各种官能团的芳基、烯基、烯丙基和苄基腈 **91** 与六甲基二硅烷 **111** 反应，氰基官能团能顺利地被硅基取代生成硅烷产物 **117**，收率在 33%~99%之间。铑前体催化剂 **110** 首先与六甲基二硅烷 **111** 反应，生成硅基铑中间体 **113**，腈底物 **91** 与之配位结合后，通过硅基对氰基官能团的迁移插入反应生成 η^2-亚胺酰基铑中间体 **114**。随后，C−CN 键对铑金属进行氧化加成生成中间体 **115**，最后，**115** 与六甲基二硅烷 **111** 反应生成硅烷产物 **117**、硅基铑化合物 **113** 和硅基异腈，硅基异腈能异构化成更加稳定的硅基腈 **116**。在上述工作基础上，Chatani 等[76]进一步实现了特殊结构底物 **118** 分子间硅基化/分子内交叉偶联串联过程，得到了二苯并呋喃和咔唑结构产物 **119**［式(5.29)］。

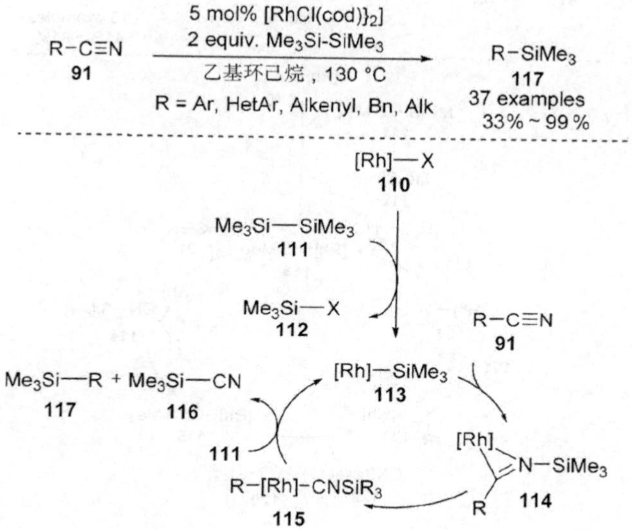

R−C≡N **91** → R−SiMe$_3$ **117**

5 mol% [RhCl(cod)]$_2$
2 equiv. Me$_3$Si-SiMe$_3$
乙基环己烷，130 °C
R = Ar, HetAr, Alkenyl, Bn, Alk

37 examples
33% ~ 99%

[Rh]—X **110**
Me$_3$Si—SiMe$_3$ **111**
Me$_3$Si—X **112**
R−C≡N **91**
[Rh]−SiMe$_3$ **113**
[Rh] N−SiMe$_3$ R **114**
R−[Rh]−CNSiR$_3$ **115**
111
Me$_3$Si—R **117** + Me$_3$Si—CN **116**

(5.28)

118 X = Br, Cl　Z = C, N, O → **119**

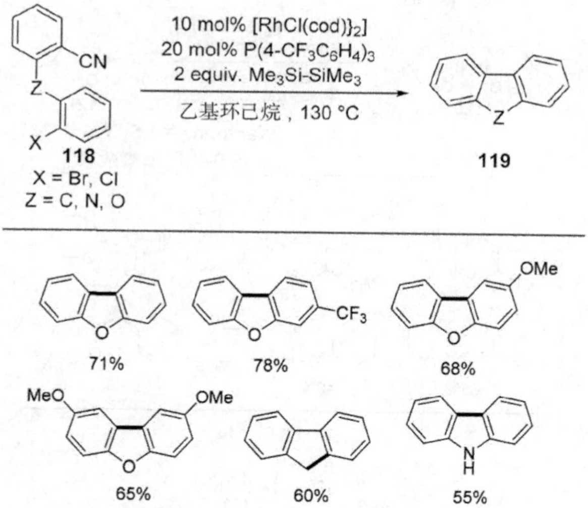

10 mol% [RhCl(cod)]$_2$
20 mol% P(4-CF$_3$C$_6$H$_4$)$_3$
2 equiv. Me$_3$Si-SiMe$_3$
乙基环己烷，130 °C

(5.29)

71%　78%　68%
65%　60%　55%

Chatani 等[77]利用相同的策略，通过铑催化 C−CN 键硅基化/Heck 反应串联过程，实现了腈底物 **91** 的烯基化反应［式(5.30)］。中间体 **115** 与乙烯基硅烷 **120** 发生脱异腈 **122** 反应，生成的烷基铑中间体 **123** 经 *β*-氢消除反应，生成 Heck 反应产物 **121** 和氢化铑化合物 **124**，最后，氢化铑化合物 **124** 与六甲基二硅烷 **111** 反应产生活性催化物种 **113**。

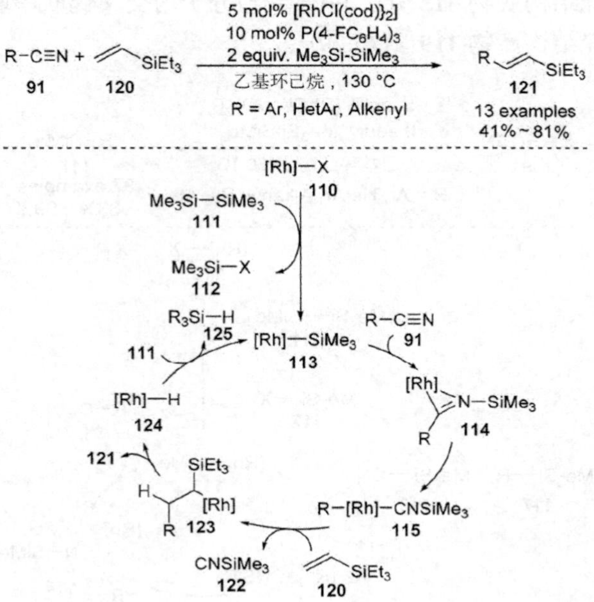

R−C≡N **91** + SiEt$_3$ **120**
5 mol% $[RhCl(cod)]_2$
10 mol% $P(4\text{-}FC_6H_4)_3$
2 equiv. $Me_3Si\text{-}SiMe_3$
乙基环己烷，130 °C
R = Ar, HetAr, Alkenyl
→ **121**
13 examples
41%~81%

[Rh]−X **110**; $Me_3Si−SiMe_3$ **111**; $Me_3Si−X$ **112**; [Rh]−$SiMe_3$ **113**; R−C≡N **91**; **114**; R−[Rh]−$CNSiMe_3$ **115**; $CNSiMe_3$ **122**; **120**; **123**; **121**; [Rh]−H **124**; $R_3Si−H$ **125**; **111**

(5.30)

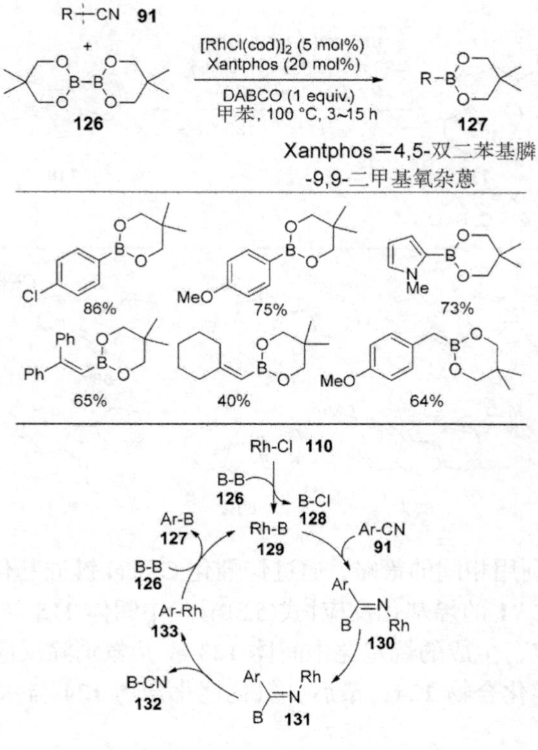

R−CN **91** + **126**
$[RhCl(cod)]_2$ (5 mol%)
Xantphos (20 mol%)
DABCO (1 equiv.)
甲苯，100 °C，3~15 h
→ **127**

Xantphos＝4,5-双二苯基膦-9,9-二甲基氧杂蒽

86%　75%　73%
65%　40%　64%

(5.31)

Rh-Cl **110**; B-B **126**; B-Cl **128**; Rh-B **129**; Ar-CN **91**; **130**; **131**; B-CN **132**; Ar-Rh **133**; B-B **126**; Ar-B **127**

除 C–CN 键硅基化反应外，类似的硼化过程也得到了实现。例如，以二硼化物 **126** 为试剂，Chatani 等[28]通过$[RhCl(cod)]_2$催化方式制备了各种类型的烃基硼酸酯 **127**[式(5.31)]。前体催化剂 **110** 与二硼化物反应生成硼化铑活性催化物种 **129**，腈与 **129** 配位后发生 1,2-迁移插入反应生成亚氨基铑中间体 **130**。**130** 经 *E/Z* 互变异构，生成烃基与铑金属中心处于顺式构型的亚氨基铑中间体 **131**。随后，*β*-碳消除过程生成烃基铑中间体 **133**，最后与二硼化物 **126** 反应，生成烃基硼酸酯产物 **127** 和催化物种硼化铑 **129**。Fu 等[23]通过 DFT 理论计算研究了 Rh–B 和 Ir–B 金属络合物对 C–CN 键的活化作用，结果表明，C–H 活化/*β*-碳消除途径比氧化加成途径在能量上更为有利。

3. 铜和铱催化

以乙腈为氰基源和 Ag_2O/空气为氧化剂，Li 等[78]发展了一类 $Cu(OAc)_2$ 催化芳基卤代烃氧化氰基化反应过程[式(5.32)]。$Cu^I/Cu^{II}/Cu^{III}$ 转变机制可用于解释该反应过程：在配体作用下，前体催化剂 $Cu(OAc)_2$ 被还原成 Cu^I 络合物 **137**，芳基卤代烃对其进行氧化加成反应生成芳基乙酸铜 **138**，乙腈与 Cu^{II} 配位生成络合物 **139**。在 O_2/Ag_2O 存在条件下，C–CN 键发生了氧化断裂，生成芳基氰化铜(III)中间体 **140**，最后经还原消除反应生成取代产物 **136** 和 Cu^I 活性催化剂 **137**。

134 + MeCN (135) → 136 [$Cu(OAc)_2$ (20 mol%), Ph_3PO (40 mol%), Ag_2O (1 equiv.), MeCN, 125 °C]

X =I, 84%　X =I, 62%　X =I, 68%
X =I, 64%　X =I, 88%　X =Br, 62%

(5.32)

[Cu] → Cu^IL_nOAc (137); Ar-X + [Ag] → [Ag]X; $Ar-Cu^{II}L_nOAc$ (138); $H_3C-C\equiv N$, L; $H_3C-C\equiv N$ / $Ar-Cu^{II}L_{n-1}OAc$ (139); O_2/Ag_2O + L, HCOOH + AgX; Ar–$Cu^{III}L_nOAc$–CN (140); ArCN (136)

光催化氧化还原反应为有机合成提供了一种绿色、节能的途径，受到越来越多的关注。最近，MacMillan 等[29]以胺 **141** 和芳香腈 **142** 为底物，通过 $Ir(ppy)_3$ 催化胺 α-氢芳基化反应制备得到了苄胺衍生物 **143**［式(5.33)］。激发态[$*Ir(ppy)_3$]给出电子使芳香腈底物生成芳基自由基阴离子和 $Ir^{IV}(ppy)_3$，随后经与胺底物发生单电子转移反应，生成胺自由基阳离子。在乙酸钠去质子化作用下，胺自由基阳离子转变成 α-氨基自由基。芳基自由基阴离子与 α-氨基自由基发生偶联反应，形成的中间体经 C–CN 键断裂过程，脱去 CN^-而生成苄胺产物 **143**。贫电子(杂)芳香腈底物能作为芳基化试剂有效地发生此类化学反应。在有机小分子和铱混合催化体系下，MacMillan 等[30]进一步实现了醛 **144**［式(5.34)］或酮 **146**［式(5.35)］β-氢芳基化反应过程。

141 + 142 → 143　　(5.33)
26 W 荧光照射; $Ir(ppy)_3$ (1.0 mol%); NaOAc, DMA, 23 °C
141: R^1 = aryl, alkyl; R^2 = aryl, alkyl; R^3 = aryl, alkyl
143: 32 examples, 产率 26%~98%

144 + 142 → 145　　(5.34)
26 W 荧光照射; $Ir(ppy)_3$ (1.0 mol%); DBACO, HOAc; H_2O, DMPU, 23 °C
144: R^1 = aryl, alkyl
145: 22 examples, 产率 44%~88%

146 + 142 + 147 (20 mol%) → 148　　(5.35)
26 W 荧光照射; $Ir(ppy)_3$ (1.0 mol%); DBACO, HOAc; H_2O, DMPU, 23 °C
146: R^3 = *t*-Bu, COOEt, Ph, H; X = C, O
148: 6 examples, 产率 63%~88%

5.1.2　C–C≡C 单键断裂反应

C–C≡C 单键断裂反应很少见诸报道，Uemura 等[79]发展了一类新颖的二价钯催化叔炔丙醇 **149** 与烯烃 **150** 之间的氧化偶联反应，即在氧气条件下通过选择性地活化断裂 $C(sp^3)$-C≡C 单键，合成得到了烯炔产物 **154**［式(5.36)］。绝大多数烯炔产物能获得较高的收率，部分产物由 *cis*/*trans* 异构体组成。在碱性条件下，炔丙醇与二价钯反应形成烷氧基钯中间体 **151**，经 β-碳消除反应生成炔基钯化合物 **153**，后与烯烃底物发生 Heck 反应得到偶联产物 **154** 及 Pd(0)。以氧气为氧化剂，Pd(0)被氧化成催化物种 Pd(II)，完成催化循环。

Pd(acac)$_2$ (10 mol%)
吡啶，MS 3 Å
甲苯，80 °C
O_2 (1 atm)
149 **150** **154**
Heck反应
β-碳消除
151 **152** **153**

(5.36)

CO_2Me 49%
CO_2Et 57%
CO_2Bu 57%
33%
54% (*cis/trans* = 1/4)
40% (2/1)

以炔基烯基叔醇 **155** 为反应底物，Nishimura 等[80]通过[Rh(OH)(cod)$_2$]催化不对称 1,3-炔基迁移反应，发展了一类将炔基官能团引入到羰基 β 位的新颖合成方法[式(5.37)]。该反应产率高，并且对映选择性最高能达到 98% *ee* 值。叔醇 **155** 首先与铑催化剂形成烷氧基铑中间体 **157**，经 β-炔基消除反应过程生成 α,β-不饱和的羰基化合物和炔基铑化合物。通过共轭加成反应，中间体 **158** 能转变生成 η^3-烯醇负离子铑络合物 **159**，最后经醇底物 **155** 质子化获得 β-炔基酮产物 **156**。

以 TMSN$_3$ 为氮源，Jiao 等[81]通过 PPh$_3$AuCl 催化实现了芳基炔烃 C(sp^2)-C≡C 键直接官能化反应，获得了酰胺产物 **162**[式(5.38)]。在金催化剂作用下生成的烯基叠氮中间体 **165** 是至关重要的中间体，经质子化后生成叠氮阳离子(共振结构式 **166** 和 **167**)可发生脱氮气引发的烃基重排反应，并最终生成酰胺产物。在重排反应过程中，芳基迁移重排能力强于烷基，化学反应具有高度的 C(sp^2)-C(sp)键断裂选择性。

R
HO
R^1
R^2
[Rh(OH)(cod)]$_2$ (2.5 mol%)
(R)-BINAP (6 mol%)
甲苯, 60 °C
155
R
O
R^1
R^2
156
SiMe$_2{}^t$Bu
O
Ph
88%, 94% ee (S)
SiMe$_2{}^t$Bu
O
89%, 91% ee (S)
SiMe$_2{}^t$Bu
O
78%, 98% ee (S)
SiMe$_2{}^t$Bu
O
Ph
*
78%, 96% ee (S)
88%, 81% ee (R)
O
SiMe$_2{}^t$Bu
86%, 71% ee (S)

(5.37)

R
HO
R$_1$
R$_2$
155
[Rh]-OH
–H$_2$O
[Rh]
O
R
R$_1$
R$_2$
157
β-炔基消除
O
[Rh]
R
R$_1$
R$_2$
158
共轭加成
R
O
R^1
R^2
[Rh]
159
质子化
R
O
R^1
R^2
156

Ar
R
+ TMSN$_3$
160
161
R = H, Ar, alkyl
PPh$_3$AuCl (10 mol %)
Ag$_2$CO$_3$ (10 mol %)
TMSN$_3$ (2.0 equiv.)
H$_2$O (2.0 equiv.)
TFA (DCE), 60 °C
H
Ar
N
R
O
162
20 examples
产率高达 93%
N$_3$
R
Ar
[Au]
164
+H$^+$
N$_3$
R
Ar
H
165
[Au]$^+$
+H$^+$
N$_3^-$
Ar
R
[Au]$^+$
163
Ar
R
160
N$^-$
N$^+$
N
+
Ar
R
H
H
166
N
N$^+$
N
Ar
R
H
H
167
+H$_2$O
–N$_2$
H
Ar
N
R
O
162

(5.38)

5.2　C–C(sp^3) 单键断裂反应

5.2.1　C–CR^{1}R^{2}OH 键断裂反应

1. 钌催化 C–CR^{1}R^{2}OH 键断裂反应

具有 C–C(R^{1}R^2)OH 结构特点的底物，在过渡金属存在下，易通过形成 [M]–O–C–C 物种进行 β-碳消除实现 C–C 键催化断裂，这方面的研究工作近年来受到了广泛的关注。例如，在 CO 气氛下，Kondo 等[82]报道了 $RuCl_2(PPh_3)_3$ 催化高烯丙基叔醇 **168** 脱烯丙基化反应，首次实现了这种类型的 C–C 键断裂［式(5.39)］。在该反应中，首先生成烷氧基钌中间体，通过 β-碳消除反应实现惰性 C–C 单键断裂。CO 作为 π 酸配体能有效地促进还原消除反应而生成烯烃产物 **170**。

$RuCl_2(PPh_3)_3$ (5 mol%)
CO (10 atm)
OAc
180 °C, 15 h

168 → **169** + **170**　　(5.39)

R^1 = Ph, R^2 = Me, R^3 = H　91%
R^1 = R^2 = Ph, R^3 = H　87%
R^1 = R^2 = Bu, R^3 = H　71%
R^1 = Ph, R^2 = Me, R^3 = Me　85%

2. 钯催化 C–CR^{1}R^{2}OH 键断裂反应

Miura 等[83-85]发现在钯催化条件下，α,α-二取代芳基甲醇 **172** 能发生 C(sp^2)–C(sp^3)键断裂反应，与芳基溴代烃 **171** 偶联可生成联芳香化合物 **173**［式(5.40)］。该反应是首例钯催化 β-碳消除反应构建联芳香化合物的例子。通过 β-碳消除而形成的芳基钯中间体能与不饱和烃，如炔烃和 α,β-不饱和酮发生加成反应，最终生成芳氢化产物[86]。Johnson 等[87]对该反应机理进行了深入研究，首先芳基溴代烃对 Pd(0)氧化加成生成芳基钯化合物 **174**，在碱性条件下，叔醇与 **174** 脱溴化氢生成烷氧基钯中间体 **176**。**176** 通过 β-芳基消除反应，失去酮 **177** 并生成二芳基钯中间体 **178**，最后经还原消除反应生成联芳香产物 **179** 并再生催化物种 Pd(0)。叔醇 **175** 中的富电子或贫电子芳香环比中性芳香体系更易发生 C(sp^2)–C(sp^3)键断裂。

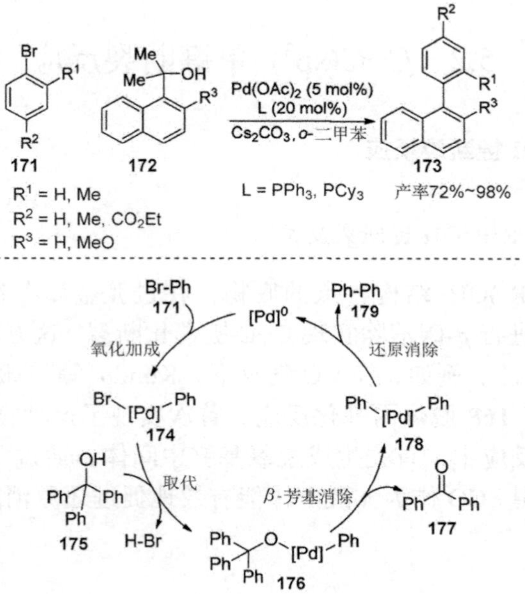

(5.40)

(5.41)

以高烯丙基叔醇 **180** 为底物，Yorimitsu 等[88]发展了一类 $Pd(OAc)_2/(p\text{-tolyl})_3$ 催化的卤代芳烃烯丙基化反应过程[式(5.41)]。反应通过六元环椅式构象过渡态，以协同反应的方式发生高区域和立体选择性的逆烯丙基化反应，生成 σ-烯丙基芳基钯络合物 **182**，后经还原消除反应得到产物 **183**。当三环己基膦作为配体使用时，各种类型的芳基卤代烃都能有效地与环状高烯丙基叔醇发生芳基化开环反应，获得相应的烯丙基化偶联产物[89]。

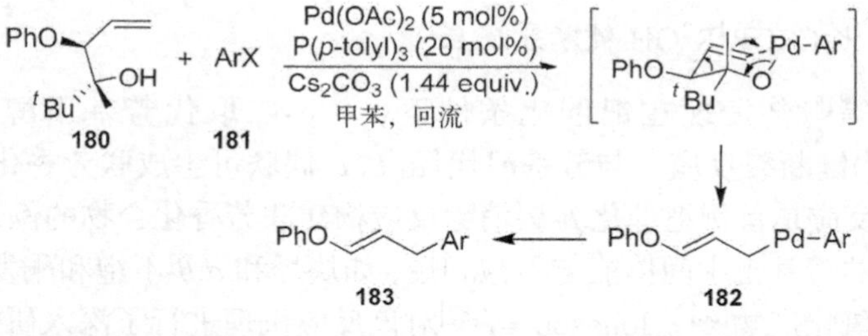

Yorimitsu 等[90]使用 $Pd(CO_2CF_3)_2$ 为催化剂，通过 β-碳消除反应实现了 2-(2-吡啶基)乙醇衍生物 **184** 与芳基或烯基氯代烃的偶联化学反应[式(5.42)]。芳烃中的 2 位氮原子对反应结果至关重要，与钯金属中心的配位导向作用导致了 $C(sp^3)-C(sp^3)$键的活化断裂；当无氮原子[式(5.43)]或氮原子不在 2 位时[式(5.44)]，反应无法进行。

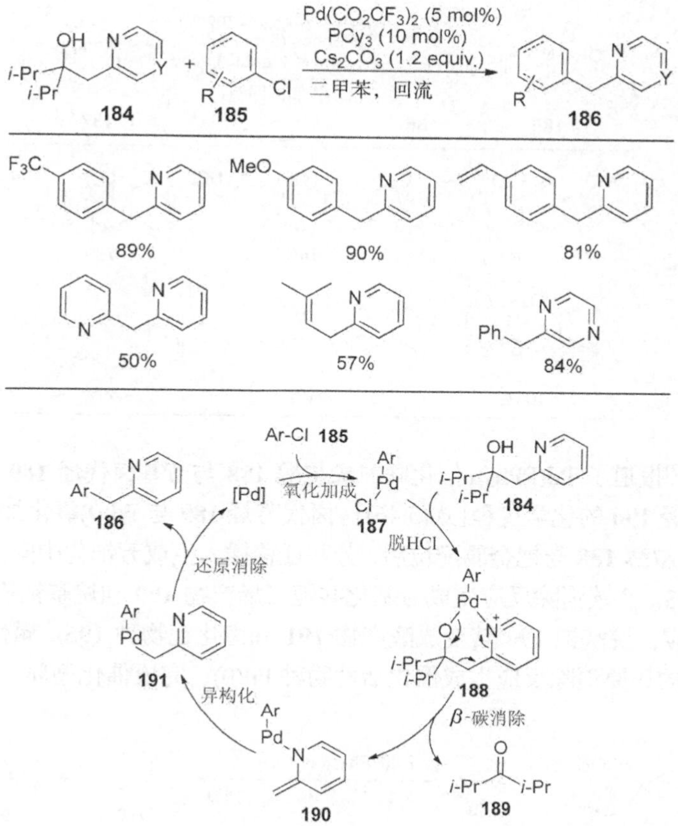

(5.42)

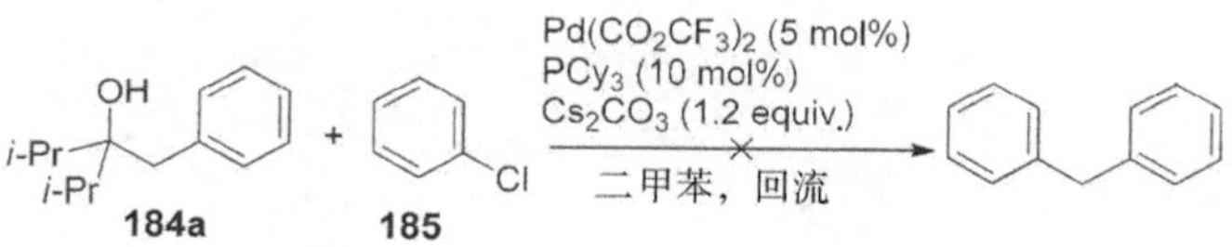

(5.43)

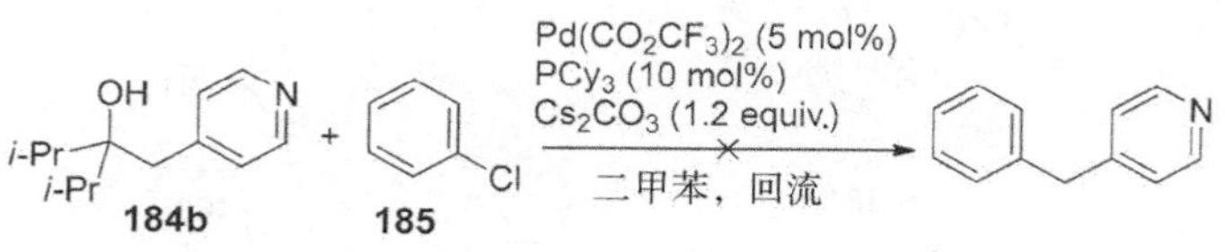

(5.44)

在上述工作基础上，Yorimitsu 等[91]也发现吡啶氧化物 **185** 也能通过 β-烷基消除反应实现与芳基溴代烃的偶联化学反应[式(5.45)]。在该反应中，β-烷基消除过程则是通过四元环过渡态得以实现。

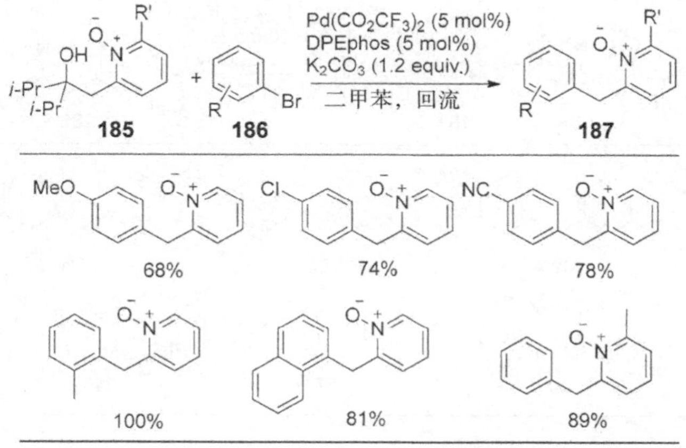

(5.45)

Oh 等[92]报道了 $Pd(PPh_3)_4$ 催化联二烯叔醇 **188** 与芳基卤代烃 **189** 反应生成芳基化共轭二烯烃 **190** 的化学过程[式(5.46)]。卤代芳烃 **189** 与 Pd(0)氧化加成生成芳基钯 **192**，联二烯叔醇 **188** 与钯金属配位后，芳基迁移插入生成芳钯化中间产物 η^3-烯丙基钯络合物 **193**。β-碳消除反应生成芳基化共轭二烯产物 **190** 和烷基钯物种 **194**。再经 β-氢消除反应，烷基钯 **194** 转变成醛产物 **191** 和卤化钯物种 **195**。碱性条件下，**195** 经脱卤化氢的还原消除反应生成催化活性物种 Pd(0)，完成催化循环。

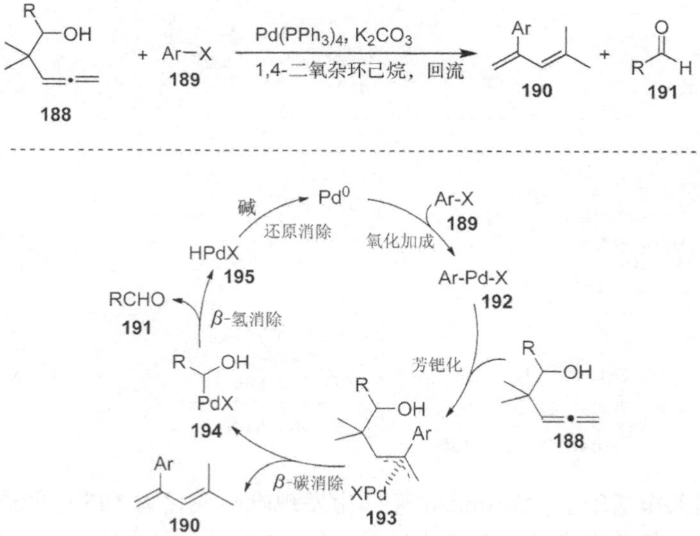

(5.46)

Tamaru 等[93]发现了一类新颖高效的 $Pd(PPh_3)_4$ 催化二醇底物 **196** 经 β-碳消除制备 ω-二烯醛产物 **197** 的方法[式(5.47)]。除环己醇底物外，各种类型的环状醇，从环丁醇到环癸醇都能发生开环反应形成相应的醛产物 **197**。

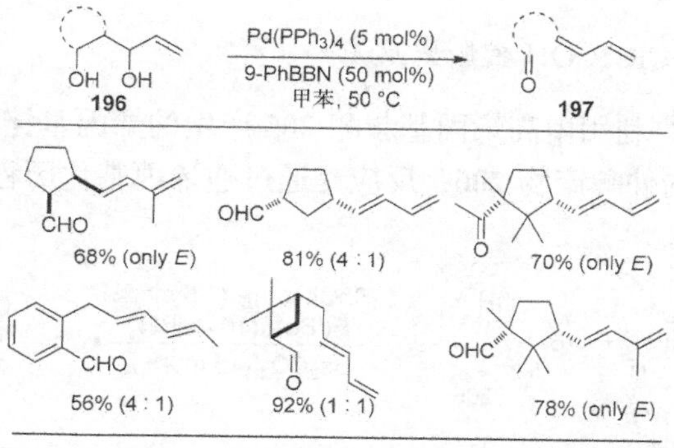

(5.47)

Chiba 等[94]通过 $PdCl_2$(dppf)催化 2-叠氮环戊烯醇 **198** 扩环反应，成功合成得到了各种类型的氮杂环化合物，如吡啶、异喹啉和γ-咔啉等[式(5.48)]。环戊醇 **198** 与 Pd(II)首先在碱性条件下生成烷氧基钯 **200**，随后经β-碳消除反应生成氨基钯中间体 **201** 并释放出 N_2；氨基钯中间体 **201** 经分子内亲核加成反应生成氮杂环中间体 **202**，最后通过质子化/脱水过程转变成氮杂芳香产物 **199**。此外，降冰片烯衍生的环状叔醇与芳基卤代烃的钯催化开环芳基化反应也得到了报道[95]。

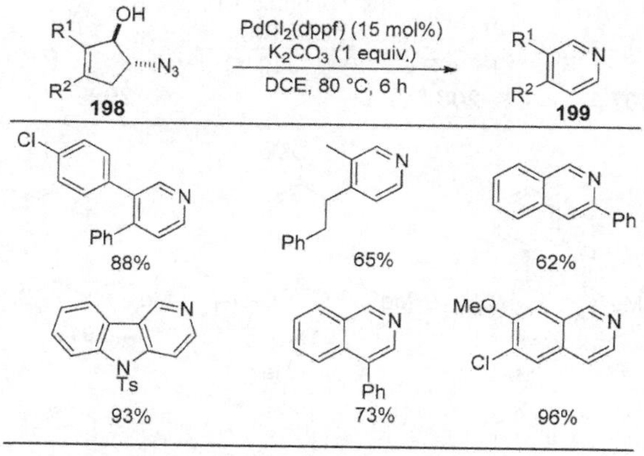

(5.48)

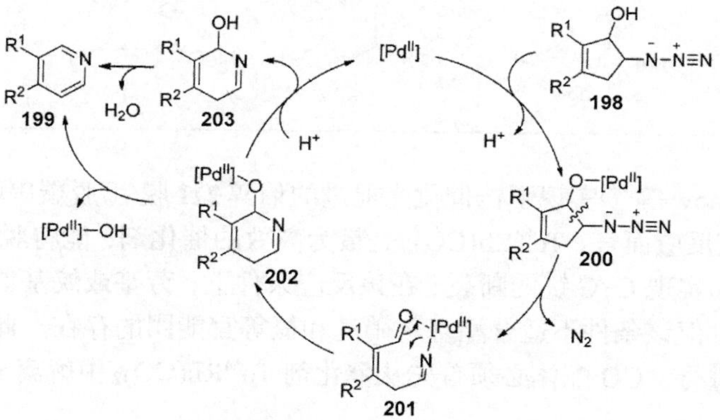

3. 铑催化 C–CR^{1}R^{2}OH 键断裂反应

Yorimitsu 等[96]利用由高烯丙基叔醇 **205** 产生的烯丙基铑物种与醛发生反应，制备得到了相应的仲醇产物 **206**，反应是通过逆烯丙基化历程实现了 C–C 键的断裂[式(5.49)]。

$$\text{RCHO (R = Aryl, } \mathbf{204}) + \mathbf{205} \xrightarrow[\text{Cs}_2\text{CO}_3\ (15\ \text{mol\%})]{[\text{RhCl(cod)}]_2\ (2.5\ \text{mol\%}),\ \text{P}(^t\text{Bu})_3\ (10\ \text{mol\%})} \mathbf{206} \tag{5.49}$$

Nishimura 等[97]使用三取代芳基甲醇 **208** 作为芳基化试剂，实现了铑催化 *α,β*-不饱和羰基化合物 **207** 的芳基化共轭加成反应，高产率地得到了 *β*-芳基酮产物 **209**[式(5.50)]。烷氧基铑化合物发生 *β*-芳基消除反应可生成芳基铑中间体，这是整个催化循环中非常关键的一步。手性二烯配体，如(*S,S*)-Bn-bod 使该芳基化加成反应过程具有优异的对映选择性。

$$\mathbf{207} + \mathbf{208} \xrightarrow[\text{甲苯, 110 °C}]{[\{\text{Rh(OH)(cod)}\}_2]\ (5\ \text{mol\% Rh})} \mathbf{209} + \mathbf{210} \tag{5.50}$$

Me, C$_5$H$_{11}$, Ph: 96%; 4-MeOC$_6$H$_4$: 94%; 4-ClC$_6$H$_4$: 91%
Me, Ph, 4-MeC$_6$H$_4$: 99%; Ph, Ph, 4-MeC$_6$H$_4$: 99%; MeO, Ph, Ph: 94%

最近，Sadow 等[98]实现了铑催化光促进的伯醇 **211** 脱氢/脱羰串联反应过程[式(5.51)]。对该反应而言，To^{M}Rh(CO)$_2$ 是最为高效的催化剂，能将脱氢/脱羰两步有效耦合在一起实现 C–C 键的断裂。在该反应条件下，芳基或烷基伯醇能有效地进行脱羰反应，但该条件不适合酯基、硝基和氯等官能团的存在。此外，为了促进脱氢反应的进行，CO 配体必须首先从催化剂 To^{M}Rh(CO)$_2$ 中解离下来。

$$\underset{\mathbf{211}}{RCH_2OH} \xrightarrow[\text{450 W 中压汞灯}]{[To^MRh(CO)_2]\ (10\ mol\%)\text{，苯，室温}} \underset{\mathbf{212}}{R\text{-}H} \tag{5.51}$$

To^M = *tris*(4,4-二甲基-2-噁唑啉基)苯基硼酸钠

94%　95%　94%

84%　90%　0%

X= COOMe, NO_2, Cl

4. 铱催化 $C-CR^1R^2OH$ 键断裂反应

在 $[(Cp^*IrCl_2)_2]/[\{IrCl(cod)\}_2]$/dppe 复合催化剂存在下，Obora 等[99]发展了一类由 ω-芳基醇 **213** 制备 α,ω-二芳基烷烃 **217** 新颖的合成方法(图 5-3)。ω-芳基醇 **213** 与铱金属催化剂发生脱氢转移反应生成醛 **214** 和铱氢化物 **215**。醛基 C–H 对铱络合物进行氧化加成，随后通过脱羰/β-氢消除过程得到铱氢化物 **215** 和烯烃中间产物 **216**。最后，铱氢化物 **215** 还原烯烃中间体得到产物 α,ω-二芳基烷烃 **217**，并再生催化剂。

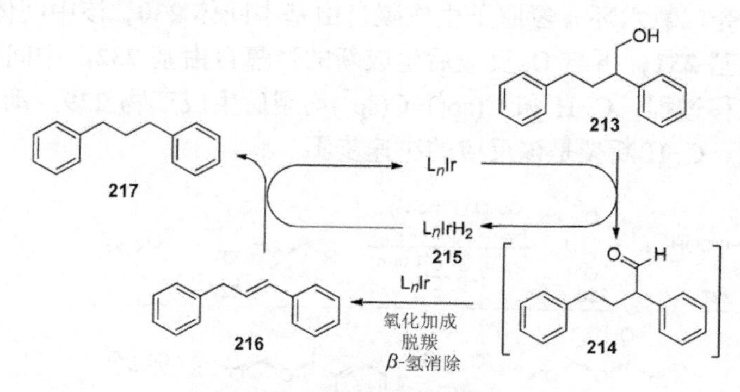

图 5-3　铱催化伯醇脱羰反应

5. 铜催化 $C-CR^1R^2OH$ 键断裂反应

最近，Yorimitsu 等[100]报道了一类 Cu(IPr)Cl 催化的高烯丙基叔醇逆烯丙基化反应过程，并将产生的烯丙基铜中间体应用于醛酮的烯丙基化反应中[式(5.52)]。类似地，通过对亚胺的联二烯丙基化或炔丙基化亲核加成，该反应还能被用于制备联二烯丙胺 **223**[式(5.53)]和高炔丙胺产物 **226**[式(5.54)]，这为五元氮杂环化合物的合成提供了原料。铜催化逆烯丙基化反应过程有效地实现了 C–C 键

的断裂，是催化循环中重要的步骤。

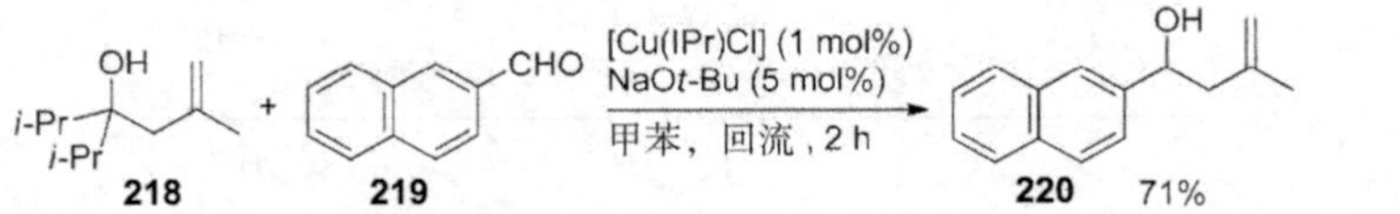

(5.52)

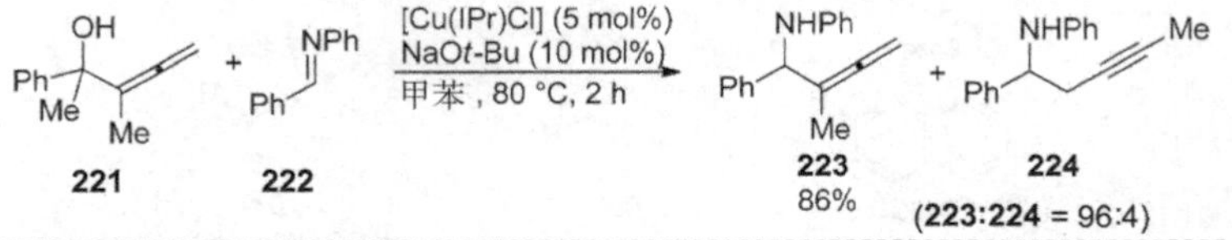

(5.53)

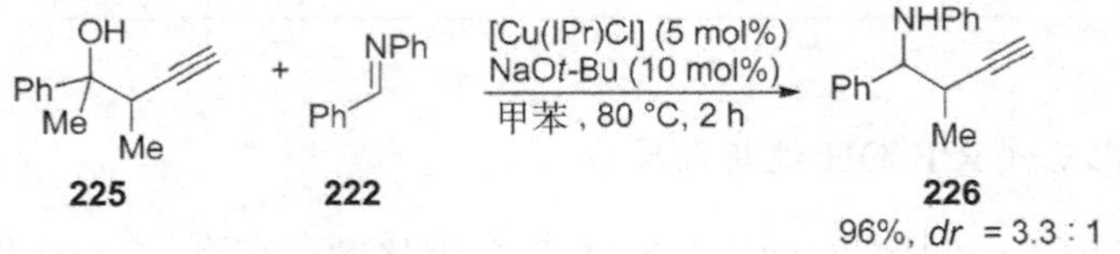

(5.54)

5.2.2 铜催化 C–CR¹R²OR 键断裂反应

使用氧气或空气作为终氧化剂来实现惰性 C–C 键的催化氧化断裂，这样的反应过程在文献报道中并不多见。以 O_2 为氧化剂，Liu 等[101]报道了首例 Cu_2O 催化醚底物中 $C(sp^3)–C(sp^3)$键氧化断裂反应[式(5.55)]。亚铜与氧气作用生成二价铜过氧自由基，剥夺二氧六环 α 氢原子生成碳自由基中间体 **230**，该中间体被 O_2 捕获得到过氧自由基 **231**，再与 O_2 反应后生成新的过氧自由基 **232**。中间体 **232** 经过一系列电子转移过程，C–H 和 $C(sp^3)–C(sp^3)$均裂后生成产物 **229**。动力学同位素效应实验表明，C–H 断裂是该反应的决速步骤。

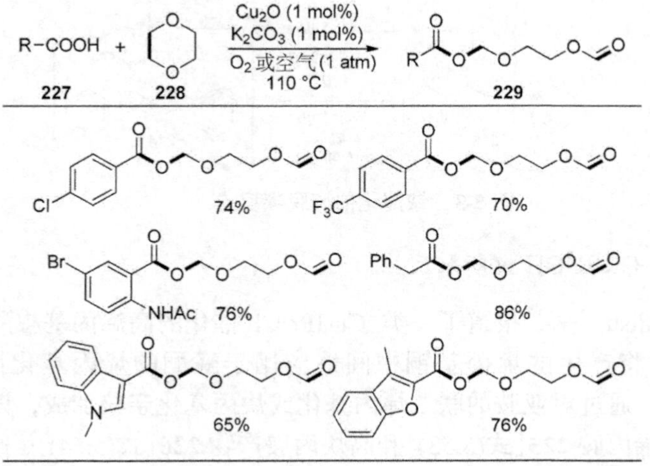

(5.55)

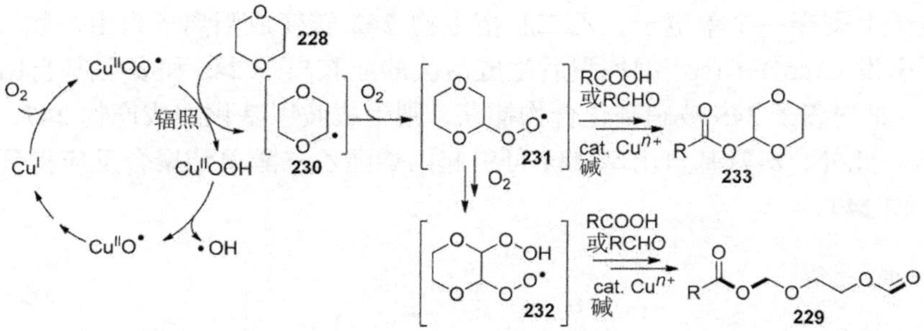

5.2.3　钯催化 C–CR¹R²OOR 键断裂反应

Li 等[102]发现在钯催化条件下，有机过氧化合物中的 C(sp³)–C(sp³)键能发生断裂，并能使芳烃 **234** 中的 C–H 键直接烷基化[式(5.56)]。在该反应中，2-苯基-2-丙基过氧化合物 **235** 是最佳的甲基化试剂，各种 2-芳基吡啶和乙酰苯胺衍生物都能顺利地发生此 C–H 键甲基化反应，收率较高。首先，过氧化物 **235** 对 Pd(0)氧化加成生成双烷氧基二价钯 **237**，经 β-甲基消除过程生成甲基烷氧基中间体 **239**。2-芳基吡啶或乙酰苯胺衍生物 **234** 与甲基钯金属络合物 **239** 配位再经 C–H 键钯化过程后，生成芳基钯中间体 **241**，最后经还原消除反应得到芳烃甲基化产物 **236**。

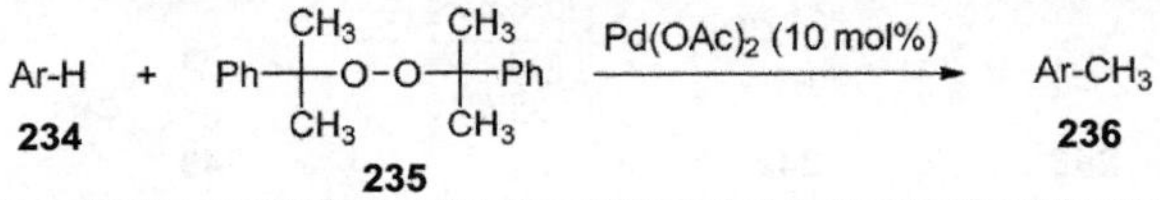

(5.56)

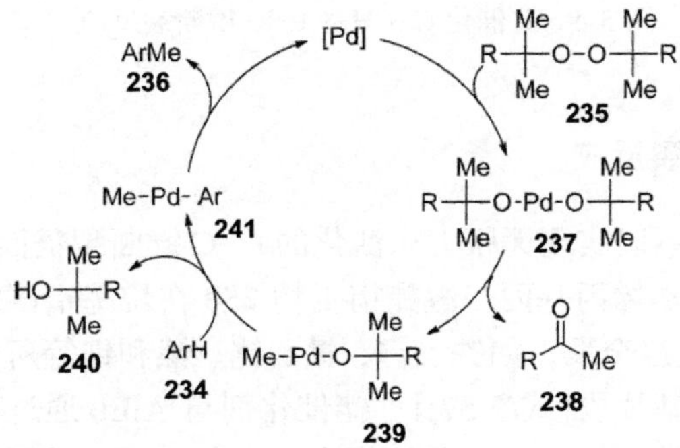

5.2.4　钌催化 C–CH₂N R¹R² 键断裂反应

Li 等[103]发现在光催化体系下，1,2-乙二胺衍生物 **242** 能发生 C(sp³)–C(sp³)键断裂反应，生成活泼的亚胺离子 **245** 和自由基中间体 **244**(图 5-4)。即在 $[Ru(bpy)_3]Cl_2\cdot 6H_2O/O_2$ 存在条件下，通过{Ru^{2+}–$[Ru^{2+}]^*$–Ru^{1+}}氧化还原循环从氮

孤对电子上剥夺一个单电子，乙二胺衍生物 **242** 转变成阳离子自由基物种 **243**。单电子引发 $C(sp^3)-C(sp^3)$键均裂后生成活泼的亚胺离子 **245** 和 *α*-氨基自由基中间体 **244**。亚胺离子 **245** 被硝基化合物捕获，则生成胺甲基化加成产物 **247**，产率高达 85%。此外，*α*-氨基自由基 **244** 可引起丙烯酸乙二醇单酯聚合反应得到相应的聚合产物 **249**。

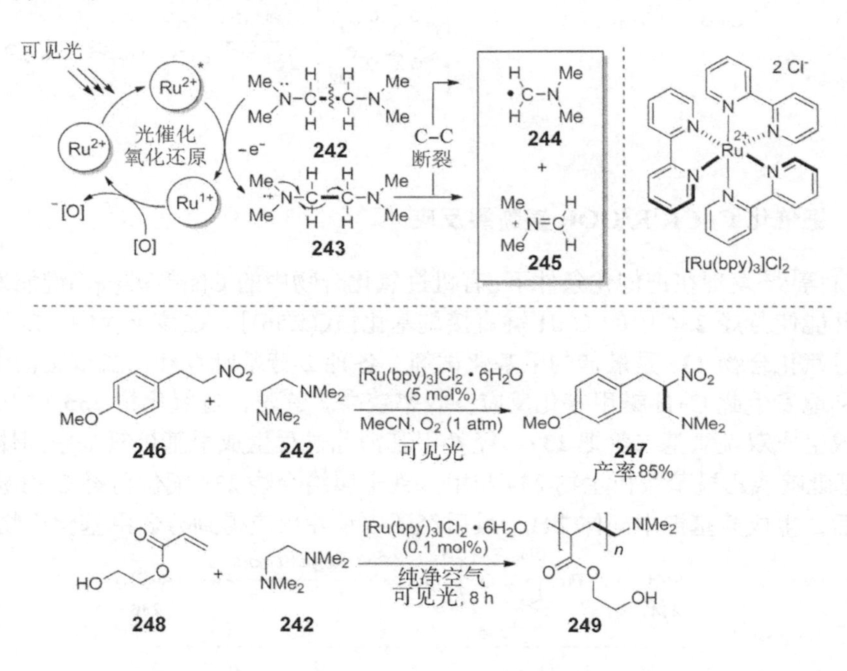

图 5-4　钌催化 $C-CH_2N\ R^1R^2$ 键断裂反应

5.2.5　$C-CH_2R$ 键断裂反应

开发新的催化体系以实现无张力未活化的 C–C 键断裂仍面临着巨大的挑战。Kotora 等[104-106]发现 *α*-烯丙基丙二酸酯衍生物 **250** 在烷基铝试剂存在下，未活化的 C–C 键能被诸多过渡金属，如铁、钌、钴、铑、镍和钯等所催化断裂。该反应能选择性地脱除烯丙基片段[式(5.57)]。铑催化剂与 $AlEt_3$ 通过转金属化生成乙基铑物种，再经 *β*-氢消除反应生成氢化铑络合物 **253**，对 *α*-烯丙基丙二酸酯衍生物 **250** 中的烯烃发生氢铑化反应得到中间体 **254**，随后通过六元环过渡态实现 *β*-碳消除反应生成烯烃产物 **252** 和烯醇负离子铑络合物 **255**。最后，铑络合物 **255** 与 $AlEt_3$ 发生转金属化反应得到烯醇负离子铝化合物 **256** 和乙基铑物种，前者经质子化过程得到酯产物 **251**，而后者经 *β*-氢消除反应生成氢化铑络合物 **253**。

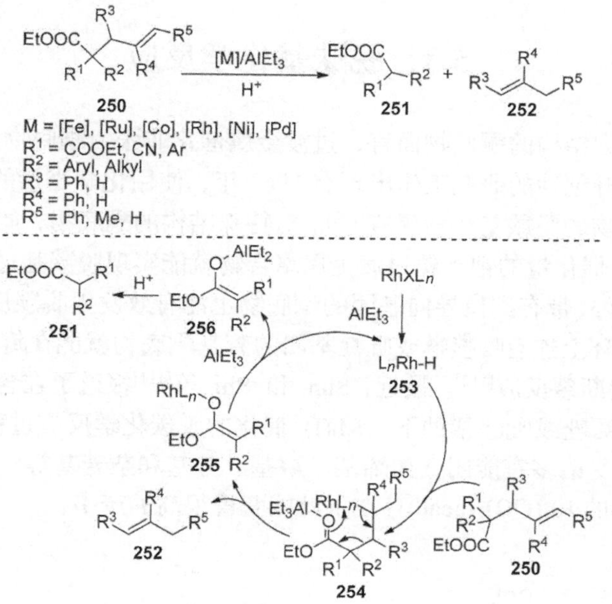

(5.57)

在上述工作基础上，Kotora 等[107]进一步实现了 $NiCl_2(PPh_3)_2$ 催化未活化亚烃基环戊烷或环己烷底物 **257** 中 C–C 键高选择性断裂反应过程，高产率地得到了开环烯烃产物 **258**［式(5.58)］。类似地，从 $NiCl_2(PPh_3)_2/Et_3Al$ 中原位产生的氢化镍活性物种 **259** 对分子内脱烯丙基化反应至关重要。

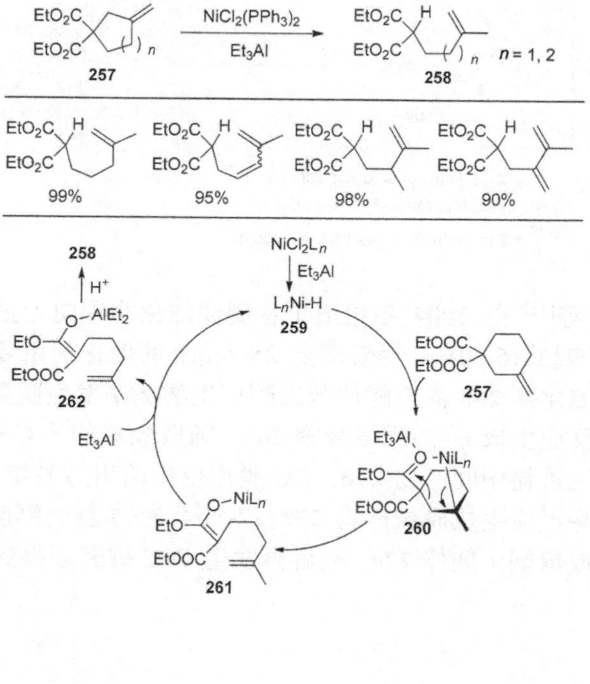

(5.58)

5.3 脱羰基化学反应

相对于张力结构的酮底物而言，过渡金属催化非张力酮底物的脱 CO 的报道较少。该领域开创性的研究工作出现在 1965 年，使用化学当量的 Wilkinson 催化剂可促进酮底物的脱羰基化学反应[108]。对特殊结构的酮底物，如酰基氰[10, 50]、α-或 β-二酮[109]，催化量的钯和铑过渡金属络合物就能实现脱羰基过程。除了上述高活性的酮底物外，带有配位导向基团的酮底物也能有效发生脱羰反应。例如，Murai 等报道了在芳环上连有噁唑啉或吡啶基团的芳基酮底物就能在钌催化作用下发生脱羰基 C–C 键断裂反应[110]。最近，Sun 和 Shi 等[111]报道了在含氮导向基，如吡啶、喹诺酮、噁唑或吡唑帮助下，Rh(I) 催化的脱羰化学反应过程[式(5.59)]。该反应过程可耐受诸多官能团，如烯基、烷基、芳基和杂芳基等，生成的脱羰产物 **266** 在 5 mol%的 $Rh(CO)_2(acac)$存在下就能获得很高的产率。

5 mol% [{$(CO)_2$Rh(acac)}]
PhCl, 140 °C
263 → **266** (5.59)
40 examples
44%~97%
氧化加成
还原消除
264 CO脱出 **265**
R^1 = Aryl, HetAryl, Alkenyl, Alkyl
R^2 = H, OMe, Me, *i*-Pr, Ph, F, Cl
N = Pyr, quinoline, oxazole, pyrazole

Brookhart 等[112]在 2004 年报道了首例铑催化非导向无张力酮底物的脱羰 C–C 键断裂反应[式(5.60)]。尽管需要 25 mol%的催化剂用量，具有大空间位阻茂配体的铑催化剂 **268** 甚至能使苯乙酮衍生物 **267** 发生脱羰基反应。铑催化剂首先与底物反应生成 η^2-烯酮络合物 **269**，随后酰基芳基 C–C 键对 Rh(I)进行氧化加成生成三价铑中间产物 **270**，CO 脱出反应给出芳基烷基铑络合物 **271**，最后经还原消除反应生成脱羰产物 **272**。对于含有 β-氢的酮底物 **273**，首先发生脱氢反应生成烯酮中间体 **274**，然后再发生 C–C 键断裂得到脱羰之后的产物

275[式(5.61)]。

2013 年，Dong 等[113]实现了铑催化二炔基酮底物 **276** 中 C–C 键活化断裂，通过脱羰基反应获得了共轭二炔产物 **279**[式(5.62)]。各种对称和非对称芳基取代的炔酮衍生物都能顺利地发生脱 CO 反应，获得中等以上收率的二炔产物 **279**。烯基和烷基取代的炔酮底物也能发生反应，但烷基取代底物由于存在底物分解而产率偏低。

5.4 配位导向 C–C 键断裂反应

过渡金属络合物与反应底物间的配位作用可起到导向作用，有利于选择性地对 C–C 键进行活化断裂，基于此策略发展起来的合成方法得到了快速发展。在该类反应中，处于合适位置的配位基团可导向过渡金属断裂惰性 C–C 键，生成稳定的金属杂环络合物中间体，这通常是一个热力学上有利的化学变化过程。导向基团可以来自底物自身，也可以通过原位反应生成，因此，根据其存在方式不同，配位导向协助下的过渡金属催化碳–碳键断裂反应可细分为两类，本体导向和瞬态导向，如图 5-5 所示。

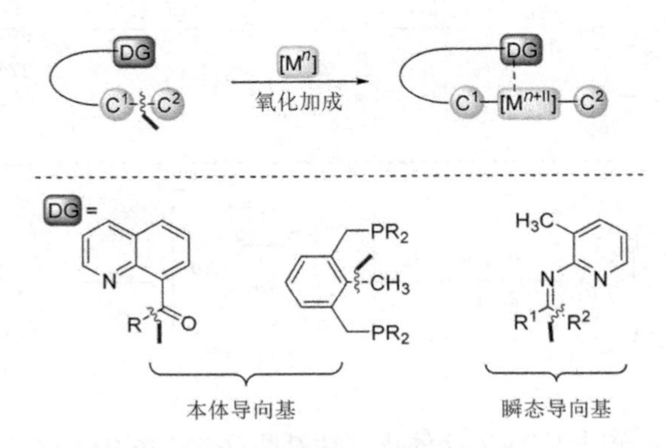

图 5-5 配位导向 C–C 键活化断裂方式

5.4.1 本体配位导向 C–C 键断裂反应

Suggs 和 Jun[114]于 1981 年报道了首例本体配位导向作用下的 C–C 键活化断裂反应［式(5.63)］。8-酰基喹啉底物 **280** 中的氮原子首先与 Rh(I)金属中心进行配位，在这种配位导向作用下，铑金属对 *α*-羰基碳–碳键进行氧化加成。在过量吡啶存在下，反应形成稳定的二吡啶基五元铑环产物 **281**。对于含有 *β*-氢的烷基酮底物 **282**，反应并不能生成相应的五元铑环产物 **281**[115]，该反应生成了 8-丙酰基喹啉产物 **286**［式(5.64)］。类似地，喹啉氮原子配位导向作用下，**282** 与 Rh(I)发生氧化加成反应生成烷基五元铑环中间体 **283**，经 *β*-氢消除反应释放出丁烯 **284** 并生成氢化五元铑环化合物 **285**。最后，经氢对乙烯迁移插入反应/PPh_3 和乙烯配体交换/还原消除过程，生成 8-丙酰基喹啉产物 **286**[116]。该催化反应需要在更高的温度(100 ℃)、更长的时间(48 h)和高的乙烯压力(6 atm)下才能实现。

280 → 281: $[\{Rh(C_2H_4)_2Cl\}_2]$，吡啶（过量），苯，25 °C；R = —≡—R'，R' = Ph, *t*-Bu　(5.63)

282 → 286 (61%): 9 mol% $[\{Rh(C_2H_4)_2Cl\}_2]$，6 atm C_2H_4，苯，100 °C，过量 PPh_3　(5.64)

282 →（[Rh] 氧化加成）283 →（β-氢消除，− 284）285 →（PPh_3；迁移插入，配体交换，还原消除）286

将上述催化反应中的乙烯换成其他烯烃时，反应并不能发生，此反应仅局限于乙烯底物，自此，该邻域的研究工作一直没有取得突破。2009 年，Douglas 等[117]报道了第二例喹啉导向的铑催化碳–碳键活化断裂的例子。以带有烯烃结构的芳酰基喹啉 **287** 为底物，Rh(I)金属催化分子内烯烃碳酰基化反应过程生成了二氢苯并呋喃或吡咯产物 **288**，反应具有较高的产率[式(5.65)]。首先，底物 **287** 中的喹啉氮原子与铑配位生成络合物 **289**，氧化加成生成芳基五元铑环化合物 **290**，烯烃对芳铑键迁移插入生成烷基五元铑环中间体 **291**，最后经还原消除过程得到芳基酰基化产物 **288**。Johnson 等[118, 119]对反应的历程进行了详细研究，发现当 R 为甲基时，底物 **287** 碳–碳键断裂过程存在动力学同位素效应，是反应的决速步骤；相反，当 R 不是甲基时，烯烃对芳基铑的迁移插入过程是决速步骤。在分子内烯烃碳酰化基础上，Douglas 等[120]进一步实现了铑催化分子间烯烃碳酰基化反应。以 8-乙酰基或芳酰基喹啉 **293** 和降冰片烯为底物，由于两个底物都不存在可发生 β-消除的氢原子，反应专一性地生成了烯烃碳酰基化加成产物 **295**[式(5.66)]。

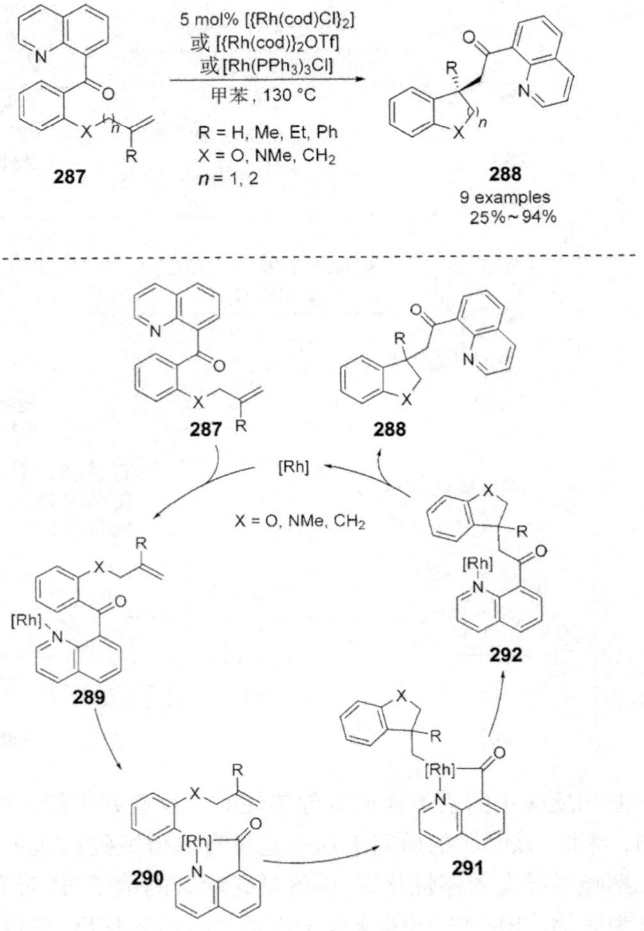

(5.65)

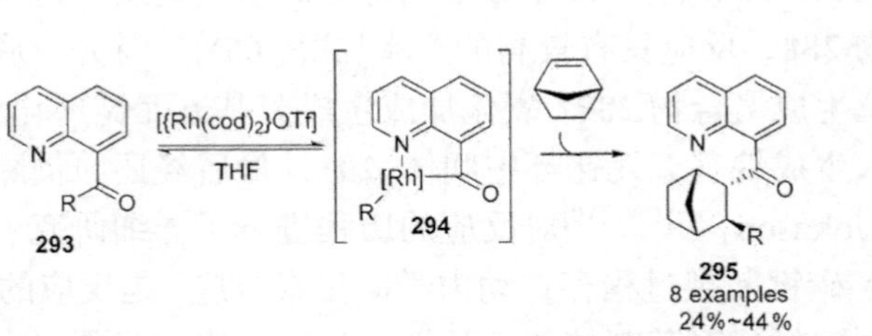

(5.66)

2012 年，Wang 等[121]将导向碳–碳键活化断裂与碳–碳成键偶联反应过程耦合起来，实现了铑催化芳基乙酮底物 **296** 和芳基硼酸之间的交叉偶联化学过程[式(5.67)]。Wilkinson 催化剂首先与芳基乙酮发生氧化加成生成甲基五元铑环化合物 **297**，随后与芳基硼酸发生转金属化得到 **298**，经还原消除脱甲基芳烃后生成五元铑环中间体 **299**。CuI/O_2 将 Rh(I)氧化成 Rh(III)物种 **300**，**300** 与芳基硼酸转金属化生成芳基铑化合物 **301**，最后经还原消除得到偶联产物 **302**。

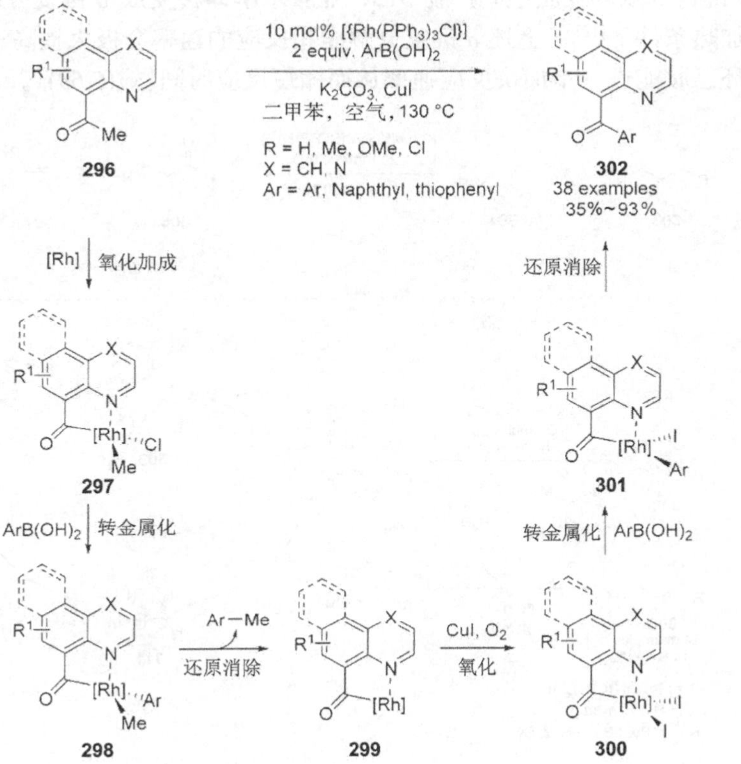

10 mol% [{Rh(PPh$_3$)$_3$Cl}]
2 equiv. ArB(OH)$_2$
K$_2$CO$_3$, CuI
二甲苯，空气，130 °C
R = H, Me, OMe, Cl
X = CH, N
Ar = Ar, Naphthyl, thiophenyl

296　**302**　38 examples　35%~93%　(5.67)

[Rh] 氧化加成　**297**　ArB(OH)$_2$ 转金属化　**298**　Ar—Me 还原消除　**299**　CuI, O$_2$ 氧化　**300**　转金属化 ArB(OH)$_2$　**301**　还原消除

5.4.2　瞬态配位导向 C–C 键断裂反应

在过去十几年里，过渡金属催化导向基诱导的碳–碳键选择性活化都取得了巨大的进步，但是局限性仍存在，需要额外的步骤来对底物进行预活化或者脱除导向基，从而降低了反应的效率和官能团兼容性。解决这一问题的一个很有希望的途径就是引入瞬态导向基，瞬态导向基可逆地和底物或者金属中心结合，实现位点选择性以后可以脱除而底物和导向基的功能都不改变。瞬态导向基促使的非活化碳–碳键直接官能团化近年来取得了一定的进展。

Jun 等[122]利用 2-氨基-3 甲基吡啶作为导向基实现了酮底物的选择性碳–碳键活化断裂反应过程[式(5.68)]。酮底物 **303** 与 2-氨基-3-甲基吡啶 **305** 首先发生缩合反应生成亚胺中间体 **308**，在吡啶导向官能团的配位作用影响下，Rh(I)选择性地对碳–碳 σ 键进行氧化加成反应生成五元铑环中间体 **309**，经 β-氢消除反应释放出烯烃 **307**，并生成氢化五元铑环化合物 **310**。过量烯烃 **304** 与 **310** 配位后，经烯烃对氢–铑键进行迁移插入反应形成五元铑环活性物种 **311**，经还原消除反应形成碳–碳 σ 键得到双环亚胺中间产物 **312**，亚胺水解即转变成 σ 键复分解产物 **306**。在微波加热条件下[123]，上述 σ 键复分解净相反应的速率会极大提高；而且添加催化量的环已胺能进一步加快反应速率从而缩短反应时间[式(5.69)]。

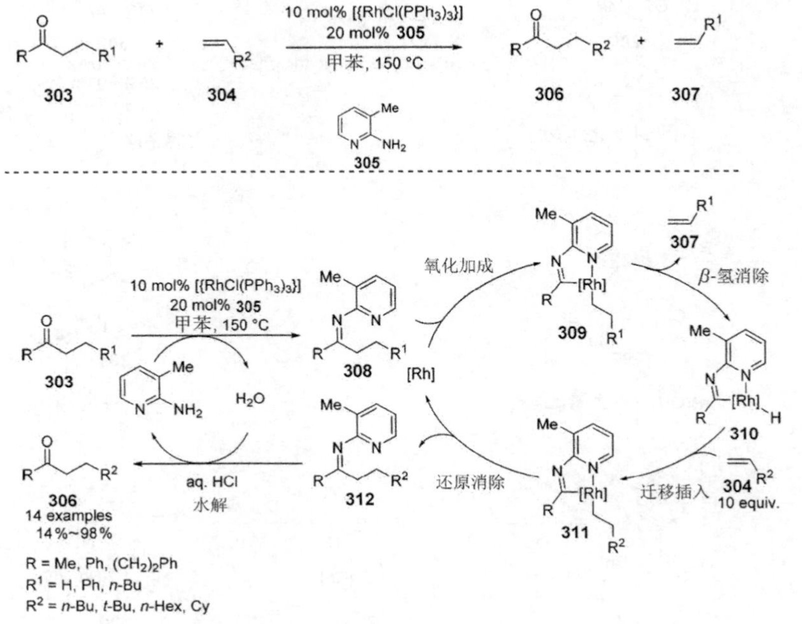

(5.68)

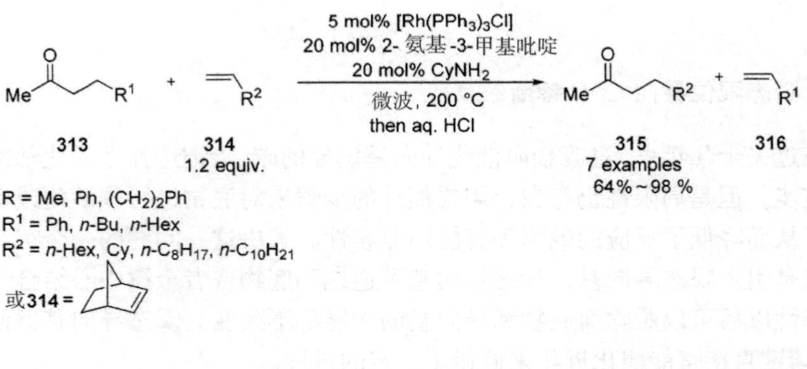

(5.69)

5.5 本 章 小 结

过渡金属催化选择性碳–碳单键活化断裂反应已经成为有机合成化学领域中的一种有用方法。在已经发展的合成方法中，碳–碳键断裂的常见机制包括氧化加成、β-碳消除、脱羰和逆烯丙基化。虽然各种类型的过渡金属都能实现对非张力碳–碳键的断裂，但总体而言，为了使反应顺利进行，各种官能团需要存在于待断裂碳–碳共价键的周围。例如，含有 C−C≡N、C−C≡CR、C−COH、C−C(O)C 和 C−C−OR 等结构的化合物通常被选择作为碳–碳键断裂的反应底物，这无疑限制了反应的范围。对于不含官能团的简单碳–碳键的活化断裂仍旧没有得到解决，这也是今后该领域需要重点研究的问题。

参考文献

[1] Dermenci A, Coe J W, Dong G. Direct activation of relatively unstrained carbon-carbon bonds in homogeneous systems. Organic Chemistry Frontiers, 2014, 1: 567–581.

[2] Liu H, Feng M, Jiang X. Unstrained carbon-carbon bond cleavage. Chemistry–An Asian Journal, 2014, 9: 3360 – 3389.

[3] Chen F, Wang T, Jiao N. Recent advances in transition-metal-catalyzed functionalization of unstrained carbon-carbon bonds. Chemical Reviews, 2014, 114: 8613−8661.

[4] Souillart L, Cramer N. Catalytic C−C bond activations *via* oxidative addition to transition metals. Chemical Reviews, 2015, 115: 9410−9464.

[5] Nakao Y. Catalytic C−CN bond activation//Dong G. C−C Bond Activation. Berlin: Springer, Topics in Current Chemistry, 2014, 346: 33−58.

[6] Dermenci A, Dong G. Decarbonylative C−C bond forming reactions mediated by transition metals. Science China Chemistry, 2013, 56: 685−701.

[7] Dreis A, Douglas C. Carbon-carbon bond activation with 8-acylquinolines//Dong G. C−C Bond Activation. Berlin: Springer, Topics in Current Chemistry, 2014, 346: 85−110.

[8] Jun C H, Park J W. Metal-organic cooperative catalysis in C−C bond activation// Dong G. C−C Bond Activation. Berlin: Springer, Topics in Current Chemistry, 2014, 346: 59−84.

[9] Tobisu M, Chatani N. Catalytic reactions involving the cleavage of carbon-cyano and carbon-carbon triple bonds. Chemical Society Reviews, 2008, 37: 300–307.

[10] Blum J, Oppenheimer E, Bergmann E D. Decarbonylation of aromatic carbonyl compounds catalyzed by rhodium complexes. Journal of the American Chemical Society, 1967, 89: 2338−2341.

[11] Ashley-Smith J, Green M, Wood D C. Mechanism of the addition of fluoro-olefins to iridium(I) and platinum(0) complexes. Journal of the Chemical Society A, 1970, 1847−1852.

[12] Burmeister J L, Edwards L M. Carbon-carbon bond cleavage *via* oxidative addition: Reaction of tetrakis(triphenylphosphine)platinum(0) with 1,1,1-tricyanoethane. Journal of the Chemical Society A, 1971, 1663−1666.

[13] Swartz B D, Brennessel W W, Jones W D. C−CN *vs* C−H Cleavage of benzonitrile using [(dippe)PtH]$_2$. Organometallics, 2011, 30: 1523−1529.

[14] Zheng S, Yu C, Shen Z. Ethyl cyanoacetate: A new cyanating agent for the palladium-catalyzed cyanation of aryl halides. Organic Letters, 2012, 14: 3644−3647.

[15] Liu N, Wang Z X. Nickel-catalyzed cross-coupling of arene- or heteroarenecarbonitriles with aryl- or heteroarylmanganese reagents through C−CN bond activation. Advanced Synthesis & Catalysis, 2012, 354: 1641−1645.

[16] Lu T, Zhuang X, Li Y, et al. C–C bond cleavage of acetonitrile by a dinuclear copper(II) cryptate. Journal of the American Chemical Society, 2004, 126: 4760–4761.

[17] Marlin D S, Olmstead M M, Mascharak P K. Heterolytic cleavage of the C–C bond of acetonitrile with simple monomeric Cu^{II} complexes: Melding old copper chemistry with new reactivity. Angewandte Chemie International Edition, 2001, 40: 4752–4754.

[18] Churchill D, Shin J H, Hascall T, et al. The *Ansa* effect in permethylmolybdenocene chemistry: A [Me_2Si] *Ansa* bridge promotes intermolecular C–H and C–C bond activation. Organometallics, 1999, 18: 2403–2406.

[19] Tanabe T, Evans M E, Brennessel W W, et al. C–H and C–CN bond activation of acetonitrile and succinonitrile by [Tp′Rh(PR_3)]. Organometallics, 2011, 30: 834–843.

[20] Xu H, Williard P G, Bernskoetter W H. C–CN bond activation of acetonitrile using cobalt(I). Organometallics, 2012, 31: 1588–1590.

[21] Dahy A A, Koga N, Nakazawa H. Density functional theory study of N–CN and O–CN bond cleavage by an iron silyl complex. Organometallics, 2012, 31: 3995–4005.

[22] Grochowski M R, Morris J, Brennessel W W, et al. C–CN bond activation of benzonitrile with [Rh^{-I}(dippe)]$^-$. Organometallics, 2011, 30: 5604–5610.

[23] Jiang Y Y, Yu H Z, Fu Y. Mechanistic study of borylation of nitriles catalyzed by Rh–B and Ir–B complexes via C–CN bond activation. Organometallics, 2013, 32: 926–936.

[24] Yang L Z, Li Y, Zhuang X M, et al. Mechanistic studies of C–C bond cleavage of nitriles by dinuclear metal cryptates. Chemistry–A European Journal, 2009, 15: 12399–12407.

[25] Adam R, Villiers C, Ephritikhine M, et al. Synthesis, structure and oxidative addition reactions of triscyclopentadienyluranium(III) nitrile complexes. Journal of Organometallic Chemistry, 1993, 445: 99–106.

[26] Guo L R, Bao S S, Li Y X, et al. Ag(I)-mediated formation of pyrophosphonate coupled with C–C bond cleavage of acetonitrile. Chemical Communications, 2009, 2893–2895.

[27] Nakazawa H, Kawasaki T, Miyoshi K, et al. C–C bond cleavage of acetonitrile by a carbonyl iron complex with a silyl ligand. Organometallics, 2004, 23: 117–126.

[28] Tobisu M, Kinuta H, Kita Y, et al. Rhodium(I)-catalyzed borylation of nitriles through the cleavage of carbon-cyano bonds. Journal of the American Chemical Society, 2012, 134: 115–118.

[29] McNally A, Prier C K, MacMillan D W C. Discovery of an α-amino C–H arylation reaction using the strategy of accelerated serendipity. Science 2011, 334: 1114–1117.

[30] Pirnot M T, Rankic D A, Martin D B C, et al. Photoredox activation for the direct β-arylation of ketones and aldehydes. Science 2013, 339: 1593–1596.

[31] Gerlach D H, Kane A R, Parshall G W, et al. Reactivity of trialkylphosphine complexes of platinum(0). Journal of the American Chemical Society, 1971, 93: 3543–3544.

[32] Acosta-Ramírez A, Flores-Gaspar A, Muñoz-Hernández M, et al. Nickel complexes involved in the isomerization of 2-methyl-3-butenenitrile. Organometallics, 2007, 26: 1712–1720.

[33] Li G, Watson K, Buckheit R W, et al. Total synthesis of anibamine, a novel natural product as a chemokine receptor CCR5 antagonist. Organic Letters, 2007, 9: 2043–2046.

[34] Miller J A. C–C Bond activation with selective functionalization: Preparation of unsymmetrical biaryls from benzonitriles. Tetrahedron Letters, 2001, 42: 6991–6993.

[35] Miller J A, Dankwardt J W. Nickel catalyzed cross-coupling of modified alkyl and alkenyl Grignard reagents with aryl- and heteroaryl nitriles: Activation of the C−CN bond. Tetrahedron Letters, 2003, 44: 1907−1910.

[36] Penney J M, Miller J A. Alkynylation of benzonitriles *via* nickel catalyzed C−C bond activation. Tetrahedron Letters, 2004, 45: 4989−4992.

[37] Yu D G, Yu M, Guan B T, et al. Carbon-carbon formation *via* Ni-catalyzed Suzuki-Miyaura coupling through C−CN bond cleavage of aryl nitrile. Organic Letters, 2009, 11: 3374−3377.

[38] Miller J A, Dankwardt J.W, Penney J M. Nickel catalyzed cross-coupling and amination reactions of aryl nitriles. Synthesis, 2003, 1643−1648.

[39] Nakao Y, Oda S, Hiyama T. Nickel-catalyzed arylcyanation of alkynes. Journal of the American Chemical Society, 2004, 126: 13904−13905.

[40] Nakao Y, Oda S, Yada A, et al. Arylcyanation of alkynes catalyzed by nickel. Tetrahedron, 2006, 62: 7567−7576.

[41] Ohnishi Y y, Nakao Y, Sato H, et al. A theoretical study of nickel(0)-catalyzed phenylcyanation of alkynes. Reaction mechanism and regioselectivity. Organometallics, 2009, 28: 2583−2594.

[42] Nakao Y, Yukawa T, Hirata Y, et al. Allylcyanation of alkynes: Regio- and stereoselective access to functionalized di- or trisubstituted acrylonitriles. Journal of the American Chemical Society, 2006, 128: 7116−7117.

[43] Hirata Y, Yukawa T, Kashihara N, et al. Nickel-catalyzed carbocyanation of alkynes with allyl cyanides. Journal of the American Chemical Society, 2009, 131: 10964−10973.

[44] Nakao Y, Yada A, Ebata S, et al. A dramatic effect of Lewis-acid catalysts on nickel-catalyzed carbocyanation of alkynes. Journal of the American Chemical Society, 2007, 129: 2428−2429.

[45] Yada A, Yukawa T, Nakao Y, et al. Nickel/$AlMe_2Cl$-catalysed carbocyanation of alkynes using arylacetonitriles. Chemical Communications, 2009, 3931−3933.

[46] Yada A, Yukawa T, Idei H, et al. Nickel/Lewis acid-catalyzed carbocyanation of alkynes using acetonitrile and substituted acetonitriles. Bulletin of the Chemical Society of Japan, 2010, 83: 619−634.

[47] Nakao Y, Yada A, Hiyama T. Heteroatom-directed alkylcyanation of alkynes. Journal of the American Chemical Society, 2010, 132: 10024−10026.

[48] Nakao Y, Hirata Y, Tanaka M, et al. Nickel/BPh_3-catalyzed alkynylcyanation of alkynes and 1,2-dienes: An efficient route to highly functionalized conjugated enynes. Angewandte Chemie International Edition, 2008, 47: 385−387.

[49] Hirata Y, Tanaka M, Yada A, et al. Alkynylcyanation of alkynes and dienes catalyzed by nickel. Tetrahedron, 2009, 65: 5037−5050.

[50] Murahashi S, Naota T, Nakajima N. Palladium-catalyzed decarbonylation of acyl cyanides. The Journal of Organic Chemistry, 1986, 51: 898−901.

[51] Hirata Y, Yada A, Morita E, et al. Nickel/Lewis acid-catalyzed cyanoesterification and cyanocarbamoylation of alkynes. Journal of the American Chemical Society, 2010, 132: 10070−10077.

[52] Kobayashi Y, Kamisaki H, Yanada R, et al. Palladium-catalyzed intramolecular cyanoamidation of alkynyl and alkenyl cyanoformamides. Organic Letters, 2006, 8: 2711−2713.

[53] Kobayashi Y, Kamisaki H, Takeda H, et al. Intramolecular cyanoamidation of unsaturated cyanoformamides catalyzed by palladium: An efficient synthesis of multifunctionalized lactams. Tetrahedron, 2007, 63:

2978–2989.

[54] Rondla N R, Levi S M, Ryss J M, et al. Palladium-catalyzed C–CN activation for intramolecular cyanoesterification of alkynes. Organic Letters, 2011, 13: 1940–1943.

[55] Nakao Y, Hirata Y, Hiyama T. Cyanoesterification of 1,2-dienes: Synthesis and transformations of highly functionalized α-cyanomethylacrylate esters. Journal of the American Chemical Society, 2006, 128: 7420–7421.

[56] Hirata Y, Inui T, Nakao Y, et al. Cyanoesterification of 1,2-dienes catalyzed by nickel. Journal of the American Chemical Society, 2009, 131: 6624–6631.

[57] Nishihara Y, Inoue Y, Itazaki M, et al. Palladium-catalyzed cyanoesterification of norbornenes with cyanoformates *via* the NC–Pd–COOR (R = Me and Et) intermediate. Organic Letters, 2005, 7: 2639–2641.

[58] Nishihara Y, Inoue Y, Izawa S, et al. Cyanoesterification of norbornenes catalyzed by palladium: Facile synthetic methodology to introduce cyano and ester functionalities *via* drect carbon-carbon bond cleavage of cyanoformates. Tetrahedron, 2006, 62: 9872–9882.

[59] Nishihara Y, Miyasaka M, Inoue Y, et al. Preparation, structures, and thermal reactivity of alkoxycarbonyl (cyano)palladium(II) complexes *trans*-Pd(COOR)- (CN)$(PPh_3)_2$ (R = Me, Et, *n*Pr, *i*Pr, *n*Bu, *t*Bu, and Bn) as intermediates of the palladium-catalyzed cyanoesterification of norbornene derivatives. Organometallics, 2007, 26: 4054–4060.

[60] Nakao Y, Yada A, Satoh J, et al. Arylcyanation of norbornene and norbornadiene catalyzed by nickel. Chemistry Letters, 2006, 35: 790–791.

[61] Yasui Y, Kamisaki H, Takemoto Y. Enantioselective synthesis of 3,3-disubstituted oxindoles through Pd-catalyzed cyanoamidation. Organic Letters, 2008, 10: 3303–3306.

[62] Yasui Y, Kamisaki H, Ishida T, et al. Synthesis of 3,3-disubstituted oxindoles through Pd-catalyzed intramolecular cyanoamidation. Tetrahedron, 2010, 66: 1980–1989.

[63] Yasui Y, Kinugawa T, Takemoto Y. Synthetic studies on vincorine: Access to the 3a,8a-dialkyl-1,2,3,3a,8,8a-hexahydropyrrolo-[2,3-*b*]indole skeleton. Chemical Communications, 2009: 4275–4277.

[64] Nakao Y, Ebata S, Yada A, et al. Intramolecular arylcyanation of alkenes catalyzed by nickel/$AlMe_2Cl$. Journal of the American Chemical Society, 2008, 130: 12874–12875.

[65] Hsieh J C, Ebata S, Nakao Y, et al. Asymmetric synthesis of indolines bearing a benzylic quaternary stereocenter through intramolecular arylcyanation of alkenes. Synlett, 2010, 11: 1709–1711.

[66] Watson M P, Jacobsen E N. Asymmetric intramolecular arylcyanation of unactivated olefins *via* C–CN bond activation. Journal of the American Chemical Society, 2008, 130: 12594–12595.

[67] Rondla N R, Ogilvie J M, Pan Z, et al. Palladium catalyzed intramolecular acylcyanation of alkenes using α-iminonitriles. Chemical Communications, 2014, 50: 8974–8977.

[68] Patra T, Agasti S, Akanksha, et al. Nickel-catalyzed decyanation of inert carbon-cyano bonds. Chemical Communications, 2013, 49: 69–71.

[69] Patra T, Agasti S, Modak A, et al. Nickel-catalyzed hydrogenolysis of unactivated carbon-cyano bonds. Chemical Communications, 2013, 49: 8362–8364.

[70] Sun M, Zhang H Y, Han Q, et al. Nickel-catalyzed C–P cross-coupling by C–CN bond cleavage. Chemistry–A European Journal, 2011, 17: 9566–9570.

[71] Nakai K, Kurahashi T, Matsubara S. Nickel-catalyzed cycloaddition of *o*-arylcarboxybenzonitriles and alkynes *via* cleavage of two carbon-carbon σ bonds. Journal of the American Chemical Society, 2011, 133:

11066–11068.

[72] Nakai K, Kurahashi T, Matsubara, S. Synthesis of quinolones by nickel-catalyzed cycloaddition *via* elimination of nitrile. Organic Letters, 2013, 15: 856–859.

[73] Tobisu M, Nakamura R, Kita Y, et al. Rhodium-catalyzed reductive cleavage of carbon-cyano bonds with hydrosilane: A catalytic protocol for removal of cyano groups. Journal of the American Chemical Society, 2009, 131: 3174–3175.

[74] Nakazawa H, Kamata K, Itazaki M. Catalytic C–C bond cleavage and C–Si bond formation in the reaction of RCN with Et_3SiH promoted by an iron complex. Chemical Communications, 2005, 4004–4006.

[75] Tobisu M, Kita Y, Chatani N. Rh(I)-catalyzed silylation of aryl and alkenyl cyanides involving the cleavage of C–C and Si–Si bonds. Journal of the American Chemical Society, 2006, 128: 8152–8153.

[76] Tobisu M, Kita Y, Ano Y, et al. Rhodium-catalyzed silylation and intramolecular arylation of nitriles *via* the silicon-assisted cleavage of carbon-cyano bonds. Journal of the American Chemical Society, 2008, 130:15982–15989.

[77] Kita Y, Tobisu M, Chatani N. Rhodium-catalyzed alkenylation of nitriles *via* silicon-assisted C–CN bond cleavage. Organic Letters, 2010, 12: 1864–1867.

[78] Song R J, Wu J C, Liu Y, et al. Copper-catalyzed oxidative cyanation of aryl halides with ntriles involving carbon-carbon cleavage. Synlett, 2012, 23: 2491–2496.

[79] Nishimura T, Araki H, Maeda Y, et al. Palladium-catalyzed oxidative alkynylation of alkenes *via* C–C bond cleavage under oxygen atmosphere. Organic Letters, 2003, 5: 2997–2999.

[80] Nishimura T, Katoh T, Takatsu K, et al. Rhodium-catalyzed asymmetric rearrangement of alkynyl alkenyl carbinols: Synthetic equivalent to asymmetric conjugate alkynylation of enones. Journal of the American Chemical Society, 2007, 129: 14158–14159.

[81] Qin C, Feng P, Ou Y, et al. Selective $C_{sp^2}-C_{sp}$ bond cleavage: The nitrogenation of alkynes to amides. Angewandte Chemie International Edition, 2013, 52: 7850–7854.

[82] Kondo T, Kodoi K, Nishinaga E, et al. Ruthenium-catalyzed β-allyl elimination leading to selective cleavage of a carbon-carbon bond in homoallyl alcohols. Journal of the American Chemical Society, 1998, 120: 5587–5588.

[83] Terao Y, Wakui H, Satoh T, et al. Palladium-catalyzed arylative carbon-carbon bond cleavage of α,α-disubstituted arylmethanols. Journal of the American Chemical Society, 2001, 123: 10407–10408.

[84] Terao Y, Wakui H, Nomoto N, et al. Palladium-catalyzed arylation of α,α-disubstituted arylmethanols *via* cleavage of a C–C or a C–H bond To give biaryls. The Journal Organic Chemistry, 2003, 68: 5236–5243.

[85] Wakui H, Kawasaki S, Satoh T, et al. Palladium-catalyzed reaction of 2-hydroxy-2-methylpropiophenone with aryl bromides: A unique multiple arylation *via* successive C–C and C–H bond cleavages. Journal of the American Chemical Society, 2004, 126: 8658–8659.

[86] Terao Y, Nomoto M, Satoh T, et al. Palladium-catalyzed dehydroarylation of triarylmethanols and their coupling with unsaturated compounds accompanied by C–C bond cleavage. The Journal Organic Chemistry, 2004, 69: 6942–6944.

[87] Bour J R, Green J C, Winton V J, et al. Steric and electronic effects influencing β-aryl elimination in the Pd-catalyzed carbon-carbon single bond activation of triarylmethanols. The Journal Organic Chemistry, 2013, 78: 1665–1669.

[88] Hayashi S, Hirano K, Yorimitsu H, et al. Palladium-catalyzed stereo-and regiospecific allylation of aryl

halides with homoallyl alcohols *via* retro-allylation: Selective generation and use of σ-allylpalladium. Journal of the American Chemical Society, 2006, 128: 2210−2211.

[89] Iwasaki M, Hayashi S, Hirano K, et al. $Pd(OAc)_2/P(^cC_6H_{11})_3$-catalyzed allylation of aryl halides with homoallyl alcohols *via* retro-allylation. Journal of the American Chemical Society, 2007, 129: 4463−4469.

[90] Niwa T, Yorimitsu H, Oshima K. Palladium-catalyzed 2-pyridylmethyl transfer from 2-(2-pyridyl)ethanol derivatives to organic halides by chelation-assisted cleavage of unstrained Csp^3−Csp^3 bonds. Angewandte Chemie International Edition, 2007, 46: 2643−2645.

[91] Suehiro T, Niwa T, Yorimitsu H, et al. Palladium-catalyzed (*N*-oxido-2-pyridinyl)methyl transfer from 2-(2-hydroxyalkyl)pyridine *N*-oxide to aryl halides by β-carbon elimination. Chemistry−An Asian Journal, 2009, 4: 1217−1220.

[92] Oh C H, Jung S H, Bang S Y, et al. Decarbopalladation of π-allylpalladium intermediates formed from palladium-catalyzed arylations of 3-allen-1-ols. Organic Letters, 2002, 4: 3325−3327.

[93] Kimura M, Mori M, Tamaru Y. Palladium-catalyzed 1,3-diol fragmentation: Synthesis of ω-dienyl aldehydes. Chemical Communications, 2007, 4504−4506.

[94] Chiba S, Xu Y J, Wang Y F. A Pd(II)-catalyzed ring-expansion reaction of cyclic 2-azidoalcohol derivatives: Synthesis of azaheterocycles. Journal of the American Chemical Society, 2009, 131: 12886−12887.

[95] Waibel M, Cramer N. Palladium-catalyzed arylative ring-opening reactions of norbornenols: Entry to highly substituted cyclohexenes, quinolines, and tetrahydroquinolines.Angewandte Chemie International Edition, 2010, 49: 4455−4458.

[96] Takada Y, Hayashi S, Hirano K, et al. Rhodium-catalyzed allyl transfer from homoallyl alcohols to aldehydes *via* retro-allylation followed by isomerization into ketones. Organic Letters, 2006, 8: 2515−2517.

[97] Nishimura T, Katoh T, Hayashi T. Rhodium-catalyzed aryl transfer from trisubstituted aryl methanols to α,β-unsaturated carbonyl compounds. Angewandte Chemie International Edition, 2007, 46: 4937−4939.

[98] Ho H A, Manna K, Sadow A D. Acceptorless photocatalytic dehydrogenation for alcohol decarbonylation and imine synthesis. Angewandte Chemie International Edition, 2012, 51: 8607−8610.

[99] Obora Y, Anno Y, Okamoto R, et al. Iridium-catalyzed reactions of ω-arylalkanols to α,ω-diarylalkanes. Angewandte Chemie International Edition, 2011, 50: 8618−8622.

[100] Sai M, Yorimitsu H, Oshima K. Allyl-, allenyl-, and propargyl-transfer reactions through cleavage of C−C bonds catalyzed by an *N*-heterocyclic carbene/copper complex: Synthesis of multisubstituted pyrroles. Angewandte Chemie International Edition, 2011, 50: 3294−3298.

[101] Liu Z Q, Zhao L, Shang X, et al. Unexpected copper-catalyzed aerobic oxidative cleavage of $C(sp^3)$–$C(sp^3)$ bond of glycol ethers. Organic Letters, 2012, 14: 3218−3221.

[102] Zhang Y, Feng J, Li C J. Palladium-catalyzed methylation of aAryl C−H bond by using peroxides. Journal of the American Chemical Society, 2008, 130: 2900−2901.

[103] Cai S, Zhao X, Wang X, et al. Visible-light-promoted C−C bond cleavage: photocatalytic generation of iminium ions and amino radicals. Angewandte Chemie International Edition, 2012, 51: 8050−8053.

[104] Nečas D, Turský M, Kotora M. Catalytic deallylation of allyl- and diallylmalonates. Journal of the American Chemical Society, 2004, 126: 10222−10223.

[105] Turský M, Nečas D, Drabina P, et al. Rhodium-catalyzed deallylation of allylmalonates and related compounds. Organometallics, 2006, 25: 901−907.

[106] Nečas D, Turský M, Tišlerová I, et al. Nickel-catalyzed cyclization of α,ω-dienes: Formation *vs*. cleavage of C–C

bonds. New Journal of Chemistry, 2006, 30: 671–674.

[107] Necas D, Kotora M. Ring Opening of methylenecycloalkenes *via* the C–C bond cleavage. Organic Letters, 2008, 10: 5261–5263.

[108] Rusina A, Vlcek A A. Formation of Rh(I)-carbonyl complex by the reaction with some non-alcoholic, oxygen-containing solvents. Nature, 1965, 206: 295–296.

[109] Kaneda K, Azuma H, Wayaku M, et al. Decarbonylation of α-and β-diketones catalyzed by rhodium compounds. Chemistry Letters, 1974, 3: 215–216.

[110] Chatani N, Ie Y, Kakiuchi F, et al. $Ru_3(CO)_{12}$-catalyzed decarbonylative cleavage of a C–C bond of alkyl phenyl ketones. Journal of the American Chemical Society, 1999, 121: 8645–8646.

[111] Lei Z Q, Li H, Li Y, et al. Extrusion of CO from aryl ketones: Rhodium(I)-catalyzed C–C bond cleavage directed by a pyridine group. Angewandte Chemie International Edition, 2012, 51: 2690–2694.

[112] Daugulis O, Brookhart M. Decarbonylation of aryl ketones mediated by bulky cyclopentadienylrhodium bis(ethylene) complexes. Organometallics, 2004, 23: 527–534.

[113] Dermenci A, Whittaker R E, Dong G. Rh(I)-catalyzed decarbonylation of diynones *via* C–C activation: Orthogonal synthesis of conjugated diynes. Organic Letters, 2013, 15: 2242–2245.

[114] Suggs J W, Jun C H. Directed cleavage of carbon-carbon bonds by transition metals: The α-bonds of ketones. Journal of the American Chemical Society, 1984, 106: 3054–3056.

[115] Suggs J W, Jun C H. Metal-catalysed alkyl ketone to ethyl ketone conversions in chelating ketones *via* carbon-carbon bond cleavage. Journal of Chemical Society: Chemical Communications, 1985, 92–93.

[116] Suggs J W, Wovkulich M J, Cox S D. Synthesis, structure, and ligand-promoted reductive elimination in an acylrhodium ethyl complex. Organometallics, 1985, 4: 1101–1107.

[117] Dreis A M, Douglas C J. Catalytic carbon-carbon σ bond activation: An intramolecular carbo-acylation reaction with acylquinolines. Journal of the American Chemical Society, 2009, 131: 412–413.

[118] Rathbun C M, Johnson J B. Rhodium-catalyzed acylation with quinolinyl ketones: Carbon-carbon single bond activation as the turnover-limiting step of catalysis. Journal of the American Chemical Society, 2011, 133: 2031–2033.

[119] Lutz J P, Rathbun C M, Stevenson S M, et al. Rate-limiting step of the Rh-catalyzed carboacylation of alkenes: C–C bond activation or migratory insertion? Journal of the American Chemical Society, 2012, 134: 715–722.

[120] Wentzel M T, Reddy V J, Hyster T K, et al. Chemoselectivity in catalytic C–C and C–H bond activation: Controlling intermolecular carboacylation and hydroarylation of Alkenes. Angewandte Chemie International Edition, 2009, 48: 6121–6123.

[121] Wang J, Chen W, Zuo S, et al. Direct exchange of a ketone methyl or aryl group to another aryl group through C–C bond activation assisted by rhodium chelation. Angewandte Chemie International Edition, 2012, 51: 12334–12338.

[122] Jun C H, Lee H. Catalytic carbon-carbon bond activation of unstrained ketone by soluble transition-metal complex. Journal of the American Chemical Society, 1999, 121: 880–881.

[123] Ahn J A, Chang D H, Park Y J, et al. Solvent-free chelation-assisted catalytic C–C bond cleavage of unstrained ketone by rhodium(I) complexes under microwave irradiation. Advanced Synthesis & Catalysis, 2006, 348: 55–58.

第 6 章　脱烯丙基化促进的碳–碳单键断裂反应

烯丙基官能团在有机合成中起着重要的作用，不仅在于含有不饱和的碳–碳双键，还在于分子中存在着能发生化学转变的烯丙基 σ 键，因此，各种烯丙基化方法得到了广泛深入的研究。通过碳–碳 σ 键断裂发生的脱烯丙基化反应，看似“无用”且困难，实际上这类反应在有机合成中同样具有重要的用途。

本章将描述两类金属催化脱烯丙基化反应过程：高烯丙醇化合物进行的逆烯丙基化反应(retro-allylation)；带有烯丙基官能团的化合物能离解生成稳定碳负离子物种(如丙二酸酯碳负离子等)的去烯丙基化反应(deallylation)。

上述两类脱烯丙基的反应过程都涉及两个无张力 sp^3 碳原子间的 σ 键断裂，显然这种断裂过程不能再直接依靠过渡金属与 σ 键间的元结作用，相反，空间位阻小且更具导向性的远端双键在促进单键断裂上起着决定性作用。脱烯丙基独特的断裂模式使得该类反应在过渡金属催化碳–碳单键断裂领域占有一席之地。

6.1　逆烯丙基化反应

烯丙基金属化合物与羰基的加成反应在某些情况下是可逆的，其逆反应过程被称为“逆烯丙基化”反应。对于具有高烯丙醇结构的有机化合物，碳–碳单键可以通过六元环过渡态机理发生断裂。即通过椅式反应构型过渡态，β-碳和γ-碳之间的碳–碳 σ 键发生断裂，同时烯烃末端碳原子与金属之间形成碳–金属共价键，如图 6-1 所示。

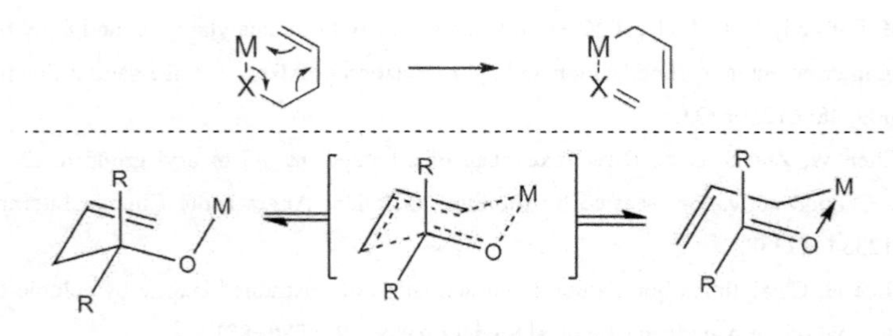

图 6-1　逆烯丙基化反应断裂碳–碳单键机理

逆烯丙基化现象最早发现在巴豆基溴化镁格氏试剂 **1** 与叔丁基异丙基酮 **2** 的化学反应过程中[1]。生成的亲核加成产物 **3** 通过逆烯丙基化/烯丙基化过程，逐渐异构化生成空间位阻效应更小的高烯丙醇镁盐 **4**[式(6.1)]。

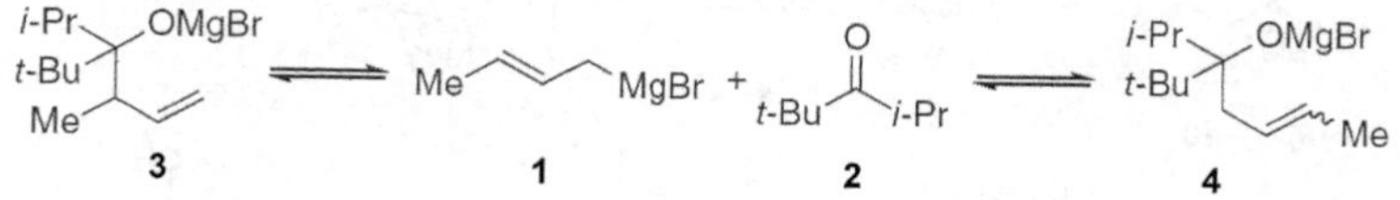

(6.1)

各种高烯丙醇金属化合物，如锂[2]、锌[3, 4]、锡[5]、钾[6]、锆[7]和镓[8]等被发现都能发生逆烯丙基化反应过程。例如，高烯丙醇锌 **5** 能与苯甲醛 **6** 能通过逆烯丙基化反应过程，高立体选择性地生成反式高烯丙醇产物 **9**[4][式(6.2)]。高烯丙醇锌盐 **5** 首先通过六元环类椅式构象发生逆烯丙基化过程，生成二叔丁基甲酮 **7** 和巴豆基锌化合物 **8**。有机锌试剂 **8** 再与苯甲醛 **6** 通过类椅式反应构象进行烯丙基化反应。为避免 1,3-二直立键相互作用，在反应构象中甲基和苯基都处于平伏键位置，因此，烯丙基化反应过程具有高度的立体选择性，主要生成的是反式加成产物 **9**。

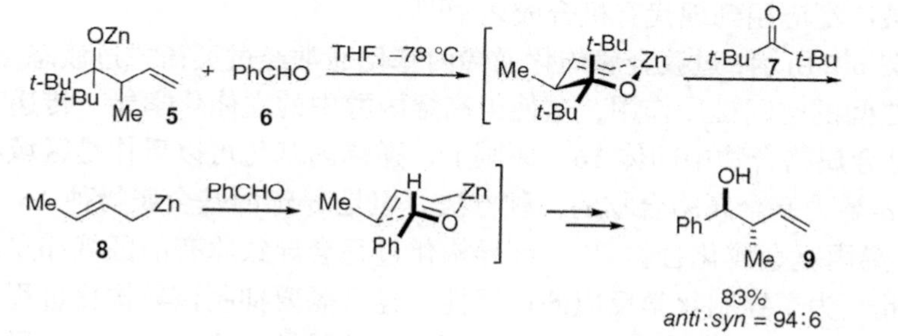

(6.2)

类似地，其他金属，如镓[8]介导的烯丙基转移反应过程也能以高立体专一性的方式进行。赤式高烯丙基叔醇镓盐 **10** 与苯甲醛 **6** 反应能生成赤式高烯丙基仲醇产物[式(6.3)]；相反，苏式高烯丙基叔醇镓盐 **10** 与苯甲醛 **6** 反应能生成苏式高烯丙基仲醇产物[式(6.4)]。在上述两个反应的类椅式构象过渡态中，空间位阻大的 2,4,6-三甲基苯基处于平伏键上以避免 1,3-二直立键相互作用，这也是此反应具有立体专一性的根本原因。

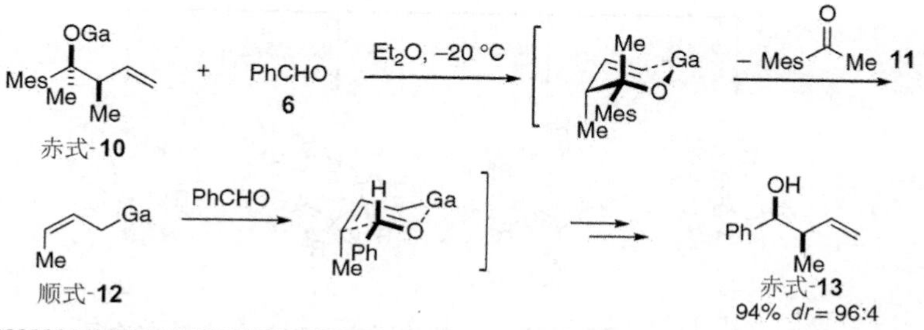

(6.3)

OGa Mes Me Me 苏式-**10** + PhCHO **6** $\xrightarrow{Et_2O, -20\ ^\circ C}$ [Me Me Ga O Mes] $\xrightarrow{-\ Mes(CO)Me\ \mathbf{11}}$

Me Ga 反式-**12** $\xrightarrow{PhCHO}$ [Me H Ga O Ph] ⇌ OH Ph Me 89% dr = 98:2 苏式-**13** (6.4)

除上述化学计量的主族金属促进的逆烯丙基化反应外，在过渡金属催化下，高烯丙醇、高炔丙醇、联二烯丙醇和高联二烯丙酮等底物也能发生类似的碳–碳键断裂的逆烯丙基化反应。1996 年，Kondo 和 Mitsudo 等[9]使用钌络合物报道了首例过渡金属催化的高烯丙醇逆烯丙基化反应。自 2006 年之后，过渡金属催化的区域和立体选择性的逆烯丙基化反应才得到迅速发展，现已发展成为一种有用的合成手段被广泛应用到现代有机合成之中[10]。

如图 6-2 所示，过渡金属催化逆烯丙基化通常经过类椅式过渡态 **15** 以降低取代基团之间的空间排斥作用，这使得高烯丙醇中的立体化学能“传递”给生成的 σ-烯丙基金属络合物中间体 **16**。原则上，逆烯丙基化可以看作是区域和立体选择性产生 σ-烯丙基金属络合物的一种方法。但是 σ-烯丙基金属物种 **16** 可以异构化成 η^3-π-烯丙基金属化合物 **17**，该异构化过程会导致原有的区域和立体选择性消失，因此，为了控制化学反应的选择性，经常需要抑制该异构化过程的发生。原位生成的 σ-烯丙基金属络合物能参与到各种化学转变途径中，如质子化、β–氢消除、亲核加成和还原消除等。本节将根据所利用的过渡金属不同，分类加以介绍。

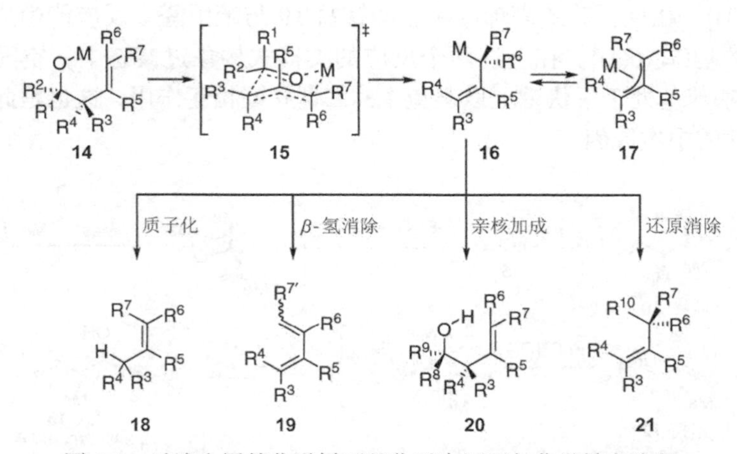

图 6-2　过渡金属催化逆烯丙基化反应历程与化学转变途径

6.1.1　钌催化逆烯丙基化反应

Kondo 和 Mitsudo 等[9]报道了首例钌催化高烯丙基叔醇逆烯丙基化反应过程[式(6.5)]。在烯丙基乙酸酯和 CO 存在条件下，叔醇 **22** 于四氢呋喃溶液中加热到 180℃，可被催化剂 $RuCl_2(PPh_3)_3$ 脱丙烯生成相应的芳基酮产物 **23**，产率高达 91%。反应可能由羟基对低价态钌进行氧化加成而引发，生成的烷氧基钌金属化合物 **25** 通过逆烯丙基化过程生成苯乙酮产物 **23** 和 σ-烯丙基钌物种 **26**，后者经还原消除过程转变成丙烯和再生钌催化剂[11]。

5 mol% $RuCl_2(PPh_3)_3$, 7.5 equiv. 烯丙基乙酸酯, 10 atm CO, THF, 180 °C, 15 h: **22** → **23** (91%) + **24**　(6.5)

Ru; 氧化加成; 还原消除; 逆烯丙基化: **25** → **23** + **26**

除均相反应外，非均相催化体系 Ru/CeO_2 也能有效促进高烯丙基叔醇 **27** 发生转烯丙基化/异构化反应[式(6.6)]。非均相反应则不需要在烯丙基乙酸酯和 CO 存在条件下进行，但 CeO_2 是唯一有效的固体载体，其他载体如 SiO_2、Al_2O_3 和 TiO_2 等都不能使反应发生[12]。

27 + **6** → (cat. Ru/CeO_2, 均三甲苯, 170 °C, 24 h, 69%) **23** + **28**　(6.6)

6.1.2　铑催化逆烯丙基化反应

铑催化高烯丙基叔醇的逆烯丙基化过程中会产生亲核性的烯丙基铑物种。$[RhCl(cod)]_2$、PMe_3 和碳酸铯组成的体系能催化叔醇 **29** 和苯甲醛 **6** 之间发生转巴豆基化反应[13, 14][式(6.7)]。在该反应条件下，原位产生的巴豆基铑物种能迅速地发生 σ–π 和 E–Z 异构体之间的相互转变，这使得苯甲醛巴豆基化反应过程缺乏立体选择性。值得一提的是，在更高反应温度和空阻效应更强的催化体系 $[RhCl(cod)]_2/PtBu_3$ 共同作用下，苯甲醛能发生巴豆基化/异构化串联过程，生成

70%收率的芳基酮产物[式(6.8)]。碱性条件下，叔醇 **29** 与氯化铑络合物首先生成烷氧基铑中间体 **32**，经逆烯丙基化过程形成 σ-巴豆基铑中间体 **33**。**33** 能快速转变成 π-巴豆基铑物种 **34**，**33** 和 **34** 彼此相互转变，达到平衡。巴豆基铑中间体与苯甲醛发生加成反应生成烷氧基铑化合物 **35**。当使用空阻效应小的 PMe_3 时，**35** 能使质子化过程能顺利发生并生成醇产物 **30**。但当使用空阻效应大的 $P\mathit{t}Bu_3$ 配体时，质子化速率变慢，竞争性的 β-氢消除成为主要反应途径，生成芳基酮中间体 **36** 和氢化铑物种 **37**。氢化铑和 **36** 中的烯烃发生区域选择性的氢铑化反应/β-氢消除，生成的氧-π-烯丙基铑中间体 **38** 经质子化变为芳基烷基酮产物 **31**。

2.5 mol% $[RhCl(cod)]_2$
10 mol% PMe_3
15 mol% Cs_2CO_3
二氧杂环己烷，回流，8 h
30 58% dr = 1:1　(6.7)

6 + **29**

2.5 mol% $[RhCl(cod)]_2$
10 mol% $P\mathit{t}Bu_3$
15 mol% Cs_2CO_3
二甲苯，回流，24 h
31 70%　(6.8)

29 → RhCl, Cs_2CO_3 → **32** → $-i Pr_2C{=}O$ → **33** ⇌ **34**
→ PhCHO → **35** → PMe_3，质子化 → **30**
35 → β-氢消除，$P\mathit{t}Bu_3$ → **36** + H–Rh **37** → 氢铑化，β-氢消除 → **38** → 质子化 → **31**

铑催化高烯丙基醇 **39** 对 α,β-不饱和酯 **40** 的转烯丙基化反应以共轭加成的方式进行[15][式(6.9)]。反应进行的催化活性物种为烷氧基铑 **46**，通过逆烯丙基化生成 σ-烯丙基铑化合物后对 α,β-不饱和酯 **40** 进行共轭加成形成烯醇铑中间体 **41**，经 β-氢消除形成氢化铑络合物 **42** 和 $\alpha, \beta, \delta, \varepsilon$-不饱和羧酸酯 **43**，后者经异构化过程最终转变成共轭结构的 α, β, γ，δ-不饱和羧酸酯产物 **44**。催化量 2-叔丁基苯酚对反应至关重要，其能作为质子化试剂与铑络合物生成 **45**，并将叔醇底物 **39** 转变成催化活性物种 **46**。

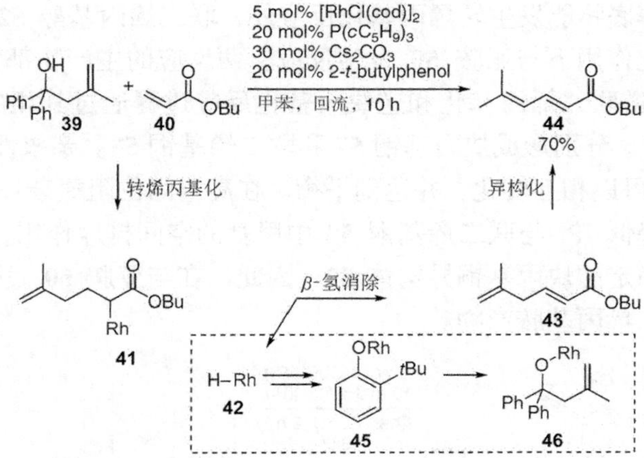

5 mol% $[RhCl(cod)]_2$
20 mol% $P(cC_5H_9)_3$
30 mol% Cs_2CO_3
20 mol% 2-*t*-butylphenol
甲苯，回流，10 h

39 + **40** → **44**, 70%

转烯丙基化　　异构化　　β-氢消除

41　**43**　H–Rh **42**　**45**　**46**

(6.9)

Cramer 等[16]实现了铑催化不对称逆烯丙基化反应过程［式(6.10)］。在 $[RhOH(cod)]_2$ 催化作用下，内消旋降冰片烯叔醇底物 **47** 能发生去对称化逆烯丙基化开环反应，生成芳基环己烯甲酮产物 **48**。二茂铁双齿手性配体 Josiphos 给出最好的结果，反应的对映选择性为 82% ee，产率达到 84%。

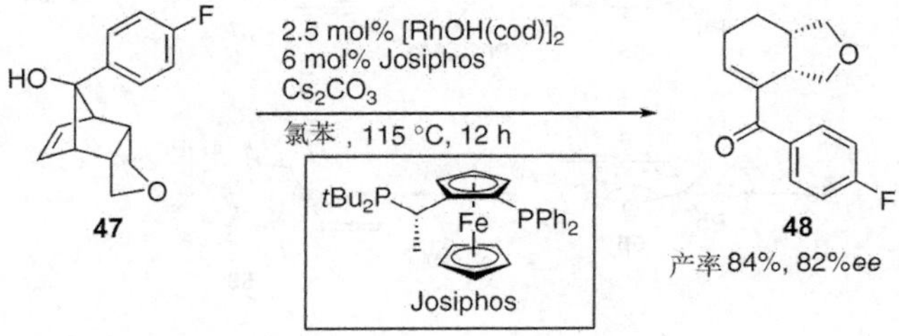

2.5 mol% $[RhOH(cod)]_2$
6 mol% Josiphos
Cs_2CO_3
氯苯，115 °C, 12 h

47 → **48**
产率 84%, 82%*ee*

Josiphos

(6.10)

6.1.3　铜催化逆烯丙基化反应

与铑催化类似，铜源和氮杂环卡宾配体组成的催化体系能有效促进高烯丙醇发生转烯丙基化反应[17]，底物范围不仅局限在芳香醛上，芳香亚胺衍生物也能进行该反应［式(6.11)］。值得一提的是，由高烯丙基仲醇生成的烷氧基铜能正常发生逆烯丙基化反应，竞争性的 β-氢消除副反应过程并没有发生。

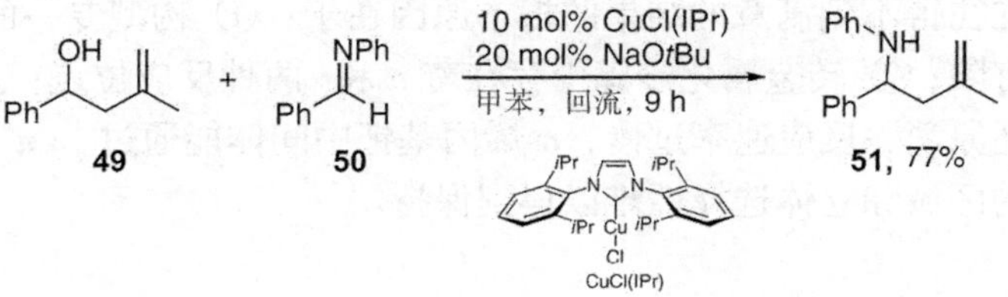

10 mol% CuCl(IPr)
20 mol% NaO*t*Bu
甲苯，回流，9 h

49 + **50** → **51**, 77%

CuCl(IPr)

(6.11)

除高烯丙醇底物能发生转烯丙基化反应外，联二烯丙基醇 **52** 和高炔丙醇 **53** 也能在铜的催化作用下与亚胺 **50** 发生反应，两反应的主产物都为联二烯丙基胺 **54**[式(6.12)]。逆联二烯丙基化和逆炔丙基化反应过程通过其相应的烷氧基铜盐 **55** 和 **56** 而进行，分别形成炔丙基铜 **57** 和联二烯基铜 **58**。亲核性炔丙基铜 **57** 和联二烯基铜 **58** 可以相互转化，并达到平衡。在高空间位阻氮杂环卡宾配体 IPr 存在条件下，为降低 IPr 与联二烯基铜 **58** 中甲基的空间排斥作用，联二烯基铜 **58** 会转变成更加稳定的炔丙基铜异构体 **57**，因此，在与亚胺 **50** 发生亲核加成反应时主要得到联二烯丙基胺产物。

(6.12)

6.1.4　钯催化逆烯丙基化反应

尽管钯催化芳基卤代烃和烯丙基金属试剂间的交叉偶联反应已成为最重要的烯丙基化方法之一，然而，相对于卤代芳烃烷基化反应而言，烯基化反应的例子仍然缺乏[18]。原因在于当使用取代烯丙基金属试剂时，很难控制反应的区域和立体选择性。例如，使用巴豆基金属试剂进行烯丙基化反应时，反应得到的是(*E*)-α-偶联、(*Z*)-α-偶联和γ-偶联的混合物产物[式(6.13)]。钯催化烯丙基化反应的普适性与实用性往往得不到满意的结果的根本原因在于：① 构型专一的 σ-烯丙基金属试剂来源有限；② 转金属化步骤中存在着 α 和γ两种反应位点；③ σ-烯丙基芳基钯中间体还原消除反应速率过慢，σ-烯丙基钯中间体能通过 σ–π 互变异构化使得最初产生的区域和立体选择性难以得到保持。

M α γ **59** + Ar–X **60** $\xrightarrow{\text{Pd cat.}}$ Ar (*E*)-α-**61** + Ar (*Z*)-α-**62** + Ar γ-**63**　(6.13)

Ar—Pd—X **64** + **59** $\xrightarrow{S_N2\text{转金属化}}$ **65** $\xrightarrow{\text{还原消除}}$ **63**

65 ⇌ (σ-π 相互转变) **66** ⇌ (σ-π 相互转变) **67**

Ar—Pd—X **64** + **59** $\xrightarrow{S_N2\text{转金属化}}$ **67** $\xrightarrow{\text{还原消除}}$ **61**

为了克服钯催化烯丙基化反应的上述问题，Yorimitsu 和 Oshima 等[19-21]利用碱性条件下烷氧负离子–卤素交换/逆烯丙基化反应过程代替传统的转金属化过程，设计出芳基卤代烃 **60** 与高烯丙醇 **14** 之间转烯丙基化反应过程(图 6-3)。高烯丙醇中的羟基作为导向基团以及类椅式构象发生的逆烯丙基化过程能产生构型确定的 σ-烯丙基芳基钯中间体 **70**，经快速还原消除反应过程，生成区域和立体选择性专一的烯丙基化产物 **71**。构型固定的高烯丙醇来源丰富，且对空气和潮气不敏感，其作为烯丙基化反应试剂要远优于烯丙基金属化合物。

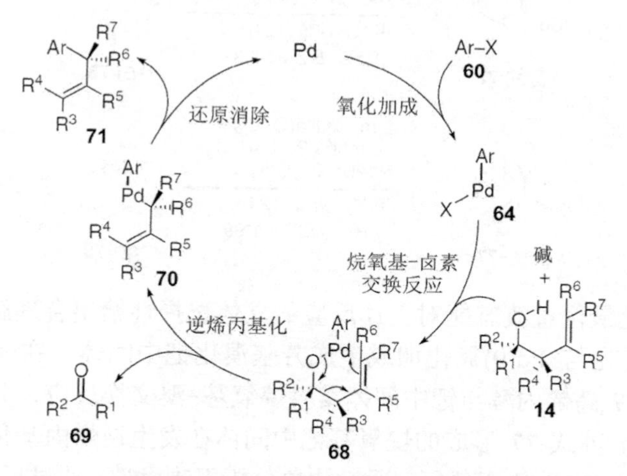

图 6-3　钯催化卤代芳烃和高烯丙醇转烯丙基化反应历程

以碳酸铯为碱，乙酸钯和三环己基膦组成的催化体系能有效地促进高烯丙醇 **72** 和芳基氯代烃 **73** 之间的转甲基烯丙基化反应[20][式(6.14)]。当在微波条件下加热至 250℃时，转烯丙基化反应能在 15 min 内完成，且催化剂的用量能降低到 0.05 mol% [21]。

72 + 73 →(Pd cat., Cs_2CO_3, 甲苯) 74　　(6.14)

5 mol% $Pd(OAc)_2$, 10 mol% $P(cC_6H_{11})_3$, 回流，11 h, 79%
0.05 mol% $Pd(OAc)_2$, 0.30 mol% $P(cC_6H_{11})_3$, 微波，250 °C, 15 min, 78%

钯催化转烯丙基化反应具有高度的区域专一性[20, 21]，例如，线形结构的高烯丙醇 **75** 与 1-溴萘的转烯丙基化反应生成支链产物 **76**［式(6.15)］；支链结构高烯丙醇 **77** 与 1-溴萘的转烯丙基化反应生成线形产物 **78**［式(6.16)和式(6.17)］。此外，高烯丙醇 **77** 进行的转烯丙基化反应还具有高度立体选择性特点，苏式和赤式底物 **77** 分别立体选择选择性地生成(*E*)-和(*Z*)-2-丁烯基-1-萘产物 **78**［式(6.16)和式(6.17)］。

75 →(5 mol% $Pd(OAc)_2$, 10 mol% P(4-tolyl)$_3$, Np–Br, Cs_2CO_3; 甲苯，回流，8 h, 72%) 76　　(6.15)

苏式-77 →(5 mol% $Pd(OAc)_2$, 10 mol% $P(cC_6H_{11})_3$, Np–Br, Cs_2CO_3; 甲苯，回流，12 h, 95%, $E:Z$ = 97:3) (*E*)-78　　(6.16)

赤式-77 →(5 mol% $Pd(OAc)_2$, 10 mol% $P(cC_6H_{11})_3$, Np–Br, Cs_2CO_3; 甲苯，回流，12 h, 70%, $E:Z$ < 1:99) (*Z*)-78　　(6.17)

逆烯丙基化最优过渡态能对上述反应的立体选择性给出合理解释，如图 6-4 所示。1-溴萘首先与 Pd(0)氧化加成生成芳基溴化钯中间体，在碱性条件下，苏式-**77** 或赤式-**77** 高烯丙醇与钯中间体发生烷氧基–溴交换反应，分别生成中间体 **79/80** 或 **81/82**。苏式-**77** 形成的烷氧基钯中间体在发生逆烯丙基化时，需通过类椅式构象过渡态 **79** 或 **80** 而进行。通过构象分析不难发现，通过反应构象 **79** 进行逆烯丙基化反应更加有利，从而立体选择性地生成(*E*)-**83**。由于大空间位阻三环己基膦配体的使用，还原消除反应速率快于 σ–π 烯丙基钯互变异构速率，通过还原消除给出的产物(*E*)-**78** 就保持了中间体(*E*)-**83** 的立体化学。类似地，赤式-**77** 转烯丙基化立体选择性地得到(*Z*)-**78** 产物。

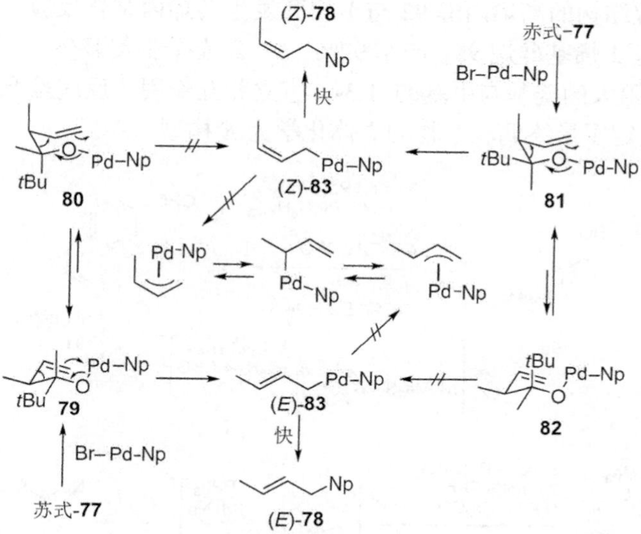

图 6-4　钯催化转烯丙基化反应的立体选择性

异戊烯片段广泛存在于天然产物分子中，异戊烯基化反应在有机合成中具有重要的意义。异戊烯基金属化合物参与的传统交叉偶联反应通常生成的是区域异构体混合物，而通过高烯丙醇 **84** 参与的转异戊烯基化反应具有优异的区域选择性[22][式(6.18)]。对于一些通过传统方法难以合成的分子结构，如亚烃基环丙烷 **89** 也能通过钯催化区域选择性转烯丙基化反应加以制备[23][式(6.19)]。

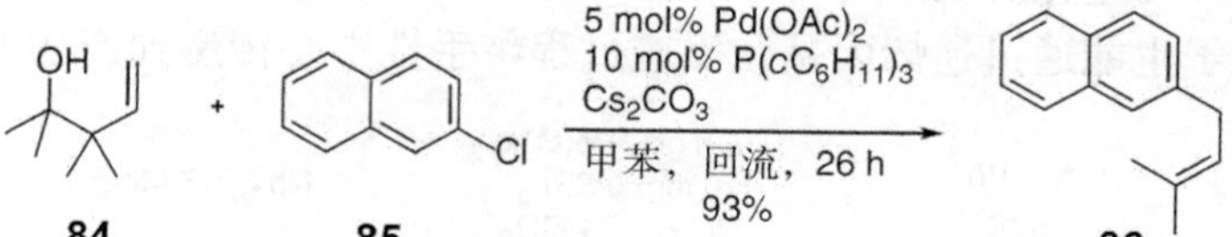

84 + **85** → **86**（5 mol% $Pd(OAc)_2$，10 mol% $P(cC_6H_{11})_3$，Cs_2CO_3，甲苯，回流，26 h，93%）　(6.18)

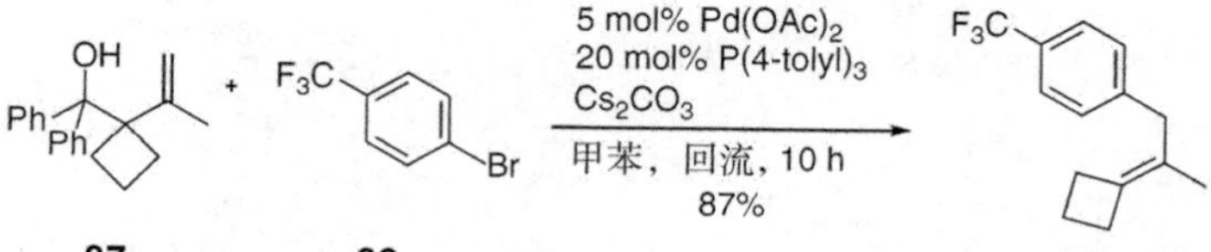

87 + **88** → **89**（5 mol% $Pd(OAc)_2$，20 mol% P(4-tolyl)$_3$，Cs_2CO_3，甲苯，回流，10 h，87%）　(6.19)

烯丙基转移反应能被应用于重要合成中间体芳基取代的烯基或烯丙基硅烷的制备[24]。在钯催化条件下，在烯丙位连有叔丁基二甲基硅基的高烯丙醇底物 **90** 能与芳基溴代烃发生转烯丙基化反应，区域和立体选择性地生成(*E*)-3-芳基-1-烯

基硅烷 **91**，产率 87%，$E:Z$ 选择性高达 94∶6[式(6.20)]。在类椅式构象反应过渡态中，空间位阻大的硅基在平伏键上，这决定了产物具有 E 构型立体化学。含有(Z)-烯基硅烷结构的高烯丙醇 **92** 与 1-溴萘发生转烯丙基化反应，立体选择性地生成(E)-1-芳基-2-烯基硅烷 **95**，产率 92%，$E:Z$ 选择性大于 99∶1[式(6.21)]。为了避免空间位阻大的硅基与甲基的 1,3-二直立相互作用，反应按照类椅式过渡态 **93** 进行，这决定了最终偶联产物的立体化学为 E 构型。

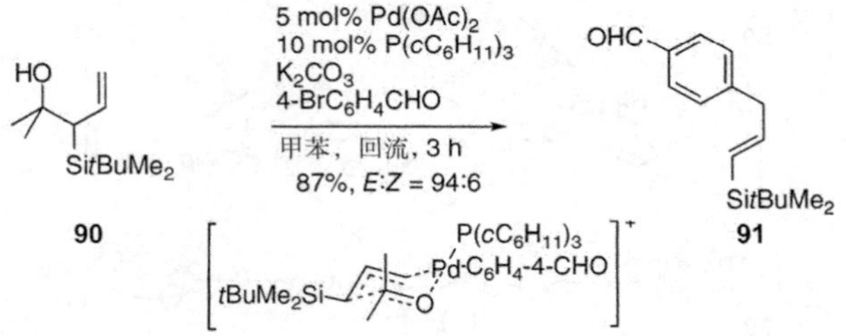

(6.20)

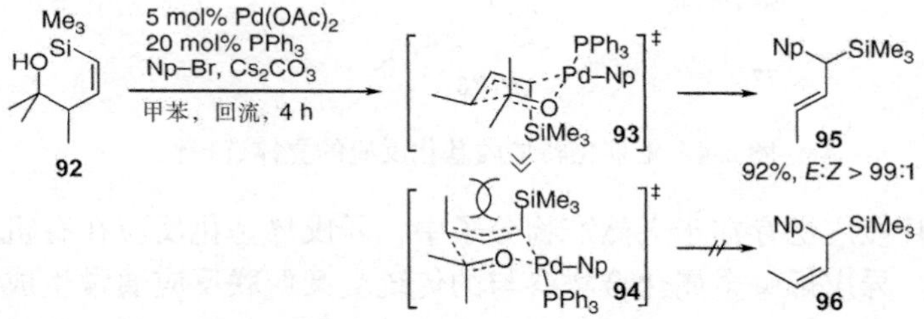

(6.21)

对于手性高烯丙醇与芳基卤代烃的转烯丙基化反应过程，高烯丙醇底物的手性可以传递给相应的产物[25][式(6.22)]。手性传递与优势反应构象 **98** 相关，通过该构象，逆烯丙基化反应具有 *Re* 面选择性，最终给出(E,S)-**100** 产物。醇羟基上的手性碳原子也能通过逆烯丙基化反应过程将手性中心传递到产物上[式(6.23)]。

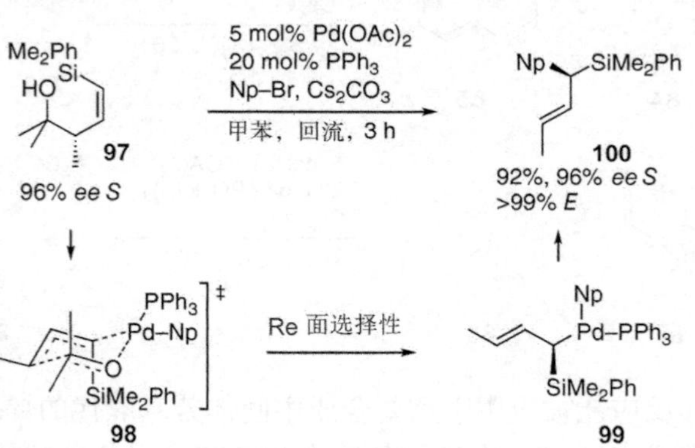

(6.22)

HO R Ph SiMe$_3$ **101** >99.5% *ee* *S*

5 mol% Pd(OAc)$_2$
10 mol% P(cC$_6$H$_{11}$)$_3$
Np–Br, Cs$_2$CO$_3$
甲苯，回流，24 h
R = CH$_2$OSi*i*Pr$_3$

R *S* Np SiMe$_3$ **104** 73%, 92% *ee* *S*　(6.23)

SiMe$_3$ Pd -Np O Ph R ‡ **102**

Si 面选择性

Me$_3$Si Np *S* Pd R **103**

Cramer 等[26]实现了钯催化内消旋降冰片烯叔醇底物 **105** 芳基化开环反应过程，制备得到了多取代环己烯衍生物 **106**［式(6.24)］。各种类型的芳基溴代烃都能参与此开环反应，当使用邻溴苯胺衍生物时，获得的氨基酮中间产物在氧化或还原条件下能分别转变成喹啉［式(6.25)］或四氢喹啉产物［式(6.26)］。

HO Ph O **105**

5 mol% Pd(OAc)$_2$
12 mol% P(cC$_6$H$_{11}$)$_3$
Cs$_2$CO$_3$
2-溴苯甲醚
甲苯, 100 °C, 8 h

O Ph MeO O 85% **106**　(6.24)

NH$_2$ Br **107** + HO O **108**

5 mol% Pd(OAc)$_2$
12 mol% SPhos
Cs$_2$CO$_3$
甲苯，100 °C, 12 h；
AcOH, 室温，空气，2 h

N O 74% **109**　(6.25)

5 mol% Pd(OAc)$_2$
12 mol% SPhos
Cs$_2$CO$_3$
1) 二氧杂环己烷, 100 °C, 3 h
2) NaBH$_3$CN, AcOH,室温, 2 h

H N H H O 72% **110**　(6.26)

6.2　去烯丙基化反应

去烯丙基化反应通常发生在带有烯丙基官能团且能离解生成稳定碳负离子的化合物上。烯丙基可以看作是酸性 C–H 键的保护基团，过渡金属催化去烯丙基化反应为重新生成酸性 C–H 键提供了一种有效方法。

6.2.1　氧化加成促进的去烯丙基化反应

与传统烯丙基亲电试剂，如烯丙基卤代烃、醚和乙酸酯类似，烯丙基丙二酸二酯与低价过渡金属也能发生氧化加成反应，从而引起烯丙基和丙二酸二酯间碳–碳键断裂。烯丙基不饱和双键和酯羰基与过渡金属首先形成螯合物 **111**，在经环状过渡态发生氧化加成反应生成 σ-烯丙基金属化合物 **113**[式(6.27)]。

(6.27)

111　**112**　**113**

在钯催化丙二酸酯 **115** 和戊二烯乙酸酯 **114** 的化学反应过程中，Andersson 和 Bäckvall 等[27]通过改变反应条件获得了不同的区域选择性[式(6.28)]。在 0℃时，支链非共轭产物 **117** 略多于共轭产物 **116**；但在 20℃时，共轭烯烃产物 **116** 略多于支链非共轭产物 **117**。上述区域选择性的结果可以用碳–碳成键过程具有可逆性特点加以解释。Bäckvall 等也发现在钯催化条件下，支链型烯丙基取代丙二酸二甲酯底物 **118** 能异构化生成线形共轭产物 **119**，产率高达 98%以上，从而证实了去烯丙基化过程的存在[式(6.29)]。这种可逆的碳–碳键生成/断裂过程不仅局限于二烯烃取代的丙二酸二酯底物上，简单支链型烯丙基取代的丙二酸酯在钯或镍催化条件下也可以发生异构化反应[28]，在该反应中，镍络合物的催化活性优于钯[式(6.30)]。

5 mol% $Pd(OAc)_2$, 20 mol% PPh_3, THF, temp, 4 h, 100% 转化率　(6.28)

0 °C　**116**:**117** = 1:1.3
20 °C　**116**:**117** = 1.5:1

5 mol% $Pd(OAc)_2$, 20 mol% PBu_3, $NaCH(CO_2Me)_2$, THF, 回流, 24 h, >98%　(6.29)

4 mol% cat., $NaCH(CO_2Me)_2$, THF, 100 °C　(6.30)

$Pd(OAc)_2$/dppb, 17.5 h: 89%
$Ni(cod)_2$/dppb, 20 min: 91%

去烯丙基化反应的离去基团除了丙二酸酯碳负离子外，β-二羰基碳负离子[29, 30]、米氏酸负离子[31, 32]和芳基环戊二烯基负离子[33]也可以作为去烯丙基化反应的离去基团[式(6.31)]。

在芳基锌金属试剂存在下，镍催化环状烯丙基丙二酸二酯芳基化开环去烯丙基化反应得到了实现[34][式(6.32)]。反应混合物中的溴化镁通过与丙二酸酯的螯合作用，增强了丙二酸酯碳负离子的离去能力。此外，往反应体系中加入亲电试剂，如烯丙基溴来猝灭反应，能进一步形成碳−碳键，得到碳链延长的产物 **130**。

R = 4-AcC$_6$H$_4$ **122** + **123** (CO_2Me, CO_2Me) —— 5 mol% Pd(PPh$_3$)$_4$, NaH / THF，回流，1.5 h → **124** 80%　(6.31)

125 —— 5 mol% NiBr$_2$(PPh$_3$)$_2$, PhZnI·LiCl, MgBr$_2$ / 甲苯/THF, 60 °C, 30 h, 89% → **126**　(6.32)

125 —— Ni^0, MgBr$_2$ → **127** → [**128**] —— PhZnX (−Ni^0) → [**129**] —— H$^+$ → **126**

129 —— 烯丙基溴 (Br), 60 °C, 10 h → **130**

6.2.2　β-碳消除促进的去烯丙基化反应

Kotora 等[35-37]发现 α-烯丙基丙二酸二酯衍生物 **131** 在烷基铝试剂存在下，未活化的 C−C 键能被诸多过渡金属催化断裂。该反应能选择性地发生去烯丙基化反应[式(6.33)]。例如，锆催化剂与 AlEt$_3$ 通过转金属化/β-氢消除反应过程可生成氢化锆络合物 **134**，随后与 α-烯丙基丙二酸二酯衍生物 **131** 中的烯烃通过迁移插入

反应得到中间体 **135**,随后通过六元环过渡态实现 β-碳消除反应得到烯烃产物 **133** 和烯醇负离子铑络合物 **136**。铑络合物 **136** 与 $AlEt_3$ 发生转金属化反应得到烯醇铝化合物 **137** 和乙基铑物种，前者经质子化过程得到酯产物 **132**，而后者经 β-氢消除反应生成氢化铑络合物 **134**。

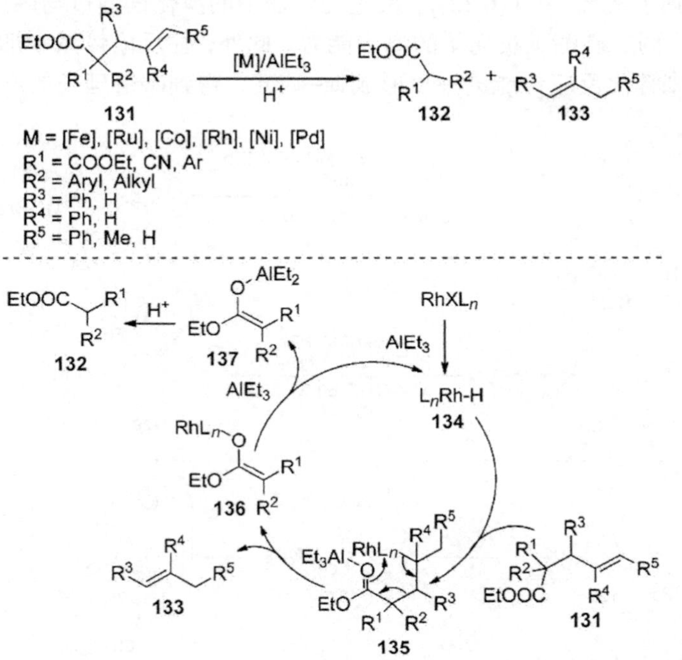

(6.33)

M = [Fe], [Ru], [Co], [Rh], [Ni], [Pd]
R^1 = COOEt, CN, Ar
R^2 = Aryl, Alkyl
R^3 = Ph, H
R^4 = Ph, H
R^5 = Ph, Me, H

在上述工作基础上，Kotora 等[38]进一步实现了 $NiBr_2(PPh_3)_2$ 催化未活化亚烃基环戊烷或环己烷底物 **138** 中 C–C 键高选择性断裂反应过程，高产率地得到了开环烯烃产物 **139**［式(6.34)］。

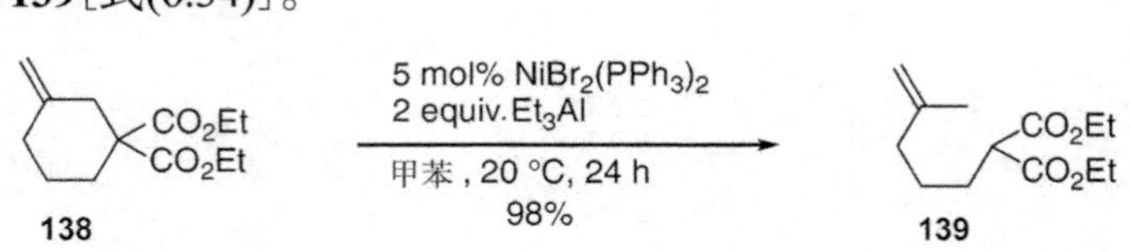

(6.34)

通过镍催化去烯丙基化反应过程，含有 β-二羰基结构片段的烯炔底物 **140** 可以和甲基乙烯基酮 **141** 发生还原偶联反应[39]，构建得到了二环骨架结构产物 **146**，在该去烯丙基化过程中，β-二羰基烯醇负离子作为离去基团［式(6.35)］。首先，烯炔底物 **140** 中的炔烃、甲基乙烯基酮 **141** 和 Ni(0)通过环化氧化加成过程生成八元镍环中间体 **142**，经分子内烯烃碳镍化后与 $ZnCl_2$ 转金属化形成烷基镍金属化合物 **143**。通过六元环过渡态，中间体 **143** 发生 β-碳消除反应释放出 β-二羰基烯醇负离子镍盐 **144** 和烯醇负离子锌化合物 **145**，后者经质子化转变生成产物 **146**。

(6.35)

6.3　本 章 小 结

过渡金属催化逆烯丙基化反应在有机合成中的实用性主要表现在：① 以来源广泛且稳定的高烯丙基叔醇作为转烯丙基化试剂，转移烯丙基构型及结构可通过相应叔醇加以调控；② 通过椅式构象过渡态，转烯丙基化过程具有高区域和立体选择性；③ 手性催化剂的使用可以控制转烯丙基化过程的对映选择性，从而可以可靠地合成光学纯有机化合物。该领域今后发展的方向将主要集中在新的过渡金属催化体系的开发、探索转烯丙基化过程参与的新的化学反应途径以及高区域和对映选择性反应方法的探索与在复杂分子的合成应用上。

参 考 文 献

[1] Benkeser R A, Broxterman W E. Reaction of crotylmagnesium bromide with hindered ketones, first examples of the reversible Grignard reaction. Journal of the American Chemical Society, 1969, 91: 5162–5163.

[2] Benkeser R A, Siklosi M P, Mozdzen E C. Reversible Grignard and organolithium reactions. Journal of the American Chemical Society, 1978, 100: 2134–2139.

[3] Barbot F, Miginiac P. Addition reversible de l'organozincique CH_2=CH-CH_2ZnBr sur une cetone et sur un aldehyde. Journal of Organometallic Chemistry, 1977, 132: 445–454.

[4] Jones P, Knochel P. Preparation and reactions of masked allylic organozinc reagents. The Journal of

Organic Chemistry, 1999, 64: 186–195.

[5] Peruzzo V, Tagliavini G. Reversible allylstannation of carbonyl compounds; a new route to mixed allyltins *via* allylcarbinols. Journal of Organometallic Chemistry, 1978, 162: 37–44.

[6] Snowden R L, Schulte-Elte K H. Fragmentation of homoallylic alkoxides. Thermolysis of potassium 2-substituted bicyclo [2.2.2]oct-5-en-2-alkoxides. Helvetica Chimica Acta, 1981, 64: 2193–2202.

[7] Fujita K, Yorimitsu H, Shinokubo H, et al. Direct preparation of allylic zirconium reagents from zirconocene–olefin complexes and alkenes. The Journal of Organic Chemistry, 2004, 69, 3302–3307.

[8] Hayashi S, Hirano K, Yorimitsu H, et al. Gallium-mediated allyl transfer from bulky homoallylic alcohol to aldehydes *via* retro-allylation: Stereoselective synthesis of both *erythro*- and *threo*-homoallylic alcohols. Organic Letters, 2005, 7: 3577–3579.

[9] Kondo T, Kodoi K, Nishinaga E, et al. Ruthenium-catalyzed β-allyl elimination leading to selective cleavage of a carbon–carbon bond in homoallyl alcohols. Journal of the American Chemical Society, 1998, 120: 5587–5588.

[10] Ruhland K. Transition-metal-mediated cleavage and activation of C–C single bonds. European Journal of Organic Chemistry, 2012, 2683–2706.

[11] Sakaki S, Ohki T, Takayama T, et al. Participation of (η^3-allyl)ruthenium(II) complexes in C–C bond formation and C–C bond cleavage. A theoretical study. Organometallics, 2001, 20: 3145–3158.

[12] Miura H, Wada K, Hosokawa S, et al. A heterogeneous Ru/CeO_2 catalyst effective for transfer-allylation from homoallyl alcohols to aldehydes. Chemical Communications, 2009, 4112–4114.

[13] Takada Y, Hayashi S, Hirano K, et al. Rhodium-catalyzed allyl transfer from homoallyl alcohols to aldehydes *via* retro-allylation followed by isomerization into ketones. Organic Letters, 2006, 8: 2515–2517.

[14] Sumida Y, Takada Y, Hayashi S, et al. Rhodium-catalyzed allylation of aldehydes with homoallylic alcohols by retroallylation and isomerization to saturated ketones with conventional or microwave heating. Chemistry – An Asian Journal, 2008, 3: 119–125.

[15] Jang M, Hayashi S, Hirano K, et al. Rhodium-catalyzed allyl transfer from homoallyl alcohols to acrylate esters *via* retro-allylation. Tetrahedron Letters, 2007, 48: 4003–4005.

[16] Waibel M, Cramer N. Desymmetrizations of *meso-tert*-norbornenols by rhodium(I)-catalyzed enantioselective retro-allylations. Chemical Communications, 2011, 47: 346–348.

[17] Sai M, Yorimitsu H, Oshima K. allyl-, allenyl-, and propargyl-transfer reactions through cleavage of C–C bonds catalyzed by an *N*-heterocyclic carbene/copper Complex: Synthesis of multisubstituted pyrroles. Angewandte Chemie International Edition, 2011, 50: 3294–3298.

[18] Denmark S E, Werner N S. Cross-coupling of aromatic bromides with allylic silanolate salts. Journal of the American Chemical Society, 2008, 130: 16382–16393.

[19] Hayashi S, Hirano K, Yorimitsu H, et al. Palladium-catalyzed stereo- and regiospecific allylation of aryl halides with homoallyl alcohols *via* retro-allylation: Selective generation and use of σ-allylpalladium. Journal of the American Chemical Society, 2006, 128: 2210–2211.

[20] Iwasaki M, Hayashi S, Hirano K, et al. $Pd(OAc)_2/P(^cC_6H_{11})_3$-catalyzed allylation of aryl halides with homoallyl alcohols *via* retro-allylation. Journal of the American Chemical Society, 2007, 129: 4463–4469.

[21] Iwasaki M, Hayashi S, Hirano K, et al. Microwave-assisted palladium-catalyzed allylation of aryl halides with homoallyl alcohols *via* retro-allylation. Tetrahedron, 2007, 63: 5200–5203.

[22] Iwasaki M, Yorimitsu H, Oshima K. Synthesis of prenylarenes and related (multisubstituted allyl)arenes

from aryl halides and homoallyl alcohols *via* palladium-catalyzed Retro-allylation. Bulletin of the Chemical Society of Japan, 2009, 82: 249–253.

[23] Iwasaki M, Yorimitsu H, Oshima K. Synthesis of (2-arylethylidene)cyclobutanes by palladium-catalyzed reactions of aryl halides with homoallyl alcohols bearing a trimethylene group at the allylic position. Synlett, 2009, 2177–2179.

[24] Hayashi S, Hirano K, Yorimitsu H, et al. Synthesis of (arylalkenyl)silanes by palladium-catalyzed regiospecific and stereoselective allyl transfer from silyl-substituted homoallyl alcohols to aryl halides. Journal of the American Chemical Society, 2007, 129: 12650–12651.

[25] Wakabayashi R, Fujino D, Hayashi S, et al. Palladium-catalyzed allylation of aryl halides with homoallyl alcohols bearing a trisubstituted double bond: Application to chirality transfer from hydroxylated carbon to benzylic one. The Journal of Organic Chemistry, 2010, 75: 4337–4343.

[26] Waibel M, Cramer N. Palladium-catalyzed arylative ring-opening reactions of norbornenols: Entry to highly substituted cyclohexenes, quinolines, and tetrahydroquinolines. Angewandte Chemie International Edition, 2010, 49: 4455–4458.

[27] Nilsson Y I M, Andersson P G, Bäckvall J E. Example of thermodynamic control in palladium-catalyzed allylic alkylation. Evidence for palladium-assisted allylic carbon-carbon bond cleavage. Journal of the American Chemical Society, 1993, 115: 6609–6613.

[28] Bricout H, Carpentier J F, Mortreux A. Further developments in metal-catalysed C–C bond cleavage in allylic dimethyl malonate derivatives. Tetrahedron Letters, 1997, 38: 1053–1056.

[29] Vicart N, Gore J, Cazes B. 2-Methyl-1,3-cyclopentane and -cyclohexanediones: Nucleophiles and leaving groups in palladium-catalyzed allylations. Synlett, 1996, 850–852.

[30] Vicart N, Gore J, Cazes B. Palladium-catalyzed substitution of acrolein acetals by β-dicarbonyl nucleophiles. Tetrahedron, 1998, 54: 11063–11078.

[31] Trost B M, Simas A B C, Plietker B, et al. Enantioselective palladium-catalyzed addition of 1,3-dicarbonyl compounds to an allene derivative. Chemistry–A European Journal, 2005, 11: 7075–7082.

[32] Wilsily A, Nguyen Y, Fillion E. Hydrogenolysis of unstrained carbon–carbon σ bonds: Stereoselective entry into benzylic tertiary centers. Journal of the American Chemical Society, 2009, 131: 15606–15607.

[33] Fisher E L, Lambert T H. Leaving group potential of a substituted cyclopentadienyl anion toward oxidative addition. Organic Letters, 2009, 11: 4108–4110.

[34] Sumida Y, Yorimitsu H, Oshima K. Nickel-catalyzed arylative ring-opening of 3-methylenecycloalkane-1, 1-dicarboxylates. Organic Letters, 2010, 12: 2254–2257.

[35] Nečas D, Turský M, Kotora M. Catalytic deallylation of allyl- and diallylmalonates. Journal of the American Chemical Society, 2004, 126: 10222–10223.

[36] Turský M, Nečas D, Drabina P, et al. Rhodium-catalyzed deallylation of allylmalonates and related compounds. Organometallics, 2006, 25: 901–907.

[37] Nečas D, Turský M, Tišlerová I, et al. Nickel-catalyzed cyclization of *α,ω-dienes*: formation *vs*. cleavage of C–C bonds. New Journal of Chemistry, 2006, 30: 671–674.

[38] Necas D, Kotora M. Ring opening of methylenecycloalkenes *via* the C–C bond cleavage. Organic Letters, 2008, 10: 5261–5263.

[39] Ambe-Suzuki K, Ohyama Y, Shirai N, et al. Nickel/zinc chloride-promoted domino reaction of enynes and enones including unstrained C–C bond cleavage. Advanced Synthesis & Catalysis, 2012, 354: 879–888.